CLEAN TECH INTELLECTUAL PROPERTY

清洁技术知识产权

生态标记、绿色专利和绿色创新

【美】埃里克·L. 莱恩（Eric L. Lane）／著

本书翻译组／译

知识产权出版社

全国百佳图书出版单位

图书在版编目（CIP）数据

清洁技术知识产权：生态标记、绿色专利和绿色创新/（美）埃里克 L.莱恩（Eric L. Lane）著；《清洁技术知识产权》翻译组译. —北京：知识产权出版社，2019.8

书名原文：CLEAN TECH INTELLECTUAL PROPERTY：Eco-marks，Green Patents，and Green Innovation

ISBN 978-7-5130-6352-4

I. ①清… II. ①埃… ②清… III. ①无污染技术—知识产权—研究—中国 IV. ①X38 ②D923.404

中国版本图书馆 CIP 数据核字（2019）第 132971 号

责任编辑：龚 卫　　　　　　　责任印制：刘译文
封面设计：张 冀

清洁技术知识产权

生态标记、绿色专利和绿色创新

[美] 埃里克 L. 莱恩　著

本书翻译组　译

出版发行：知识产权出版社有限责任公司	网　址：http://www.ipph.cn		
电　话：010-82004826	http://www.laichushu.com		
社　址：北京市海淀区气象路 50 号院	邮　编：100081		
责编电话：010-82000860 转 8120	责编邮箱：laichushu@cnipr.com		
发行电话：010-82000860 转 8101	发行传真：010-82000893		
印　刷：北京嘉恒彩色印刷有限责任公司	经　销：各大网上书店、新华书店及相关专业书店		
开　本：710mm×1000mm　1/16	印　张：17		
版　次：2019 年 8 月第 1 版	印　次：2019 年 8 月第 1 次印刷		
字　数：252 千字	定　价：100.00 元		

ISBN 978-7-5130-6352-4

京权图字 01-2019-4451

本书翻译组

审　校　刘菊芳　国家知识产权局战略规划司副司长

　　　　蔡　睿　中国科学院大连化学物理研究所副所长

翻　译　沈一扬　包容性发展研究所所长

　　　　郭　军　包容性发展研究所高级研究员

　　　　高　宇　包容性发展研究所高级研究员

　　　　郑小粤　广州华进联合专利商标代理有限公司高级合伙人

　　　　赵永辉　北京华进京联知识产权代理有限公司合伙人

　　　　张　南　中国政法大学比较法学研究院讲师

　　　　高　佳　国家知识产权局战略规划司副调研员

　　　　史光伟　北京知联天下知识产权代理事务所（普通合伙）合伙人

　　　　张　晨　中国科学院大连化学物理研究所知识产权与成果转化处处长

　　　　杜　伟　中国科学院大连化学物理研究所知识产权办公室主任

　　　　冯天时　中国科学院大连化学物理研究所知识产权与成果转化处主管

致多拉和谢娜，
祝愿她们拥有一个光明、绿色和可持续的未来

追忆
深切怀念我的母亲
苏珊 R. 莱恩

中文版序

当我写这本书的时候，我记录了来自金砖四国（巴西、俄罗斯、印度和中国）公司的一些案例。在案例中，这些公司与美国和其他地方的清洁技术公司签订了重要协议以利用绿色技术。当时，中国在绿色技术许可和实施方面扮演着重要角色：在《破产法》第 11 章讨论的 9 笔清洁技术交易中，有 5 笔是与中国企业达成的。自该书英文版出版以来，中国在清洁技术知识产权方面变得更加重要。

因此，这本书的第一个译本为中国读者翻译，是非常合适的。中国现在是清洁技术知识产权的主要参与者，拥有一个巨大并且重要的绿色技术市场。特别是中国是世界上最大的太阳能热能和光伏（PV）市场。在绿色知识产权政策、技术创新和实施方面，中国已处于领先地位。

2012 年，中国国家知识产权局（CNIPA）成为金砖国家中第二个对多个技术领域的发明专利申请实施优先审查的组织，[1] 其中包括绿色技术的一些领域，如节能环保、新能源技术、新能源汽车以及有利于绿色发展的低碳节能技术等。绿色技术专利申请进程很快——依据 CNIPA 官方指南，从优先审查申请获得批准之日起 30 个工作日内，将发布一通。

CNIPA 的快速审查通道对于绿色专利申请人，尤其是国内清洁技术公司来说，是一个非常有用的工具。中国涌现出了许多绿色技术领域的领军者，他们在国内市场和国外都取得了创新和成功。例如，来自中国的一些主要太阳能制造商包括晶澳太阳能控股（JA Solar Holdings）、英利（Yingli）、

---

[1] 金砖国家中第一个实施专利优先审查的是巴西国家工业产权局。

尚德（Suntech）、中国太阳能（China Sunergy）和韩华新能源（Hanwha Sol-arOne）。在风电领域，金风（Goldwind）、国电联合动力技术（Guodian United Power Technology）和明阳风电（Mingyang Wind Power）占据着主导地位。

随着在清洁技术创新和绿色技术市场中变得越发重要，中国已开始成为绿色知识产权诉讼的重要战场。例如，美国超导公司（AMSC）和华锐风电（Sinovel）在风力涡轮机和电力转换器控制的专有软件代码方面涉及多个版权、商业秘密和合同纠纷，其涉及四个独立诉讼，分别由多个法院审理，包括北京市第一中级人民法院、海南省第一中级人民法院、海南省高级人民法院以及中国最高人民法院。

特斯拉（Tesla）是专门生产电动汽车的美国汽车公司，之前卷入了一起引人注目的知识产权诉讼争端。一中国申请人在华注册了特斯拉商标和互联网域名，向特斯拉发起商标侵权诉讼，要求特斯拉停止所有在华销售和营销活动，关闭展厅和充电设施，并支付给其赔偿金2390万元人民币（折合385万美元）。特斯拉最终解决了此事，申请人同意取消特斯拉商标的注册和使用，并同意将已注册的互联网域名，包括tesla.cn和teslamotors.cn，转让给特斯拉。

有关绿色技术的国际转移和应用，中国就是一个典型案例。Kelly Sims Gallagher在其2014年出版的图书《清洁能源技术全球化：来自中国的经验》（*The Globalization of Clean Energy Technology*: *Lessons from China*）中，使用了来自中国4个清洁能源产业（燃气轮机、太阳能PV、煤气化和新式电池）的案例，用以分析国际技术转移。太阳能PV属于中国在清洁技术领域的成功案例之一。中国是领先的PV安装商，最近成为全球最大的PV电力生产商。Gallagher给出的结论是，中国所采取的市场化政策以及资本引入政策，都是清洁技术全球扩散所需的最重要因素。她所采访的中国专家对此表示同意，认为这些举措能够激励所涉及的4个清洁技术领域的技术跨境转让，这些举措包括可持续的清晰目标设定、减少贸易和外商直接投资壁垒、强创新政策、稳定的市场化政策以及强劲的出口鼓励政策。

正如在我的书中第十一章所讨论的那样，中国作为重要的新兴市场和发展中国家，曾在一段时间内提出过弱化或取消绿色技术专利权的政策。在某种程度上，随着国内绿色创新的崛起以及绿色专利对中国市场越发重要，这一情况正以一种清晰而又瞩目的方式发生着变化。正如我在 2012 年的一篇博文所预测的那样，[2] 中国在绿色专利政策方面好似达到了一个转折点，并且开始拥抱绿色清洁技术知识产权。这是理所当然的。

埃里克 L. 莱恩
2019 年 6 月

---

　　[2]　Eric L. Lane, "Brazil is the First BRIC to Fall From the Anti-Green Patent Wall" Green Patent Blog, August 26, 2019, http://www.greenpatentblog.com/2012/04/26/brazil-is-the-first-bric-to-fall-from-the-anti-green-patent-wall/.

中译本序

　　绿色技术又被称作环境友好技术或生态技术，是指能减少污染、降低消耗和改善生态的技术、工艺或产品的总称。近年，绿色技术全面兴起、快速发展。党的十八届五中全会将"绿色"列为五大发展理念之一，十九大报告强调加快生态文明体制改革，建设美丽中国，国家"十三五"规划中也把生态文明建设列入其中。在"绿水青山就是金山银山"的思想指导下，围绕发展绿色生态的政策频繁出现，推动着绿色环保相关产业的快速发展。同时，中国国内绿色技术的创新活跃程度也在不断提升，绿色专利有效量逐步增长。绿色专利是指以有利于节约资源、提高能效、防控污染、循环利用、实现可持续发展的以技术为主题的发明、实用新型和外观设计专利。我国在绿色专利领域已经开展了大量工作，国家知识产权局积极探索绿色专利体系建设，建立了绿色专利分类体系，构建了全球和中国绿色专利数据库，努力在知识产权助推绿色可持续发展方面提出中国方案。特别是 2017 年 8 月施行的《专利优先审查管理办法》中明确提出：涉及节能环保、新一代信息技术、生物、高端装备制造、新能源、新材料、新能源汽车等国家重点发展产业可以请求优先审查。在政策支持下，我国一批企业也在积极开展绿色技术创造与专利布局工作。

　　多年来，欧美等发达国家已围绕绿色专利开展了一系列工作，积累了比较丰富的实践经验。与之相比，当前国内对绿色专利体系了解不多，国内图书市场尚未有绿色专利的相关书籍。因此，相关专业知识的介绍，尤其是对国外的相关情况有所了解，就显得十分必要和迫切。

　　我们有幸发现 2011 年牛津大学出版社出版的一本有关绿色专利和绿色

技术创新的英文书籍（*Clean Tech Intellectual Property*：*Eco-marks*，*Green Patents*，*and Green Innovation*）。该书较为系统地介绍了美国在绿色知识产权开展中的具体实践，内容充实，较为全面客观，对我国开展绿色技术产业化和绿色知识产权运营具有较强的借鉴价值，适合推荐给国内读者阅读。该书的作者埃里克 L. 莱恩是知识产权领域律师和绿色知识产权领域知名从业者，具有较为丰富的法律和绿色知识产权运营管理经验，开设了绿色专利博客。该书也是迄今在亚马逊等国外图书电商平台搜索发现的唯一有关绿色专利的书籍。

　　鉴于本书的特点和参考价值，在国家知识产权局的指导下，中国科学院大连化学物理研究所（以下简称大连化物所）积极组织专家编译本书。大连化物所是一个基础研究与应用研究并重、应用研究和技术转化相结合，以任务带学科为主要特色的综合性研究所。长期以来，大连化物所围绕国家能源发展战略不断研发洁净能源技术，同时十分重视知识产权工作，积极探索绿色专利的申请和布局。2019 年 5 月，大连化物所知识产权管理体系率先通过全国《科研组织知识产权管理规范》（GB/T 33250—2016）的认证，将知识产权的管理与服务功能融入整个科技创新价值链中，积极推进绿色专利的转移转化运用。大连化物所也努力加强国际专利布局，创新绿色专利运营模式，为构建我国清洁低碳、安全高效的能源体系提供技术支撑，为我国绿色专利及其所支撑的产业发展贡献力量。相信这本书的编译出版将有利于促进绿色技术创新体系和知识产权管理体系的相互融合发展，助力我国的科技创新和知识产权价值实现，也为从事研究开发和专利相关工作的人员提供有益的借鉴和参考。

刘中民

中国工程院院士

中国科学院大连化学物理研究所所长

中国科学院青岛生物能源与过程研究所所长

2019 年 5 月

译者序

创新是发展的第一动力，创新就是生产力。防治污染、保护环境、改善生态，必须依靠科技进步和创新驱动。绿色创新的重要成果是清洁技术知识产权。祝贺《清洁技术知识产权：生态标记、绿色专利和绿色创新》中文译著付梓出版，在炎热的 2019 年夏季，犹如迎来一缕清风，为绿色低碳循环发展增添一抹亮绿。

中国坚定走创新发展和绿色发展道路，从总体布局、基本方略、基本国策、法制规则和重大规划等方面，持续加强生态环境保护，为打造人类命运共同体，实现可持续发展不懈努力。生态文明建设是"五位一体"总体布局的重要构成，绿色发展是新发展理念的重要内容，"坚持人与自然和谐共生"成为治国方略的重要内涵，坚持节约资源和保护环境的基本国策。绿色原则成为法制原则之一，《民法总则》规定"民事主体从事民事活动，应当有利于节约资源，保护生态环境"。中国是联合国《2030 可持续发展议程》的积极支持者和践行者，生态环境保护为政府的五大职能之一，国民经济第十二个和第十三个五年规划，均将环境资源列为约束性考核指标，并部署促进绿色发展的重大工程项目。在"一带一路"建设中，"要坚持开放、绿色、廉洁理念，把绿色作为底色，推动绿色基础设施建设、绿色投资、绿色金融，保护好我们赖以生存的共同家园"。

中国实施国家知识产权战略和创新驱动发展战略，加强知识产权保护，营造良好营商环境，打造创新生态体系，推动经济高质量发展。有序建设可持续发展议程创新示范区，启动城市垃圾分类试点，推行绿色物流、绿色建筑、绿色交通，建设绿色工厂，壮大绿色产业，要"构建市场导向的绿色技术创新体系"，坚决打赢污染防治攻坚战。有关部门积极努力，扎实工作，推动绿色创新和绿色经济发展。国家知识产权局 2016 年探索构建绿色专利分类体系，开展绿色专利统计分析，并对节能环保、新能源技术、新能源汽车等领域专利审查开设绿色通道，科技部 2017 年推进建设绿色技术银行，生态环境部 2018 年发布《关于促进生态环境科技成果转化的指导意见》，国家发展和改革委员会 2019 年 2 月发布《绿色产业指导目录》，并与科技部 2019 年 4 月联合印发《关于构建市场导向的绿色技术创新体系的指导意见》，推动全社会形成绿色发展方式和生活方式，推进人民富裕、国家强盛、中国美丽。

推进绿色发展，离不开国际经验的借鉴。翻译《清洁技术知识产权：生态标记、绿色专利和绿色创新》，非常必要，很有意义。本书的内容十分丰富，引人入胜。书中既包括绿色专利撰写技巧，绿色专利许可与转让，法庭中绿色专利典型判例，也包括绿色专利共享交流，打击"漂绿"行为与执法，还涉及绿色专利政策动向和金砖国家绿色技术转让交易案例。作者莱恩先生是位资深律师，深耕于绿色专利领域，有专门注册的 Green Patent（绿色专利）博客，本书英文原著 2011 年由牛津出版社正式出版，书中翔实的引证资料和书后的术语索引等，反映出作者的严谨治学风格和扎实专业功底。组织本书的翻译与核校，深感受教和受益。一方面是拓展了绿色专利和绿色创新相关知识与视野，另一方面是思维思辨方法论上受到启发，由衷感慨一本看似专业的书籍具有如此开阔的视角。可以说，本书受众面较广，适合专利和商标审查员、律师、代理师、法官、知识产权管理人员、知识产权运营工作者、绿色金融界人士等群体阅读。

再次祝贺译著与中国读者见面。期望本书能促进思考，加深理解，促动更多人投身绿色创新，打造绿色发展生态，为建设美丽中国、美丽地球作出更大贡献。

刘菊芳

国家知识产权局战略规划司副司长

2019 年 7 月

目 录 | Contents

— 第一部分 —

为清洁技术出谋划策：绿色专利申请，专利组合和许可

— 第二部分 —

庭审中的清洁技术

— 第三部分 —
绿色品牌、漂绿和生态标记执法

— 第四部分 —
绿色专利政策、倡议和辩论

第一章

清洁技术知识产权内涵

作为清洁技术知识产权法的观察者和实践者，我很理解您对我所选择的领域可以构成一个独特的主题类别或者说是一个合法的专业领域所产生的怀疑。"生态标记""绿色专利"和"绿色知识产权"也可能面临同样的境遇。这些术语听起来像是编造的，或在一定程度上是虚假的。

清洁技术（Clean Technology，或者 Clean Tech）在最初被引入时也面临类似的境遇。乍一看，清洁技术不像是一个统一的类别，并且在某些方面确实如此。根据咨询公司美国清洁技术产业集团（Cleantech Group）所述，清洁技术不是一个单独的行业，而是"跨越了至少 11 个行业领域"[1]。它在技术方面非常多样化，包括，太阳能、风能、水能、海浪和潮汐发电技术，地热和生物燃料等可再生能源技术，燃料电池和先进电池等储能技术，混合动力和电动汽车等运输技术，智能电网、节能电力系统、建筑材料和照明技术，生物塑料和其他材料、水过滤和脱盐系统等能源基础设施技术，减少污染和排放的技术，甚至包括碳交易计划以及其他绿色政策和投资机制。

但是当专家对其进行总结时，他们根据清洁技术的目标和意图给出了相应定义，即清洁技术是"做什么"的而不是"是什么"。以下是美国清洁技术产业集团给出的定义：

---

[1] *See* Cleantech Group web site, Cleantech Definition, http://cleantech.com/about/cleantech-definition.cfm (last visited Oct. 22, 2010)（清洁技术跨越许多行业垂直领域，由以下 11 个细分市场组成：能源生成、蓄能、能源基础设施、能量效率、运输、水和废水、空气与环境、材料、制造业/工业、农业、回收和废物）。

清洁技术包含了各种各样的产品、服务和流程，所有这些都旨在：以更低的成本提供卓越的性能，极大地减少或消除对生态的负面影响，同时提高对自然资源的有效利用率。[2]

针对清洁技术的内涵，来自市场研究公司 Clean Edge 的 Ron Pernick 和 Clint Wilder，他们也是《清洁技术革命》的合著者，给出了在结构和细节上都非常相似的定义：

清洁技术包括了从太阳能系统到混合动力电动汽车（HEVs）等多种产品和服务，这些产品和服务能够利用可再生材料和能源，或者通过更高效地利用自然资源来减少对自然资源的使用，减少或消除污染物和有毒废物的排放，提供与传统产品性能相同或更高的产品，同时向投资者、公司和客户承诺增加回报、降低成本和价格，实现高质量的管理、生产和应用。[3]

因此，清洁技术具有内容多样性但目的统一性的特点。其目的是通过可再生资源产生能源，提高能源效率，减少温室气体排放，从而造福环境，缓解气候变化。

即使那些认同清洁技术作为一个统一产业的人，对于清洁技术知识产权（intellectual property，简称 IP）或者绿色 IP 在某些方面是不同于其他产业 IP 的这一点上，仍然可能存在怀疑。事实上，没有单独的专利或商标法条款只适用于清洁技术。针对绿色 IP 的起诉、诉讼或许可，与其他 IP 相比也并无典型差异。然而，清洁技术 IP 与其他领域的 IP 确实存在一些显著的差别。

绿色 IP 的特点取决于清洁技术所具有的独特性，独特性使得与其他行业的 IP 相比，某些问题在清洁技术 IP 中更为普遍。第一个独特性就是上述所提到的技术多样性。清洁技术的另一个重要特征是，其借鉴并建立在以前的绿色技术研发以及计算机和半导体等其他行业的技术之上。清洁技

---

［2］ *Id.*

［3］ Ron Pernick and Clint Wilder, *The Clean Tech Revolution：The Next Big Growth and Investment Opportunityz* (Harper Collins 2007).

术的第三个重要特征是它的道德基础，即作为一种更好的产品，承诺提供有利于环境和减缓气候变化的解决方案。本书所讨论的绿色 IP 法律和政策问题，很多源于当前清洁技术所具有的这些特征。正如本书将展示的那样，绿色 IP 问题已构成了独特的挑战，并由此引发了对创新本质的思考，即促进清洁技术转让和应用的最佳方式是什么，以及如何保护绿色消费者等一系列具有深远影响的法律和道德问题。

在清洁技术的羽翼之下，多种技术汇集，为从事清洁技术行业的公司带来了机遇和挑战。由于存在这么多不同的切入点，清洁技术行业对于初创公司、个体创业者和其他小企业来说是非常开放的。从清洁技术领域的跨学科性质来看，遗传学家和电气工程师也有可能创建一家清洁科技公司。

与此同时，清洁技术领域内某个概念乃至实现其商业化的成本可能过高。与互联网热潮之前基于计算机的业务不同，当今清洁技术行业所需的能源生产设备、能源存储组件等方面的构成相对复杂且价格非常昂贵。寻找资本来资助开发和生产这些设施可能也会非常困难。即使是一些最知名的清洁技术初创公司，虽然已实现大额融资或首次公开募股，但其仍然没有实现盈利。[4] 对于清洁技术领域的众多小型参与者来说，其拥有的资源更为十分有限，并且没有收入，也没有产品。那么他们拥有什么呢？

对于许多小型清洁技术初创公司而言，答案就是绿色专利。作为绿色 IP 的最重要构成元素，绿色专利是旨在保护清洁技术发明的专利。正如清洁技术包含了各种各样的技术，绿色专利的主题范围可从生物技术延伸至商业方法，几乎囊括了两者之间的一切。绿色专利对于小型初创企业和企业家来说越发重要，以保护他们在构成当前清洁技术产业的各众多细分部

---

[4] *See* Joshua Kagan, *Will the Codexis IPO Lead to More Public Offerings from Advanced Biofuel Companies?* GREENTECH MEDIA, Apr. 27, 2010, http://www.greentechmedia.com/articles/read/will-the-codexis-ipo-lead-to-more-advanced-biofuel-ipos/ ［包括 Codexis 在内的所有这些（公开交易的生物燃料）公司有什么共同之处？除了不断亏损之外，所有公司都有技术，如果这些技术能够规模化，则可以取代大量的石油和石油化工产品］; *see also* Eric Wesoff, *Update: Tesla Stock Price Falls Below IPO Price*, GREENTECH MEDIA, July 6, 2010, http://www.greentechmedia.com/articles/read/tesla-ipo-gentlemen-start-your-drivetrains/ （尽管自 2003 年成立以来从未有过盈利季度，特斯拉上周在 IPO 中筹集了 2.261 亿美元）。

门中所形成的知识资本。Schwegman 律师事务所和专利分析公司 Sunlight Research 对清洁技术专利领域的研究发现，绿色专利申请人分布广泛，其中包括了许多小企业。[5] 比如，生物燃料领域的前五名专利权人仅持有不到100件的专利申请，而超过1000名申请人至少拥有一件专利申请。[6] 咨询公司 IPriori 生成的数据证实了绿色专利申请人的多样性。数据显示，超过5000个企业拥有至少一项绿色专利（见图1-1）。

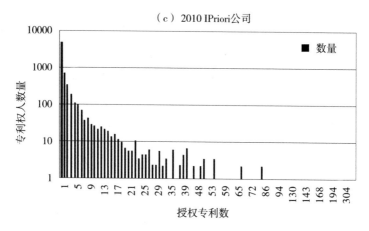

图1-1　生态专利的专利权人分布

注：由 IPriori 公司总裁 Stuart B. Soffer 编制的柱状图。

本书探讨的主题之一就是绿色专利对于小型清洁技术创新者、企业家和初创企业的重要性。通过拥有绿色专利，清洁技术公司可以采取多种方式利用他们的专有技术。创新者通过拥有只有一两项某个清洁技术领域分部门的关键创新绿色专利，就可以建立一家能够产生长期收入的企业。

以 Alex Severinsky 博士为例。作为出生于俄罗斯的发明家，马里兰大

---

[5] *See* Erik Sherman, *Green IP: A Thorny Challenge*, IP LAW & BUSINESS, Nov. 2008, at 39（位于明尼阿波里斯的 IP 精品店 Schwegman、Lundberg & Woessner 和专利分析公司 Sunlight Research 最近发现清洁技术专利领域的一个有趣变化。一旦大公司拥有大部分专利，主要专利权人仍然控制着清洁技术领域的许多电气发明。但是在其他领域，专利所有权已经呈现扁平化分布，个人、小公司和大学越来越多）。

[6] *See id.*（例如，在生物燃料领域，前五大公司拥有的专利不到100项，而拥有一项专利的公司总数超过1000家）。

学机械工程教授，Severinsky 博士和他的初创公司 Paice，在 20 世纪 90 年代初开始开发混合电气汽车动力系统。[7] 从一开始，Paice 就给学术界和投资界留下了深刻印象。马里兰大学所设立的针对有前途初创公司的孵化器项目在 Paice 成立后不久就注资该公司。[8] 该公司还从一家私人基金会获得了1900 万美元的资本注入。[9] 但是 Paice 自己不生产混合动力汽车，而是通过许可其拥有的绿色专利实现盈利，并成功许可了其全部 23 项专利和申请。[10]

单纯的绿色专利许可商业模式能够规避与进入壁垒有关的高额成本及其他相关困难。正如加州初创公司 Nanostellar 所发现的那样，对其专有的汽车催化剂生产流程进行向外许可，而不是自己制造催化剂本身，是一种对于汽车行业服务公司而言更为可行的商业模式。[11] 针对制造或分销等特定商业需求的战略性向外许可，可以通过快速进入重要的地域市场而加快市场进入。同样地，俄亥俄州的一家初创公司 Xunlight 26 正在利用绿色专利的力量，通过从附近的一所大学获得薄膜太阳能光伏生产技术的许可，以启动其业务。[12] 简而言之，绿色专利是清洁技术初创公司的重要工具。本书将探讨清洁技术公司利用绿色专利许可和技术转让来发展其自身业务的一些方式。

---

[7] *See* Brief in Opposition for Paice LLC at 2, Toyota Motor Corp. v. Paice, LLC, No. 07-1120 (U. S. May 12, 2008)（Paice 的这项工作开始得很早——诉讼中的专利申请是在 1992 年提交的）。

[8] *See id.* At 3.

[9] *Id.*

[10] *See* Joann Muller, *Toyota Settles Hybrid Patent Case*, FORBES. COM, July 19, 2010, http://www.forbes.com/2010/07/19/toyota-prius-paice-severinsky-business-autos-hybrid.html（虽然没有披露解决方案条款，但是 Paice 主席 Frances M. Keenan 表示，Paice 已同意许可丰田所有 23 项专利，不仅仅是 ITC 索赔中涉及的一项专利）。

[11] *See* Michael Kanellos, *Will Greentech Startups Shift from Products to Patents*, GREENTECH-MEDIA, Jan. 16, 2009, http://www.greentechmedia.com/articles/read/will-greentech-startups-shift-from-products-to-patents-5541/［这一转变（转向许可商业模式）主要是因为汽车市场的现实］。

[12] *See* Ucilia Wang, *Xunlight 26 Solar Aims for CdTe on Plastic*, GREENTECH MEDIA, Sept. 1, 2009, http://www.greentechmedia.com/articles/read/xunlight-26-solar-aims-for-cdte-on-lastic/（这家初创公司通过从附近的俄亥俄州托莱多大学获得技术许可，已能够制出一种电池，可以将 10.5% 照射到它身上的阳光转化成电能）。

像 Paice 这样采用许可商业模式的清洁技术初创公司经常以专利诉讼威胁的方式来实现他们的许可。这些非实施绿色专利权人向法院起诉是一个相对较新的现象，并且清洁技术领域中非实施专利权人（nonpracticing-patentess，简称 NPP）的崛起，对专利在清洁技术创新和实施中扮演的角色提出了质疑。NPP 诉讼，就好比大卫与歌利亚交战，① 通常是发生在一个小 NPP 与一个或多个大公司之间，而且这些大公司已在有争议的清洁技术产品投入了大量资源。NPP 在法院上的成功可能意味着一项禁令的产生，即相应的对环境产生积极影响的清洁技术产品需要退出市场。因此，绿色专利法律和政策必须采取平衡措施，以确保相应绿色产品能够产生积极影响以及 NPP 为其创新获得公正报酬。本书将探讨最新的专利法决定是如何试图达到这一平衡的。

推动当前清洁技术繁荣的公司和技术并非凭空而来的。当今的清洁技术研究、开发和应用源自并建立在之前的绿色技术研发。太阳能技术在 20 世纪 70 年代石油危机之后经历了一个创新时代。[13] 利用海浪进行发电的想法由来已久;[14] 海洋动力装置的第一项专利申请是在 18 世纪提出的。[15] 风能也不是新的。数百年来，风能一直被视为一种能源加以使用，

---

① 大卫与歌利亚交战是圣经里的故事。非利士人来攻打以色列，国王扫罗率领百姓列阵以待。这时非利士人中站出一个讨战的人，名叫歌利亚，他高大魁梧，身着重甲，手持重铁枪。歌利亚对着以色列人骂阵 40 天，居然没有人敢与他单挑，一听见他骂阵就惊慌失措。大卫是以色列犹大地伯利恒小城的一个牧童，这天他奉父命去探望前线的三个哥哥。他来到战场的时候正好赶上歌利亚骂阵，大卫满心大怒，自告奋勇要和歌利亚见个上下。在交战中，大卫凭着弱小的身躯杀死了歌利亚，以色列趁机呐喊冲锋，打败了非利士人。从此以后大卫在以色列人中威望大振，后来成为历史上有名的大卫王。——译者注

[13] *See* Erik Sherman, *Green IP: A Thorny Challenge*, IP LAW & BUSINESS, Nov. 2008, at 35（20 世纪 70 年代，太阳能专利申请量激增，这与早期的石油危机有关）。

[14] *See* Daniel Englander & Travis Bradford, *Forecasting the Future of Ocean Power*, Oct. 6, 2008, *available at* http://www.gtmresearch.com/report/forecasting-the-future-of-ocean-power/（海洋动力技术的研究、开发和利用过程已历时数百年）。

[15] *See* Ucilia Wang, *Trawling for $500M in Ocean Power*, GREENTECH MEDIA, Oct. 9, 2008, http://www.greentechmedia.com/articles/read/trawling-for-500m-in-ocean-power-1553/（海洋动力装置的第一项专利于 18 世纪在法国申请）。

现代风力发电产业诞生于 20 世纪 80 年代。[16]

当前的清洁技术很多是从以半导体和计算机芯片为主的其他行业引入的。半导体工业的制造方法，包括在衬底上沉积导电材料层的技术，已经被证明在太阳能领域中制造光伏（photovoltaic，简称 PV）电池非常有价值。一家名为 Solaria 的加州薄膜太阳能初创公司在硅生产设施中采用了半导体制造技术。[17] 另一家加州 PV 公司 MiaSole 使用了一种高通量的薄膜电池制造方法，该方法之前用于开发和生产为数据存储行业生产的硬盘涂层工艺。[18] Telio Solar 公司使用 LCD 电视行业的设备，用以制造铜铟镓硒（CIGS）太阳能电池。[19]

位于太阳能生产链中其他环节的公司，如生产设备制造商，也已经从半导体和电视领域转入太阳能领域。[20] Applied Materials 公司之前是半导体制造商和电视制造商生产设备的知名设计公司，于 2006 年进入太阳能设

---

[16]　*How Wind Energy Works*，Union of Concerned Scientists web site，http://www.ucsusa.org/clean_energy/technology_and_impacts/energy_technologies/how‐wind‐energy‐works.html（last visited Oct. 22，2010）（现代风力发电时代始于 20 世纪 80 年代的加利福尼亚州。1981~1986 年，小公司和个体创业者安装了 15000 台中型涡轮机，为旧金山的每一位居民提供足够的电力。在化石燃料价格高、核能暂停以及对环境退化的担忧的推动下，国家提供税收优惠来促进风力发电。这些再加上联邦税收优惠，帮助风力产业起飞）。

[17]　*See* Garrett Hering，*Plastic Surgery：Solaria Corp. Fuels High Hopes with Low‐Concentration Approach*，PHOTON INT'L，July 2007，at 76‐78.

[18]　*See Miasole Closes $ 5.4 Million in Funding；Appoints New Members to Board of Directors*，May 11，2004，*available at* http://www.thefreelibrary.com/Miasole+Closes+$ 5.4+Million+in+Funding%3B+Appoints+New+Members+to+Board...‐a0116454380[（Miasole 管理）团队以前开发了大量的涂层工艺，用于生产数据存储行业所需的硬盘以及"光纤到户"和投影光学系统所需的光学元件，所有这些都使用了公司专有的沉积技术]。

[19]　*See* Michael Kanellos，*Will the Solar Industry Become Like the PC Industry？* GREENTECH MEDIA，Mar. 23，2009，http://www.greentechmedia.com/articles/read/will‐the‐solar‐industry‐become‐like‐the‐pc‐industry‐5928/[例如，Telio Solar 公司已经找到了如何在液晶电视行业大量采用的设备生产线上生产铜铟镓（CIGS）太阳能电池]（省略内部引用）。

[20]　*See* Michael Kanellos，*Applied Materials Moving into Energy Storage*，*Lights*，GREENTECH MEDIA，Nov. 10，2008，http://www.greentechmedia.com/articles/read/applied‐materials‐moving‐into‐energy‐storage‐lights‐5145/（总部设在加州圣克拉拉的这家公司通过为半导体制造商和电视制造商设计设备而出名，该公司正在扩大规模，成为绿色科技行业的主要设备制造商。3 年前，申请正式进入太阳能设备市场）。

备市场。[21] 该公司利用其技术服务于使用芯片或薄膜的清洁技术客户，如 PV 制造商，[22] 并为客户提供了一个不断扩大的"统包"太阳能工厂。[23] Applied Materials 公司现在正从太阳能领域，跨越进入到制造储能设备和节能照明产品的设备领域。[24]

石油和天然气工业的成熟技术也被证明是对清洁能源相关领域是有用的。在某种程度上，地热技术借用了石油钻井的设备和技术。[25] 此外，一些公司正在开发海上风力石油钻井设备。一群石油行业的老手最近基于这一想法创建了 Sea Energy Renewables 公司（简称 Sea Energy）。[26] 这家苏格兰公司的技术起点是"套管"，它是用于石油和天然气行业的大型四脚凳子，可用作海上钻井平台。[27] Sea Energy 公司计划将套管锚定在水中，然后用船只将大型效用率（utility scale）风力涡轮机拖运出海，并将涡轮机放在套管顶部。[28] 其中的一些组件将一起形成海上风电场。

一些甚至不太起眼的钢铁工业生产工艺也被用于清洁技术领域。得克

---

[21] *See id.*

[22] *See id.*（当进入新市场时，Applied Materials 公司的运作方式很可能会遵循其几十年来一直遵循的做法。也就是说，它将主要关注严重依赖芯片或薄膜的市场和客户群，因此可能需要购买，比方说，许多化学气相沉积室）。

[23] *See id.*（现在，它为 Signet Solar 和由 Abu Dhabi 资助的太阳能联合企业 Masdar PV 建造了完整的全包式太阳能工厂。到 2010 年年底，应用客户将拥有大约 278 兆瓦的地面容量，预计到 2012 年，这个数字将攀升至 420 亿瓦）（省略内部引用）。

[24] *See id.*［据消息人士透露，该公司正在组建一个内部集团，向电池和燃料电池等储能设备制造商出售设备。Applied Materials 公司还希望将设备卖给有机发光二极管（OLEDS）的制造商。OLEDS 是一种能发光的薄膜］。

[25] *See* Jeanne Roberts, *Google-Funded Geothermal Drilling System Could Reduce Costs*, ENERGY BOOM, May 26, 2010, http://www.energyboom.com/geothermal/google-funded-geothermal-drilling-system-could-reduce-costs（创建地热井的过程与提取石油和天然气的过程非常相似，至少在最初阶段是如此）。

[26] *See* Sea Energy Renewables web site, http://www.seaenergy-plc.com/seaen-ergyrenewables/index.htm l（last visited Oct. 22, 2010）（Sea Energy 公司的目标是采用多年来在石油和天然气行业成功大规模开展海上项目开发和运营中获得的相关多方承包和风险缓解战略）。

[27] *See* Michael Kanellos, *When Oil Rig Met Wind Turbine*, GREENTECH MEDIA, Feb. 11, 2009, http://www.greentechmedia.com/articles/read/when-oil-rig-met-wind-turbine-5692/［简而言之，该公司计划将大型（5.5 兆瓦以上）风力涡轮机安装在夹克的顶部，即长度为 61 米或更长的四脚凳子上，而不是风力行业常见的单个白色单桩。这个夹克是在石油和天然气工业中开发的］。

[28] *See id.*（夹克单独放入水中。涡轮机随后被拖出海，待导管架锚定后将其放置在夹克上面）。

萨斯州一家名为 NC12 的公司开发了一种气化技术，这一技术是基于 "钢铁工业几十年来成功使用的工艺"。[29] 具体而言，NC12 使用液态金属催化反应器从生物质、煤和废物等碳质原料中生产合成气。[30] 所得合成气是可燃的，可用作燃料源。

许多现有技术在清洁技术和可再生能源发电领域的适用性应用，极大地推动了当前清洁技术产业的蓬勃发展。重要的是，其可以减少研究和开发的时间和成本。[31] 例如，海洋电力公司 "通过重新设计海上石油和天然气、风力发电和造船工业的成熟技术"，可以缩短研发周期。[32]

然而，从专利的角度来看，其面临着巨大挑战。要获得专利，一项发明应该是新的并且是创新的。美国和其他大多数重要司法管辖区试图通过考察某项发明的 "新颖性" "非显而易见性" 或 "创造性步骤" 等要求来确保其满足这些标准。新颖性和非显而易见性共同构成了美国专利要求的基石，用以回答 "这项发明是新的吗？" 以及 "这项发明真的有创新吗？" 等问题。

与绿色专利相关的新颖性调查，部分是基于预期效果理论。该理论认为，仅仅发现旧工艺的新结果或在不同的环境中为达到相同技术目的而利用已知的工艺并不能使其获得专利。[33] 而如果将已知工艺用于不同的目的，它可能会获得专利授权。[34] 使用电视生产工艺制造 PV 或采用钢铁工业工艺气化物质以生产先进生物燃料，这种做法既古老又新颖。也就是

---

[29] NC12 Technology web page，http://www.txsyn.com/technology.html （last visited Oct. 22, 2010）.

[30] *See id.* （液态金属催化反应器用于处理碳氢化合物，如生物质、煤和废物，以生产清洁、环保的合成气）。

[31] *See, e.g.*, Ucilia Wang, *Trawling for ＄500M in Ocean Power*, GREENTECH MEDIA, Oct. 9, 2008, http://www.greentechmedia.com/articles/read/trawling-for-500m-in-ocean-power-1553/ （Oct. 9, 2008）（海洋电力产业还有其他可再生能源行业没有的另一个关键优势，即通过重新设计海上石油和天然气、风力发电和造船工业的成熟技术，可以缩短研发所需的时间）。

[32] *Id.*

[33] *See* Bristol-Myers Squibb Co. v. Ben Venue Labs., Inc., 246 F.3d 1368, 1376 （Fed. Cir. 2001）（最新发现的为达到统一目的而采用已知方法的结果是不可专利授权的，因为这些结果是固有的）。

[34] *See id.* （Bristol 认为已知工艺的新用途可以获得专利授权，他的看法是正确的）。

说，每种方法都是已知方法的新用途。只要这些新用途符合突破预期效果限制的特定标准，就可以根据美国法律获得专利授权。

非显而易见性的标准，旨在仅针对真正的创新发明授予专利权。显而易见性排除了对某些方面与现有技术不同的发明授予专利权，这是由于这些发明的不同之处对于该发明技术领域的技术人员来说是显而易见的。[35] 如果 Sea Energy 公司为其海上风力涡轮机组件提交专利申请，它可能会面临一场恶战，需要针对将涡轮机放置在石油钻井平台上不只是对已知元件的明显改变这点，而是要给出有说服力的证据。美国最高法院在最近的一起极其重要的针对 KSR 裁决中，进一步提高了这一标准。[36] 预期效果和显而易见性的最新变化所带来的挑战与清洁技术专利申请尤为相关。

清洁技术专利诉讼也是清洁技术行业独特特征的产物，特别是在清洁能源 R&D 前期。告上法院的绿色专利纠纷通常涉及较老的技术开发，因为其诉讼的通常是已有技术。通用电气（GE）和三菱（Mitsubishi）之间引人注目的专利诉讼涉及的是变速风力涡轮机技术，该技术是从 20 世纪 80 年代开发的一个研究项目中获得的。由 NPP 提起的许多侵权诉讼涉及的是 20 世纪 90 年代公开的绿色专利，包括与混合动力汽车和发光二极管相关的基础技术。

然而，专利只是知识产权的一种形式，本书探讨的也不仅仅是绿色专利，而是关于绿色创新。在《知识产权业务》（*The Business of Intellectual Property*）一书中，Christopher Arena 和 Eduardo Carrera 强调，创新"比创造力和发明的内涵更为广泛，它不仅包括构思，还包括这些构思的实施"。[37] 清洁技术产品和服务可以通过研究和测试来产生，但是如果没有

---

[35] *See* 35 U. S. C. § 103（a）（2010）（如果寻求获得专利的主题与现有技术之间的差异使得在本发明对所述主题所属领域的普通技术人员来说是显而易见的，尽管该发明没有如本标题第 102 节中所述进行的相同披露或描述，但其可能仍然无法获得专利授权）。

[36] *See* KSR International Co. v. Teleflex Inc., 550 U. S. 398, 419-20（2007）（显而易见的分析不能局限于文字教学、建议和动机等的形式概念，也不能过分强调已发表文章的重要性和申请专利的公开内容……基于正确的分析，从事发明创造过程中已知的任何需要或问题以及专利所要解决的问题，都可以作为按照所要求的方式组合这些元素的一个理由）。

[37] CHRISTOPHER M. ARENA & EDUARDO M. CARRERAS, THE BUSINESS OF INTELLEC-TUAL PROPERTY 59（Oxford University Press 2008）.

项目开发人员来开发，没有消费者来购买和使用，这些产品和服务就无法得以实施，由此引入"生态标记"。用于向绿色消费者传达产品、服务或商业实践的环保特征的这些商标、服务标记和认证标记变得越来越普遍。

因此，绿色 IP 还包括商标法概念和其他有关消费者保护、绿色品牌和绿色营销等内容。"绿色""清洁"和"生态"等术语越来越多地用于描述环境友好的产品和服务，因此对于寻求商标注册的绿色品牌所有者来说，禁止"仅仅是描述性的"商品或服务商标注册的问题日益突出。

从消费者保护角度来看，也许最重要的问题是越来越常见的绿色虚假广告，即"漂绿"。这些与所谓的绿色产品、服务或做法相关的虚假或误导性的环境利益主张似乎在不断增加，形成一种令人不安的增长趋势。随着绿色产品和服务的广泛实施有可能带来显著的环境效益，这一不断增长的市场份额变得越来越重要。幸运的是，反漂绿势力正在以公共和私人法律行动的形式，反击那些从事漂绿的人们。本书还将探讨在当前绿色技术浪潮中涌现的新兴绿色品牌和消费者保护等问题。

绿色技术的实施将我们引向绿色 IP 的最后一个重要主题，即平衡确保 IP 所有者的权利与大规模实施清洁技术以遏制全球变暖需求之间的道德困境。就像清洁技术本身以其目标为基础给出的定义一样，绿色 IP 最终应该有助于保护环境和减缓气候变化。绿色专利通过创造动力和条件来开发和商业化可再生能源技术，降低能源消耗，减少温室气体排放，从而实现这一目的。

然而，这种对绿色 IP 持乐观的看法并没有得到普遍认同。很多国家和组织对清洁技术 IP 促进创新的看法仍持有异议，认为知识产权是清洁技术应用的障碍。[38] 他们认为，如果气候变化确实是人类排放温室气体所导

---

[38]　See United Nations Framework Convention on Climate Change, Report of the Ad Hoc Working Group on Long-Term Cooperative Action Under the Convention, at 48, ¶ 188（May 19, 2009）available at http://unfccc.int/resource/docs/2009/awglca6/eng/08.pdf（应制订具体措施，消除因保护知识产权而对发达国家缔约方向发展中国家缔约方发展和转让技术造成的障碍……）；see also Sangeeta Shashikant, Developing Countries Call for No Patents on Climate-Friendly Technologies, TWN BONN NEWS UPDATE, June 11, 2009, available at http://www.twnside.org.sg/title2/climate/bonn.news.3.htm［"无专利"提案是发展中国家提出的其他几项雄心勃勃的提案之一，旨在消除转让和获取无害环境的气候减缓和适应技术（ESTs）的知识产权障碍］。

致的，那么应该受到责备的是发达工业化国家。毕竟直到最近，这些国家一直是世界上最大的温室气体排放国。[39] 由于绝大多数的绿色专利都是在这些排放废气的发达国家注册的,[40] 因此，这些国家在道义上有义务放弃专利权，放下利润动机，与世界其他国家分享清洁技术。在气候变化政策国际论坛上进行辩论的这些观点已超越了法律领域，并扩展到道德和伦理领域。

本书中，清洁技术 IP 是一个重要的法律和政策领域，旨在促进各种技术的创新，以改善环境和遏制全球变暖。本书将绿色 IP 视为一个值得研究、实践和专门知识的独立领域，突出了它与一般知识产权法领域相比不同的特色。希望这本书将传授有关清洁技术 IP 的有用信息和见解，并为那些对这一新兴领域感兴趣的人提供知识来源。

---

[39]　*See* Richard N. Cooperc, The Case for Charges on Greenhouse Gas Emissions 4 （Harvard Project on International Climate Agreements, Discussion Paper 2008 – Oct. 10, 2008）; *see also* Roger Harrabin, *China "Now Top Carbon Polluter,"* BBC NEWS, Apr. 14, 2008, http://news.bbc.co.uk/2/hi/7347638. stm。

[40]　COPENHAGEN ECONOMICS A/S & THE IPR COMPANY APS, ARE IPR A BARRIER TO THE TRANSFER OF CLIMATE CHANGE TECHNOLOGY? at 18 （2009）, *available at* http://trade.ec. europa.eu/doclib/docs/2009/february/tradoc_142371.pdf（研究发现，低排放能源技术的专利只有 10%在新兴市场经济体注册，其中只有 0.1%在低收入发展中国家注册）。

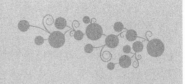

— 第一部分 —

为清洁技术出谋划策：
绿色专利申请，专利组合和许可

　　绿色专利可以具有非常高的价值。凭借绿色专利可以在发展空间越来越拥挤的清洁技术行业中确保独占性，还可以通过将专利技术许可给他人而产生源源不断的收入。专利为清洁技术公司提供了一种强大的工具，通过使用这种工具，清洁技术公司能够以多种方式来创造价值。

　　绿色专利可能又是很难获得的。正如在第一章中所讨论的那样，当今的许多绿色技术都源自20世纪七八十年代早期阶段的清洁技术研发成果以及半导体、计算机、石油和天然气等其他行业的技术进步。清洁技术的这些特征可能使得绿色专利申请过程成为一场艰苦的战斗，因为申请人难以将他们的发明与现有技术区分开来。第二章简要讨论了对于已知方法的新用途和已知要素的新组合，专利法如何试图通过法条和判例法来确定新颖性以及辨别真正的创新。第二章还审视了专利法学说中关于预期效果和显而易见性的最新发展，并通过聚焦某些清洁技术创新来描述专利撰写和申请策略。第二章还通过绿色专利申请的案例研究，阐述了所建议的策略。

　　当然，可能需要多项专利才能确保对复杂技术的充分保护。通常，技术公司通过构建专利组合来保护其发明创造。构建专利组合需要密切关注公司的经营策略以及思考如何最好地保护公司的关键技术创新以便进一步完善经营策略。成功的专利组合，能够保护公司在该领域中相比其他公司具有竞争优势的产品和技术特征的重要商业实施方案。第三章介绍了一系列案例研究，以展示清洁技术细分领域中的不同公司如何构建专利组合来保护其创新以及支撑其经营策略。

一旦公司在构建专利组合方面取得了一些进展，它就可以通过许可其他公司使用这些技术来运营该产品组合，许可可以涉及多种目的，包括制造、分销和利用互补技术来创建协同产品。对于一些清洁技术公司来说，最可行的商业模式是知识产权许可。这些公司的全部收入来自将其技术许可给其他公司。另一方面，创业公司可以利用他人的专利组合并与其签署对自己经营有帮助的许可协议。第四章分析了清洁技术公司使用专利和技术许可创造价值的多种方式。从早期研究到商业规模扩大，再到销售和分销，知识产权许可提供了一种多功能的工具，通过此工具可以进一步实现绿色经营的目标。

本部分通过对相关判例法、专利撰写和申请策略以及绿色专利案例研究的讨论和分析，介绍了清洁技术行业中专利申请和专利许可的法律环境、实务技巧和实际案例。接下来，笔者就从最为基础的专利申请开始，这是所有绿色专利的起点。

第二章

绿色专利：清洁技术专利申请撰写和申请策略

今天的许多绿色技术发明是对已有清洁技术的衍生改进或从其他行业借鉴而来，这给其新颖性和创新性的性质带来难题，并且可能使绿色技术的专利申请变得困难。

为了更好地阐释绿色专利的这些突出问题，这里的分析将主要关注太阳能光伏（PV）制造方法的可专利性。为了使太阳能与传统能源真正竞争，必须提高效率并减少其批发和零售成本。虽然太阳能光伏组件的批发价格多年来大幅下降，但与传统能源相比还没有成本竞争力。[1] 降低成本的关键因素包括技术优势、市场增长、竞争的加剧以及制造业的规模经济。[2] 所有这些因素都很重要，同时在产品的全球生产量增加与该产品价格下降之间已经建立了明确而直接的关联。[3] 因此，光伏电池制造技术的改进对于太阳能在市场上的成功至关重要。

太阳能电池制造上的任何重要改进都使公司在竞争中占据优势，这些改进是潜在的宝贵资产，也是专利保护的优质备选对象。事实上，太阳能光伏领域的知识产权正逐渐远离组件和其他产品，越来越多聚焦于制造装

---

[1] *See*, *e. g*, *Cost Of Installed Solar Photovoltaic Systems Drops Significantly Over The Last Decade*, SCIENCEDAILY, Mar. 3, 2009, http://www. sciencedaily. com/releases/2009/02/090219152130. htm（一项关于美国太阳能光伏发电系统安装成本的新研究表明，从 1998 年到 2007 年这些系统的平均成本显著下降，但是在这期间的过去 2 年保持相对平稳。）

[2] *See* RON PERNICK&CLINT WILDER, THE CLEAN TECH REVOLUTION：THE NEXT BIG GROWTH AND INVESTMENT OPPORTUNITY 32（Harper Collins 2007）.

[3] *See*, *e. g*, The Experience Curve, NetMBA, http://www. netmba. com/strategy/experience-curve/ [（last visited Oct. 24, 2010)（20 世纪 60 年代，波士顿咨询的管理顾问观察到在生产成本与累计产量之间存在一致性关系（从第一单元到最后的全部生产量）。数据显示，每增加一倍累计产量实际生产成本下降 20% 至 30%……]。

备和方法上。[4] 然而，这些技术方法申请专利面临挑战，这是因为现在的太阳能制造技术中最有效的方法并不真正是全新的。相反地，许多企业在这一领域使用的创新技术是先前在计算机和半导体产业上开发和应用的技术。

这给制造方法专利申请人带来两个主要的障碍，第一个障碍是证明该方法具有新颖性和可专利的创造性。美国专利法允许已知方法新用途申请专利，该方法必须是用于较远的完全不同的新用途。[5] 如果表面上的新用途是直接用于同样的用途或发明人只不过发现了旧方法产生的新结果，由于是已知方法的固有特性在起作用（使得其不具有新颖性），所以该新用途是不可专利的。[6]

第二个障碍是证明该发明是有创造性的，这通常意味着展示该发明是已知要素非显而易见的变化。最高法院一项新近决定，KSR 国际 v. Teleflex 案，[7] 加大了申请人证明其发明非显而易见性的难度。KSR 案之后，从一项技术以同样的方式转用到另一项技术的制造方法，如没有更多差别，相对于已知方法的明显变化而言将不具有可专利性。显而易见性的审查是专利法识别那些真正创新的发明，并授予其专利保护的主要工具。

一、已知制造方法的新技术

很明显，以前在半导体和计算机产业中使用的一些成功的制造工艺和技术在当今的太阳能产业具有重要的应用。如第一章所述，将导电材料应用到基板上的方法与在太阳能产业中公司首次将其用于生产半导体，两者

---

[4] *See*, *e. g.*, Michael Kanellos, *Why Solar Is*, *and Isn't*, *Like the Chip Industry*, GREENTECH MEDIA, Aug. 17, 2010, http://www.greentechmedia.com/articles/read/why-solar-is-and-isnt-like-the-chip-industry/（虽然模块可能是装饰性的设备，但事实上都执行相似功能，这意味着它们最终会被作为有价值的商品被购买和出售。因此，知识产权不会主要存在于电池或其组件上，这有赖于生产装备和工艺）。

[5] *See* Bristol-Myers Squibb Co. v. Ben Venue Labs., Inc., 246 F. 3d136, 1376（Fed. Cir. 2001）（已知工艺直接用于同样用途的新发现结果不具有可专利性，这是因为其结果是固有的）。

[6] *Id.*

[7] 550 U. S. 398（2007）.

同样有价值。例如，加利福尼亚太阳能电池企业 MiaSole 公司，用于生产高吞吐量薄膜太阳能电池的方法是该公司以前在数据存储产业硬盘制造涂层工艺中开发和使用的方法。[8] MiaSole 公司宣称他们"独特的制造工艺"已被证明可以降低成本，同时稳定可靠。[9] 根据 MiaSole 公司所说，其"低成本溅射"是经过验证的技术，可提供一致的工艺控制、高吞吐量、高产量和低成本投资，从而降低生产成本。[10]

另一家加利福尼亚太阳能公司，Solaria 公司，在其硅生产设备中使用来源于半导体生产的单机机器。具体地，Solaria 公司的聚光光伏生产方法与用单机设备 V 形阵列条中的聚光线性槽的一系列步骤分离光伏条相关联。[11] Solaria 公司的主页解释，该公司用"领先的半导体制造工艺"和制造技术"利用半导体与光学产业专门知识提高硅材料的能源产量"。[12]

制造方法可显著降低如 MiaSole 这类公司的制造成本，或提高 Solaria 这样公司的能源产量，显然极具竞争优势。因此，这是有价值的创新，并且可能值得用知识产权来保护。如果企业没能保护这些方法，竞争者可能会合法抄袭，并在他们生产中享受同样的利益，降低企业原本可以从创新中开发出来的竞争优势。这仅是两个例子，还有其他例子，在太阳能领域（如 Q 电池，夏普及应用材料公司），以及在清洁技术的其他领域。

二、已知方法新用途的法律规定

虽然太阳能生产方的一些生产方法自身并不是新的，但是用这些方法生产太阳能电池的用途可能是新的。根据美国专利法基本宗旨，已知方法

---

[8] See Miasole Closes $5.4 Million in Funding；Appoints New Members to Board of Directors，May 11，2004，http://www.thefreelibrary.com/Miasole+Closes+ $5.4+Million+in+Funding%3B+Appoints+ New+Members+to+Board..-a0116454380（MiaSole 公司管理层以前在数据存储产业开发的用于硬盘制造的高容量涂层工艺，"光纤到家"和投影光学中的光学元件，全部采用公司专有的沉积技术）。

[9] See Miasole Technology web page，http://www.miasole.com/technology（last visited Oct. 24，2010）.

[10] See id.

[11] See Garrett Hering，Plastic Surgery：Solaria Corp. Fuels High Hopes with Low Concentration Approach，PHOTONINT'L，July 2007，at 76-78.

[12] See Solaria Technology web page，http://www.solaria.com/products/technology.html（last visited Oct. 24，2010）. http://www.solaria.com/.

的新用途是可专利的，因此，这些技术是可专利的。[13][14]

然而，此条款受限于专利法另一基本宗旨，即任何人不能因为仅仅发现旧方法的新结果并将该新结果用于同样的用途而获得专利权。[15] 这个规则是隐含揭示原则的一种表现形式。这意味着发现已知产品或方法的内在特性不是新的，因此并不具有专利性，即使这种特性在之前并不被人所了解。新用途必须超越"旧方法的专利权人简单申请一个新主题，没有付出创造性的劳动……"[16] 相反地，新用途必须用于新目的。[17] 因此，一种精妙的判断方法出现了，其可以为美国专利商标局和法院提出一个用于分析和确定其新颖性的框架。

一个基于隐含揭示分析的案例是 Abbott Laboratories v. Baxter Pharmaceutical Products 案的决定，联邦巡回上诉法院[18]判定 Abbott 的一件专利无效，涉及一种阻止麻醉剂七氟醚降解的方法，通过增加水或路易斯酸的其他抑制剂来保护七氟醚防止酸的出现导致的杂质。[19] 现有技术专利公开了一种通过加水从七氟醚中去除杂质并蒸馏溶解的方法，法院认为，雅培的专利相对于现有技术专利隐含揭示的内容而言是无效的，因为雅培方法的全部步骤都在已知方法中公开。[20] 尤其是，法院详述"雅培的方法专利权利要求所作出的全部贡献在于识别出现有技术方法的内在特性"。[21] 换句话说，在先已知方法是添加水并蒸馏溶解以从七氟醚中移除

---

[13] See 35 U. S. C. § 5101 (2010) （任何人发明或发现任何新的有用的方法……可以因此获得专利）；35 U. S. C. § 100 (b) （词语"方法"表示过程、工艺或方法，并且包括已知方法、设备、产品、组合物、材料的新用途）。

[14] Moreover, manufacturing methods in particular are useful arts that qualify as patentable subject matter, See Tilghman v. Proctor, 102 U. S. 707, 722 (1881) （制造方法显然是专利法意义上的主题）。

[15] See Bristol-Myers Squibb Co. v. Ben Venue Labs., Inc., 246 F., 1376 (Fed. Cir. 2001) （已知方法下新发现的结果直接用于同样的目的的，不具有可专利性，因为这样的结果是固有的）。

[16] Brown v. Piper, 91 U. S. 37, 41 (1875).

[17] See Bristol-Myers Squibb, 246 F. 3d at 1376 (Bristol 是正确的，已知方法的新用途是可专利的）。

[18] The U. S. Court of Appeals for the Federal Circuit hears all appeals of patent cases from the federal courts and the U. S. Patent and Trademark Office.

[19] 471 F. 3d 1363, 1365 (Fed. Cir. 2006).

[20] See id. at 1369.

[21] Id.

杂质，而雅培仅仅是发现了仅添加水就能够保护七氟醚去除杂质。因此，雅培的方法是将其直接用于同样的基本目的，这不是一个真正的新用途。[22]

最高法院在 19 世纪的两个决定意见中曾简洁地指出这种区别，现在法院仍然在引用这些意见。在 Pennsylvania Railway v. Locomotive Truck Company 案中，法院详述：

> 将旧方法和机器应用到相似或类同的主题，这种应用方式不带来任何改变，就其本性而言，结果也没有实质上的不同。[23]

在几年之后的 Ansonia Brass & Copper 公司诉 Electrical Supply 公司案中，最高法院完成了这一思想：

> 在另一方面，如果将旧设备或方法应用于不同于旧用途的新用途，将该方法转用到新用途具有这样的特征，即需要付出创造性的劳动，则这样的新用途不应当否定其可专利性的价值。[24]

美国海关与专利上诉法院（美国联邦巡回上诉法院的前身）在制造方法的上下文中证实了这个原则。在 Lavinthal 案中，法院肯定了专利局的决定，一项涉及鞋跟原料制造方法的专利申请权利要求，相对于制造橡胶片材的先前已知的方法而言不具有可专利性。[25]

该申请文件揭示在两副模具中将未硫化橡胶组合物制作成多个鞋跟胚料的方法，法院发现，申请人的方法步骤与两份现有技术专利揭示的步骤相同。[26] 尤其是，现有技术专利描述了，敷设一层未固化橡胶到滚筒表面，其具有多个由薄的分隔壁分隔的模具，将压力施加到片材，以迫使它进入模具。一个现有技术专利特别揭示制造橡胶垫片的方法，其他步骤是

---

[22]　*See id.*（我们不认同雅培的方法专利不是"直接用于同样的目的"的意见）。

[23]　110 U. S. 490, 494（1884）.

[24]　144 U. S. 11, 18（1892）.

[25]　18 C. C. P. A. 1116, 1118-19（C. C. P. A. 1931）.

[26]　*See id.* 1118.

将其用于制造轮胎补丁。该申请的方法同样涉及将橡胶片压制成多个带腔的模板。仅有的区别是，该申请腔的形状是适于制造鞋跟。申请人也辩解，他的方法极大降低了制造鞋跟的成本，法院驳回了这种解释，裁定该申请不具有专利性。

我们认为，涉及的方法在相关文件中已被全部揭示，该申请没有其他贡献，仅仅是将旧方法应用到橡胶鞋跟的制造上。[27]

总之，已知制造方法的新用途是可专利的，但是针对这种类主题的专利申请应当根据本案原则谨慎撰写。最后，重要的是熟悉隐含揭示的相关法条，并在准备和撰写绿色专利申请时认识到满足新颖性要求的策略。

三、为避免和克服因隐含揭示而驳回的专利撰写和申请策略

1. 方法权利要求的使用

正如上面讨论的，一件专利涉及发现旧方法的新用途且将该方法用于同样的目的，不能获得专利权。然而，将已知方法用于不同的目的，可能是可专利的。雅培实验室案的决定指出，"基于目的的区别"仅适用于方法专利权利要求。[28] 法院的理由是，该案阐述这种区别有赖于定义术语"方法"的法定定义，即其表达包括了"已知方法的新用途"。[29]

相应地，申请人为已知制造方法的新用途寻求专利保护应当限定该专利申请包括尽可能多的覆盖发明实施例的方法权利要求。也就是说，权利要求应当使用术语"方法"，描述为"一种用于××的方法，包括：……"。

---

[27] *Id.*

[28] *See* Abbott Labs., 471 F. 3d at 1368（作为门槛性问题，我们注意到这种差别仅仅适用于方法权利要求）。

[29] *See* Bristol-Myers Squibb, 246 F. 3d at 1376（Bristol 案是正确的，已知方法的新用途可能是可专利的）。参见 35 U. S. C. § 100（b）（1994）（任何人发明或发现任何新的有用的方法……可以因此获得专利权）；35 U. S. C. § 100（b）（1994）（术语"方法"表示过程/工艺或方法，并包括已知方法、机器、设备、组合物或材料的新用途）。

这是因为，基于目的的区别依赖于在专利法中词语"方法"的定义。如果专利申请人和专利权人的专利申请或专利权引用方法权利要求，美国专利商标局和法院可能不接受他们所辩称的其发明是将旧方法用于新目的。[30] 将制造装备组合的专利权利要求撰写为装置形式（例如"一种用于××的设备，包括：……"），同样不会被认为具有可专利性。

2. 新的不同目的

专利方法权利要求仅仅是有资格辩称已知制造方法新用途是用于不同目的的门槛性条件。同样重要的是，在专利申请中解释原本用于制造半导体或硬盘的生产方法，当将其应用于制造太阳能电池时，是如何及为什么会显示出其目的是完全不同的。例如，Solaria 公司的聚光光伏生产方法的一个步骤，在从芯片制造到分离光伏条中使用了单机设备。针对这个方法的专利申请必须设计单机动作，使得其不仅仅是将半导体的分离替换为光伏条的分离。一个有创造力的专利代理人会同发明人一起工作，从申请中挖掘出芯片制造工艺与光伏电池制造工艺的任何重大差别，尤其是在专利权利要求中。清楚说明光伏工艺是完全不同于半导体工艺的理由，这对于可专利性是至关重要的。

四、KSR v. TELEFLEX 案之后的显而易见性

当已知特征以新方式组合而成时，就会涉及专利法的第二个主要特征即显而易见性，在过去 20 年，这是可争辩的最重要的专利法律决定，可以看到这之后的重大变化。在美国专利法中，如果发明与现有技术的区别对于相关领域技术人员来说是显而易见的，则该发明不能获得授权。[31] 该要求的合理性在于只给真正的发明创造授予专利垄断权，而对于在之前出现过的技术上作出的显而易见的改变不授予专利权。如果将显而易见性分

---

[30] Although the terms "method" and "process" are somewhat interchangeable in patent claim drafting, it would be safer to use "process" in view of the statutory basis for the Abbott Labs. holding.

[31] See 35 U. S. C. § 103（a）（2010）（如果希望获得专利的主题与现有技术之间的区别，对于所属领域技术人员来说，在发明作出时该主题整体而言是显而易见的，即使发明没有被完全一样地公开或描述成如第 102 条所阐述的那样，也有可能不能获得专利权）。

析与上面讨论过的"在先期待"原则相对比，则最容易被理解。如果发明专利申请的每一个特征都在在先的期刊文章或专利或先前出现的设备或产品中公开过，申请人的发明是不可专利的，因为这是可预期的。当没有一篇单独的文章、专利、设备或产品（全部已知相关的）包含发明专利申请的每一个特征时，但是两个或多个相关技术的组合共同包含了全部特征，则一般会考虑其显而易见性。

在最高法院 KSR 案决定前，显而易见性的主流测试方法是需要美国专利商标局在多个相关技术中找到发明专利申请的全部每一项特征，并在这些相关技术中找到一个明确的教导、启示和动机去组合相关技术，以实现包含全部特征的该发明。为了找到组合的教导、启示和动机（被称为 TSM 法则），美国专利商标局可以看发明人尝试解决的技术问题及可以被用来解决该技术问题的技术。在 KSR 案中，最高法院发现联邦巡回上诉法院僵硬地运用 TSM 法则，[32] 这种将显而易见性分析限制在发明尝试解决的特定问题和现有技术已解决的技术问题中是不合适的。[33]

相反地，KSR 案创设了一个更灵活的"公知常识"判断方法，允许美国专利商标局和法院考虑更宽泛的现有技术的排列，以便找到理由来组合或修正多个相关特征，证明申请人发明的显而易见性。特别是，在 KSR 案后，不仅仅允许注意发明人要解决的技术问题，也允许注意其他可能促使发明人去组合或修正不同的相关现有技术。[34] 作为补充，就近利用技术以外因素解决特定技术问题，也可能为组合相关技术提供动机。最后，甚至特定的组合仅仅是明显值得尝试（也就是说，没有必须的原因相信这种组合有很高的成功可能性），申请人的发明可能被认为是显而易见和不可

---

[32] See KSR International Co. v. Teleflex Inc 案，550 U. S. 398，418（2007）（有益的洞察，然而，需要不变得僵硬和强制性的公式；当这样使用时，TSM 法则与先例不再相容……显而易见性分析不能被教导、启示和动机的词语概念公式所限制，或过分强调出版文章和公开专利明确公开的内容的重要性）。

[33] See id. at 420（该案中，上诉法院的第一个错误是坚持认为法院和专利审查员只应该看专利权人尝试解决的技术问题，从而禁止推理；上诉法院的第二个错误是其假设一个普通技术人员尝试解决技术问题时，只会被现有技术这些特征是设计来解决同样技术问题时才会被引导）。

[34] See id.（基于正确的分析，在专利被发明和发表时，在该领域中努力追寻的任何已知需求和问题都可以为组合请求保护的权利要求中的特征提供理由）。

专利性的。[35]

KSR 案决定提高了可专利性的门槛，这是因为这种宽泛、更灵活的显而易见性测试使得美国专利商标局更容易以显而易见性拒绝专利申请。太阳能技术的制造方法专利申请在更昂贵的显而易见性测试中可能特别容易受到攻击，原因正如我们看到的，这些技术通常是从其他领域如半导体技术借鉴而来。先前，申请人可能成功辩解已知制造方法特征不能显而易见地组合得到光伏制造方法专利申请，因为太阳能工艺解决的是不同的技术问题并且是在不同的技术领域。现在美国专利商标局可能会留意到在半导体或存储器产业中使用制造技术解决技术问题，从而拒绝在太阳能技术领域中的专利申请。鉴于该新的显而易见测试原则，申请人为如改进的光伏制造方法等清洁技术寻求专利保护时，需要谨慎使用专利撰写和申请策略。

五、KSR 案后，克服显而易见性驳回的专利撰写和申请策略

1. 预料不到的特征组合

KSR 案，仅有发明的每个特征都可以在现有技术中独立示出这一事实，不足以使该发明显而易见。相反地，"根据创建的功能，现有技术可预测的用途"，看起来使得特征组合显而易见。[36] 因此，涉及太阳能电池制造的专利申请，可能有效的争辩是，将芯片制造工艺用于太阳能技术既不是该工艺可预测的用途也不是可扩展到其已知和建立时的功能。

例如，如果 Solaria 公司针对其制造方法提起专利申请，根据其将已知的不同功能的带槽的单机机器组合应用到太阳能光伏制造步骤上是显而易见的，该申请可能会因缺乏显而易见性而面临驳回，可以向美国专利商标局争辩，为太阳光聚焦线性槽而用单机机器准备光伏条是不可预测的，也

---

[35] See id. at 421（当有解决技术问题的设计需求或市场压力时，并且有特定的、可预测的有限选择，本领域普通技术人员有很好的理由对在他或她的技术能力范围内追求已知的选择。如果这导致预期成功，看起来该产品不具有创造性，而只是普通技术和公知常识。在这种情况下，根据 §103 条，明显值得尝试的组合这一事实可能显示其是显而易见的）。

[36] See id. at 417.

不是设置创设空间以插入这些槽的不同步骤时的功能。在这些争辩中有一点可能要指出，在已知工艺领域为了得到该结果增加该新特征是没有必要的。这里的争辩将会是，在半导体领域为了分隔芯片没有必要采用提供用于太阳光聚焦线性槽的空间的方式。

2. 发明组合的相反教导

KSR 案的观点证实，如果现有技术给出组合这些特征的"相反教导"，那么不同现有相关技术已知特征的组合不大可能是显而易见的。[37] 相反教导意味着，在相关文献中存在已知原因，为何将一项特征同另一项组合起来看起来不会实现发明人的目标。例如，MiaSole 公司用于制造其薄膜光伏电池的硬盘涂敷工艺被认为只能提供刚性密封，但是光伏电池需要柔性密封，接下来争辩的是现有技术工艺在将其应用到光伏电池生产时给出了相反的教导。如果 MiaSole 公司最终修改其工艺以制造柔性密封的光伏电池，这可能会将该新用途提升为非显而易见的发明。

3. 意外的效果或商业上的成功

KSR 案后显而易见性分析的一个重要方面仍然原封不动，即所谓相关的非显而易见性的"次要考虑因素"。次要考虑因素包括专利申请人可以用来克服美国专利商标局基于显而易见性的驳回的多个因素，其中最重要的是发明组合意外的效果或商业上的成功。上面讨论的关于密封的同样的假定事实在这里提供了一个例子。专利申请可以争辩，由于在硬盘生产领域的科学家相信，涂敷技术只能提供刚性密封，通过这种工艺生产柔性密封的光伏电池是预料不到的效果。另外，申请人可向美国专利商标局提交声明，详细说明 MiaSole 公司的生产工艺商业上的成功。申请人可能会指出大量生产这种发明是高利润的，因为这降低了制造成本，并提高了生产

---

[37] *See id.* at 416-17［指出最高法院在先涉及显而易见性观点下的原则是有指导性的，包括美国政府诉亚当斯（United States v. Adams），383 U. S. 39（1966），其中依据推论原则，当现有技术给出组合特定已知特征的相反教导时，发现一种将它们成功组合起来的方式更可能是非显而易见的］。

率。要点是如果这种组合有如此可观的利润，如果事实是这样显而易见的，一些人早在这之前就会这样去做。然而，即使是次要考虑因素如商业成功上的大量证据，也有可能不足以战胜强有力的显而易见性的初步证据。[38]

4. 美国专利商标局确立显而易见性的责任

KSR 案，要求美国专利商标局对组合已有特征得出申请人请求保护的发明作出清楚明确的说明，以合理支持显而易见性的驳回。法院指出"必须有清楚逻辑和一些合理的基础支撑显而易见性的决定"[39]，因此，专利申请人应当认识到美国专利商标局的这种责任，拒绝接受那种相对现有技术组合是显而易见的结论性断言。

六、Swift 风力涡轮机案：沉寂之声

绿色专利申请通过采取一些策略克服显而易见性的驳回意见并获得专利授权的一个例子是可再生装置 Swift 涡轮机案。Swift 公司是一家苏格兰能源生产商，他们开发了一种用于个人和住宅用途的屋顶风力涡轮机。Swift 公司的设计解决了噪声问题，这是阻碍小型风力涡轮机在人口密集地区使用的主要障碍。风力涡轮机噪声来自空气动力源（即空气）和机械源（即涡轮机组件）两部分。在传统的涡轮机设计中，空气沿叶片流动，离开叶片尾端产生噪声。在城市地区常见的高速风和湍流气流中，涡轮机的振动可能会导致额外的噪声。

Swift 公司的涡轮机设计通过多个方式解决这些问题。首先，如美国专利 US7550864 附图 1a 所示（参见图 2-1），涡轮机具有带环形涡轮机叶片的翼型扩散器（21）。"翼型"具有横截面表面轮廓，其影响表面气流的方

---

[38] *See* Leapforg Enterprise, Inc. v. Fisher-Price, Inc., 485F. 3d 1157, 1162（Fed. Cir. 2007）（我们不同意 Leafrog 公司关于法院没能适当考虑次要考虑因素的意见。地方法院在其意见中明确阐述，Leapfrog 公司提供了大量的商业上成功的证据，奖励，及长久的需求，但是，根据给定的非显而易见性的初步证据显示，次要考虑因素的证据不充分不足以克服权利要求是显而易见的最终决定。我们没有基础不同意地方法院的决定）。

[39] *See KSR*, 550 U. S. 418 [*quoting In re* Kahn, 441 F. 3d 977, 988（Fed. Cir. 2006）].

向和速度，以提供所需的反作用力。在运行中，当气流到达叶片的端部时，它接触扩散器，并沿圆周路径前进而不是从叶片末端流出，旋转扩散器在其表面保持气流，在比传统涡轮机叶片末端更大的表面区域上减缓空气流的速度，逐级轻轻地释放气流。Swift 涡轮机具有带尾翼（53，54）的折叠装置（50）。当气流超出一定速度时，折叠装置使转子旋转，以保持气流流动方向与所述涡轮机的旋转周线一致。在过强的风中，涡轮会因风速过高而失控。这些措施降低涡轮机装备组件的振动。最后，Swift 涡轮机具有包括吸收振动的橡胶芯的安装结构，其向上延伸到涡轮机装置的移动部分上。

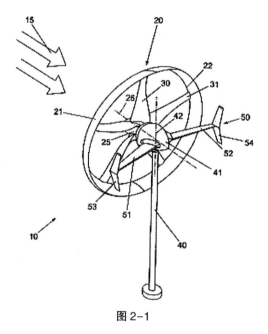

图 2-1

2004 年 3 月，Swift 公司为其涡轮机的新设计提交了专利申请。[40] 独立权利要求 1，在申请期间修改，如下：

  一种用于可安装在屋顶上的风力涡轮机的转子，其包括多个径向叶片及连接到叶片外尖端的环形扩散器，其中，该扩散器是

---

[40] *See* U. S. Patent Application Serial No. 10/549,417（filed May 16, 2005）.

翼型扩散器并且构造成使得其阻止部分轴向和来自叶片的部分径
向气流，所述气流在接触翼型扩散器时变为沿圆周流动，从而减
少噪声排放。[41]

　　因此，独立权利要求 1 要求保护包含以下机械部件的涡轮转子：
(a) 转子，(b) 多个叶片，以及 (c) 环形扩散器，其限定扩散器 (d) 是
翼型扩散器。在申请过程中，美国专利商标局至少两次以显而易见性为由
拒绝 Swift 公司的专利申请。[42] 尤其是，专利审查员坚持认为权利要求 1
是已知特征的组合，以相对于两项现有技术专利是显而易见的为由驳回该
权利要求，其中一篇文献揭示转子、叶片和扩散器，另外一篇公开了翼型
扩散器。根据审查员的意见，相对于对比文件 2 的翼型扩散器与具有转子、
叶片和扩散器的对比文件 1 的组合而言，是显而易见的。[43]

　　Swift 公司基于新的显而易见性原则的基本知识，精心设计了答复意
见，作了全面争辩，从而成功战胜了该驳回。Swift 公司的答复解释了引证
的现有技术缺陷，详尽解释了许多非显而易见性的争辩点，很多都是前面
所讨论过的。例如，Swift 公司争辩现有技术给出了与在转子叶片末端附加
大量气流相反的教导启示。[44] Swift 公司注意到，在发明出将翼型扩散器
安装到叶片末端可行技术方法之前，由于其尺寸大，为小型、轻量风力涡

　　[41] *See* Amendment and Response to Non-Final Office Action Under 37 C. E. R. S1. 111 (a) for
Application Serial No. 10/549,417 at 2 (July 31, 2008).

　　[42] *See* Office Action for Application Serial No. 10/549,417 at 5 (Jan. 29, 2008) (为了在低速
运行时提供更大扭矩，将 McCabe 揭示的翼型扩散器应用到 Li 揭示的风车上，这在发明作出时，
对于该领域技术人员而言是显而易见的)。另据官方意见申请序列号 10 / 549，417 (2008 年 10 月
1 日) (为了增加涡轮机的输出功率，将 Igra 揭示的翼型扩散器应用到 Li 揭示的风车上，这在发明
作出时，对于该领域技术人员而言是显而易见的)。

　　[43] See Office Action for Application Serial No. 10/549,417 at 2-3 (Oct. 1, 2008) (为了增加涡
轮机的输出功率，将 Igra 揭示的翼型扩散器应用到 Li 揭示的风车上，这在发明作出时，对于该领
域技术人员而言是显而易见的)。

　　[44] *See* Amendment and Response to Non-Final Office Action Under 37 C. E. R. S 1. 111 (a) for
Application Serial No. 10/549,417 at 13 (July 31, 2008) (将扩散器环连接到叶片的外缘与本领域惯
常知识相违背。在通常实践中，小型风力涡轮机寻求降低其重量和成本，因此将不会倾向于将一
个组件添加到涡轮叶片的端部)。

轮机安装扩散器被认为技术上是不可行的。[45] Swift 公司同样争辩了预料不到的效果。在这部分，涡轮机制造者争辩这种设计的涡轮机噪声降低的程度令人预料不到。[46] 此外，Swift 公司声称发明人测定翼型扩散器接到涡轮机叶片上与传统的、细长的扩散器在气流引流上具有同样的效果，这是个预料之外的发现。[47] 最后，Swift 公司指出，大多数竞争者关注叶片设计，并没有获得与其声称的设计相媲美的声音性能。[48] 为了将其争辩联系到一起，Swift 公司向美国专利商标局提交了声音证据，使得专利审查员可以听到（或听不到，在该案中）运行中的风力涡轮机的静音效果。Swift 公司的申请于 2009 年 6 月 23 日获得授权，美国专利号 US7550864。

Swift 公司案例研究表明，基于全面透彻的理解后 KSR 时代显而易见性案例法作出答辩意见的重要性，这也包括隐含揭示原则上近期的一些变化，及清洁技术专利的基本知识。随着新颖性和创造性的演变，清洁技术专利代理及绿色专利实践必须相应发展，这样清洁技术领域的真正创新者才能继续享受保护他们发明成果的专利权。

[45] *See* Response to Final Office Action for Application Serial No. 10/549,417 at 12（Mar. 2, 2009）（对于必须保持必要的轻便和移动的小型屋顶涡轮机，Igra 的产品细长的尺寸和形状，在技术上不实用）。

[46] *See* Amendment and Response to Non-Final Office Action Under 37 C. E. R. S1. 111（a）for Application Serial No. 10/549,417 at 13（July 31, 2008）（对于该技术领域技术人员来说，声音特性参数的改进程度是完全超出发明者预料之外的）。

[47] See Amendment and Response to Non-Final Office Action Under 37 C. E. R. S1. 111（a）for Application Serial No. 10/549,417 at 9（July 31, 2008）[修改后的权利要求 1 所述发明，本发明人意外发现，将一种新型的翼型扩散器连接到叶片尖端，叶片尖端 必须以与转子相同的转速移动，根据前述理论，空气分子将有效地看到 与上述关于固定的非旋转扩散器相同的路径（即相同的长度和曲率）]。

[48] *See* Amendment and Response to Non-Final Office Action Under 37 C. E. R. S 1. 111（a）for Application Serial No. 10/549,417 at 13（July 31, 2008）（即使涡轮机需要安静的运行作为理想的特征已经被人们所默认，小型风力涡轮机的竞争设计者也未能达到相称的声学性能目标）。

第三章

构建绿色专利组合

本章讲述的重点将从个别专利的申请转向专利组合的构建，通过案例研究来说明如何通过构建绿色专利组合，使清洁技术公司的技术资产获得有效保护。基于对两家风力涡轮机制造商、一家废物能源气化公司、一家碳捕获初创公司以及一家太阳能发电公司的专利组合的分析，阐述构建绿色专利组合的不同路径。

最重要的是，专利组合应符合公司的创新和业务战略，并提供必要的专利保护，以维持和进一步发展公司的商业模式。实现这些目标的方式多样，具体取决于公司正在开发的特定技术以及公司占据的行业空间。对于以其静音性能而上市的小型住宅风力涡轮机而言，单个目标专利即可为降低噪声的创新组件提供充分保护。另一方面，公共事业规模的涡轮机制造商可能需要多项专利来保护系统级创新，并在由大型企业主导的受监管行业中确立其竞争地位。通过"宏观/微观"方法围绕复杂技术构建一个专利组合。本章中介绍的废物转化为能源的气化专利组合保护了整个系统和每个子系统。

一、快船公司（Clipper）的自由风力涡轮机

截至撰稿时，Clipper Windpower 为世界上最大的风能项目[1]提供涡轮机。2008 年 7 月，总部位于伦敦和加利福尼亚州卡平特里亚的这家风力涡轮机制造商与 BP 可替代能源建立了合资公司，以在南达科他州建立一个 5050 兆瓦的风力涡轮设施。[2] 该设施名为"泰坦"（Titan），将使用

---

　　[1]　 *See* Scott Salyer, *Firm Pickpockets Pickens for Largest Wind Farm Title*, MATTERNETWORK, Aug. 3, 2008, http://www.matternetwork.com/2008/8/firm-pick-pockets-pickens-largest.cfm.

　　[2]　 *See* Press Release, Clipper Windpower, Clipper Windpower and BP AlternativeEnergy Form Joint Venture to Develop up to 5050 MW（July 30, 2008）, http://www.clipperwind.com/pr_073008.html.

Clipper 的 2.5 兆瓦自由风力涡轮机，该风力涡轮机具有各个角度的专利保护。Clipper 拥有至少 19 项美国专利和多项未决申请，涵盖其风力涡轮机技术，包括针对发电机、分布式动力传动系统和变速技术的专利。正如 Clipper 一本营销手册宣传的那样，"创新专利集合源于"自由风力发电机的设计。[3]

2001 年开业时，变速风力涡轮机市场是 Clipper 面临的主要进入障碍。美国专利 5083039（'039 专利）是变速技术的开创性专利，其使得涡轮机能够将不同速度的风转换成适于输送到公共电网的能量。截至 2001 年，'039 专利已经通过美国国际贸易委员会的诉讼对美国风能产业产生了影响，其中 Kenetech 公司和后来的 Zond 公司成功阻止了德国涡轮机制造商 Enercon 公司将其变速涡轮机出口至美国。[4] 随后，通用电气公司在 2002 年收购了 '039 专利。注意到 '039 专利及其历史，Clipper 的创始人意识到需要进行设计来绕开该项专利技术，才能进入变速风力涡轮机市场。

据负责 Clipper 知识产权和竞争评估的 Phil Totaro 称，公司着手开发一种不同的发电机系统，以避开常被用于变速风力涡轮机的"双馈"发电机。为了将 Clipper 的创新战略融于上述背景中，需要对基本的风力涡轮机技术进行简要讨论。风力涡轮机的基本部件是转子、变速箱、发电机和结构支撑部件，结构支撑部件通常是塔架和转子偏转机构。转子的叶片将风中的动能转换为低速旋转能。接下来，变速箱再将来自叶片的低速旋转能转换成适合产生电能的高速旋转能。变速箱输出轴转动发电机的轴，通过转换电路向公共电网提供电流。传统的变速系统使用的双馈发电机，是从涡轮机单元或公共电网生成的电流以激励转子产生磁场。

在研发方面，Clipper 取得了一些重大创新。首先，公司开发了一种全新的整体系统架构，它能通过系统的电流来降低发电成本。第二项创新是使用永磁发电机。与双馈发电机相比，它具有几个重要优势，包括更高的效率、可靠性和控制能力。最后，Clipper 开发了一种紧凑型变速箱设计，其齿轮组采用易于更换的"盒式"形式。通过采用尺寸更小的齿轮以及比

---

[3] Liberty Brochure at 2 (2006), *available at* http://clipperwind.com/pdf/liberty_brochure.pdf.

[4] This lawsuit and the 'O39 Patent are discussed in detail in Chapter 5.

传统风力涡轮机的齿轮啮合更平滑的方式，提供改进的分布式发电动力传动系统。

Clipper 的专利组合很大一部分涉及这些关键创新。对于包括自由风力涡轮机在内的专利研究表明，Clipper 将新技术分解为可获得专利的几个组成部分，为提供重要竞争优势的创新申请专利，并将专利申请覆盖在其他功能上，可以建立强大的专利保护。涵盖自由风力涡轮机的一些专利包括美国专利 7233129、7339355 和 7432686，以及 7535120（发电机和低压穿越能力）；美国专利 6653744、6731017 和 7069802（分布式动力传动系）；美国专利 7042110（变速系统结构）；美国专利 7317260（风流估计器）；美国专利 6955025（塔组件）；美国专利 6726439（可伸缩叶片）。

根据 Totaro 的说法，Clipper 专利组合中的两项关键专利是美国专利 7042110（'110专利）和 7069802（'802专利）。'110专利非常重要，因为它保护了自由风力涡轮机的整体系统架构。'110专利的关键在于权利要求 1，具体如下：

　　1. 一种发电装置，包括：

　　由能量源旋转的主输入轴；

　　一个或多个传感器，其输出传感器信息；

　　可为绕场同步发电机组的同步发电机，其中励磁机磁场用恒定电流和永磁同步发电机激励，所述同步发电机可操作地连接到所述主输入轴，所述同步发电机输出交流电源；

　　整流器，其连接到所述同步发电机的所述输出，所述整流器的输出为直流电；

　　一种能够调节直流电流的有源逆变器，所述有源逆变器具有第一输入，第二输入和输出，所述第一输入连接到所述整流器的所述输出；以及控制单元，其连接到所述一个或多个传感器和所述有源逆变器的所述第二输入端，所述控制单元能够使所述有源逆变器根据所述传感器信息调节所述有源逆变器的所述直流电。[5]

---

[5]　U. S. Patent No. 7042110 col. 111. 24-47（filed Feb. 4, 2004）.

'110专利，特别是权利要求 1，保护了 Clipper 与其竞争对手不同的关键创新。权利要求 1 涉及一种系统架构，该系统结构包括连接到整流器的永磁同步发电机，整流器又连接到逆变器。单向电流从发电机到整流器再到逆变器以通过系统，特别是当使用无源整流器时，大大降低了从自由风力涡轮机发电的成本。根据 Totaro 的说法，自由风力涡轮机是第一台使用这种系统架构的风力涡轮机。

'110专利的图 3-1 展示了自由风力涡轮机系统架构的一个实施例。该系统包括转子轮毂安装的旋角控制器（102），叶片转子（103），分布式发电变速箱（'802专利的主题），以及 4 个永磁发电机的关键特征。[6] 该系统还包括几个用于将交流电（AC）转换为直流电（DC）的整流单元，发电机控制单元（122），涡轮机控制单元（132），逆变器和变压器。[7]

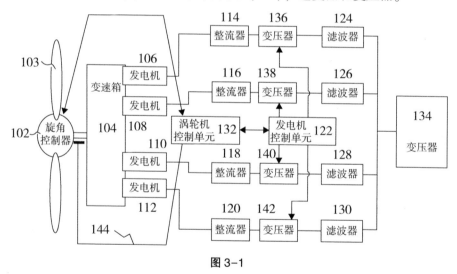

图 3-1

[6] *See* U. S. Patent No. 7042110 col. 51. 16-19 （filed Feb. 4, 2004）（首先是包括转子轮毂安装的旋角控制器或 PCU 102 的涡轮机传动系统，叶片转子 103，分布式发电变速箱 104 和 4 个永磁发电机 106，108，110，112）。

[7] *See id.* col. 51. 19-25 ［第二，发电机整流器单元 114，116，118，120；第三，包括发电机控制单元（GCU）122 和涡轮机控制单元（TCU）132 的控制系统；第四，4 个独立逆变器，136，138，140 和 142；第五，每个转换器的独立线路滤波器，124，126，128，130；第六，焊接的变压器 134］。

变速箱将涡轮轴连接到永磁发电机。[8] 发电机的电输出流向整流器，然后来自整流器的直流电能传输到逆变器。[9] 当涡轮机以低于全功率运行时，发电机控制单元（122）和涡轮机控制单元（132）一起工作以对磁铁发电机进行分级。[10] 这种发电机分级能力通过如在能量源（如恶劣风力条件）的低能量条件下，使每个发电机按顺序运行来提高系统效率。[11]

自由风力涡轮机的另一个重要特征是使用永磁发电机，'110专利还保护了 Clipper 控制永磁发电机的方法。如上所述，Clipper 使用永磁发电机来绕过业内常用的双馈发电机。与双馈发电机相比，永磁发电机具有几个显著的优点。磁力发电机不需要从涡轮机或电网获取任何功率，因为它们已经被磁化。[12] 因此，自由风力涡轮机可以在很宽的负载范围内以更高的效率运行。永磁发电机还提供其他优点。它们不像常用的双馈发电机那么复杂。[13] 此外，Totaro 介绍说，永磁发电机使涡轮机能够更好地吸收强阵风，同时以比双馈发电机更有效的方式减轻"超速"叶片旋转问题。永磁发电机还提供更好的实际故障穿越能力，即使在发电机停机的情况下，自由风力涡轮机中的 4 个永磁发电机也可以提供连续的发电。[14] 最后，永磁发电机简化了扭矩控制，因为它们通过调节涡轮机转子的速度来控制扭矩。这消除了对与双馈发电机相关的涡轮机的更复杂的磁场定向控制，而

---

[8] *See id.* col. 51. 43-46（在这个例子中，涡轮轴通过齿轮箱 104 和一些合适的耦合装置耦合到 4 个永磁发电机或绕场同步发电机 106，108，110，112）。

[9] *See id.* col. 61. 4-7（发电机电气输出至整流器，114，116，118 和 120，整流器将电能转换为直流电压和电流。然后直流电源传输到逆变器，136，138，140，142）。

[10] *See id.* col. 6. 28-30（图 3-1 中的 TCU 132 和 GCU 122 一起工作，以在涡轮机以低于全功率运行时对发电机 106，108，110，112 进行分级）。

[11] *See id.* col. 6 1. 30-34 [在能源（风、水等）的低能量条件下，控制器将每个同步发电机依次在线连接到涡轮机中，以改善系统效率低功率]。

[12] See Liberty Brochure at 2（2006），*available at* http://clipperwind. com/pdf/lib - erty_brochure.pdf（由于无需将电流馈入发电机转子，因此不会产生杂散电流，因此，点蚀和轴承失效几乎不会发生）。

[13] *See id.*（与业界最常用的双馈发电机不同，永磁体更简单，几乎免维护，并且在更广泛的功率输出范围内以更高的效率运行）。

[14] *See id.* at 2（自由风力涡轮机通过使用 4 个永磁发电机实现更高的动力传动效率，即使有 1 个发电机宕机的情况下，也能提供连续发电）。

这些需要了解磁场定向控制扭矩的有关知识。

  Clipper 专利组合中的第二项重要专利为′802专利，其保护了自由风力涡轮机的分布式动力传动系统，该系统采用紧凑型变速箱，变速箱的多路径设计可对扭矩负载进行分割和分配。典型的涡轮变速箱具有"行星"系统（即具有围绕中心"太阳"齿轮旋转的外齿轮），其速度变化发生在转速（rpm）升高的三个或四个阶段中。但是用于多兆瓦涡轮机的行星齿轮箱需要大型昂贵的齿轮和轴承以及大型发电机。这些部件非常重，需要大量维护，而维修使风机在很长一段时间内停机。在自由风力涡轮机中，负载驱动多个较小的发电机而不是单个大型发电机，[15] 同时，专利设计通过螺旋齿轮代替行星齿轮布置，以促进平滑啮合。[16] 根据 Totaro 的描述，′802专利的核心创新是齿轮之间相互啮合的时间，以此提供扭矩分配能力。

  另一个优点是齿轮组采用"盒式"形式，并且可以在不拆卸变速箱的情况下方便地更换。由于这种紧凑型变速箱设计，自由风力涡轮机的变速箱重量为 36 吨，而同类涡轮机中的变速箱重量为 50 至 70 吨。[17] ′802专利对 Clipper 非常重要，因为它为 Clipper 提供了更快的安装和更好的可维护性的额外竞争优势。同时，根据 Totaro 的介绍，自由风力涡轮机可以在更短的时间内启动和运行，并且比大多数竞争对手更容易维修，因为仅需要依靠机载的 2 吨臂架起重机，即可相对简单地实现盒式齿轮组和发电机的连接、断开及更换。

  来自′802专利的图（a）和图（b）（图 3-2 中所示）给出了 Clipper 的分布式动力传动系的实施例。

---

  [15] *See* U. S. Patent No. 7069802 col. 31. 58-60（filed May 31, 2003）（发电机 150, 152, 154, 156 连接到相应的一个输出轴上）。

  [16] *See id.* col. 31. 10-15（该发明的另一个优点是，通过使用双螺旋输入小齿轮，可以实现更小直径宽面齿轮的经济性。双螺旋齿允许宽面，同时减少制造公差要求，偏差灵敏度较低）。

  [17] *See* Teresa Hansen, *Drive Train Innovation Raises Wind Turbine Efficiency*, *Uffers Gearbox Improvements* POWER ENGINEERING, June 2006, *available at* http://www.powergenworldwide.com/index/display/articledisplay/258472/articles/power-engineering/volume-110/issue-6/field-notes/drive-train-innovation-raises-wind-turbine efficiency-offers-gearbox-improvements.html（可比涡轮机中的变速箱重量为 50 到 70 吨，Clipper 型号重 36 吨，其中包括变速箱、制动器和外壳）。

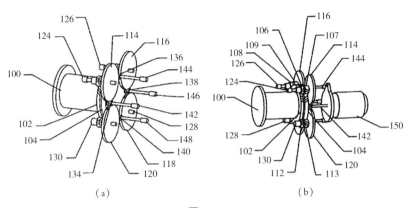

图 3-2

　　能进行扭矩分配的关键部件是一对大齿轮（102，104）和位于大齿轮周边的中间齿轮（114，116，118，120）。[18] 主轴（100）通过多对第一级中间双螺旋小齿轮（106-107，108-109，110-111，112-113）和中间齿轮将扭矩分开，实现扭矩传递。[19] 如'802专利的图3-2所示，每个输出轴（例如轴（142））连接发电机（例如发电机（150））。当风转动叶片时，使主轴（100）发生旋转。[20] 然后能量传递到大齿轮（102，104）。[21] 中间齿轮（114，116，118，120）和小齿轮（106-107，108-109，110-111，112-113）使输入轴（124，126，128，130）以大于大齿轮转速的速度旋转。[22] 每个中间齿轮啮合两个输出小齿轮（134，136，

　　[18]　*See* U. S. Patent No. 7069802 col. 31.46-51 (filed May 31, 3)（一对大齿轮102，104 位于主轴上。许多中间齿轮114，116，118，120 位于大齿轮周边。中间齿轮114 连接到具有双螺旋小齿轮106，107 的输入轴124，该双螺旋小齿轮106，107 接合一对大齿轮102，104。其他中间齿轮116，118，120 也类似地连接到具有双螺旋小齿轮的相应输入轴，所述双螺旋小齿轮接合所述一对大齿轮）。

　　[19]　*See id.* col. 31.63-66（主轴扭矩通过多对第一级中间双螺旋小齿轮，106-107；108-109；110-11；112-113 和中间齿轮分开，114，116，118，120）。

　　[20]　*See id.* col. 41.14-16（操作中，由转子的流动驱动旋转提供的动力通过将主轴100 旋转到大齿轮10，104 而传递）。

　　[21]　*Id.*

　　[22]　*See id.* col. 41.16-19（中间小齿轮安装在大齿轮的周边，导致四个中间轴124，126，128，130 转动的转速大于大齿轮的转速）。

138，140），两齿啮合允许中间齿轮传递两倍于单齿啮合的扭矩。[23] 多路径扭矩分配设计可以传输更高的负载，并且可以相对容易地安装和维修齿轮组。

美国专利 7233129（′129 专利）和 7339355（′355 专利）保护了另一种将 Clipper 与该领域其他公司分开的创新。作为′110 专利的后续申请，这两项专利描述了自由风力涡轮机在公共事业故障，即公共电网故障导致电压瞬间波动期间使用的"穿越"能力。为了最大限度的保护，′129 专利涉及应用于单个涡轮机的穿越方法，而′355 专利涉及风电工厂级别的技术。关键创新在′129 专利的权利要求 1 中进行叙述：

> 1. 一种控制连接到电路的发电机的方法，包括以下多个阶段的步骤：
> A. 测量所述电路一个相位上的电压频率和相位角；
> B. 基于所述一个相位的电压测量合成所述电路相位的电流波形模板；以及
> C. 利用所述电流波形模板，以在故障状态期间将电流传送到所述电路的所述相。[24]

根据′129 专利的公开内容，所要求保护的方法将逆变器输出电压和电流保持在适于传输到公共电网的频率和相位角。[25] 正如 Totaro 的解释，该技术"欺骗"涡轮机，使其认为在公共设施故障期间它是电网连接的。因此，涡轮机可以保持在线发电而不是在故障事件期间离线跳闸。[26] 此

---

[23] *See id.* col. 41. 21-25（每个中间齿轮啮合连接到发电机输出轴上的两个输出小齿轮，与输出齿轮的双齿啮合允许中间齿轮传递 2 倍于单齿啮合的扭矩）。

[24] U. S. Patent No. 7233129 col. 111. 12-21（filed Nov. 3，2004）.

[25] *See id.* col. 51. 28-33（逆变器 23 连接直流链路 21 的输出，发电机 17 的至少一部分电力输出由逆变器调节，使逆变器输出具有一定频率和相位角的适合于传输到图 1 所示的公共电网 7 的电压和电流）。

[26] *See id.* col. 31. 57-59（电流在故障状态期间以与故障前状况基本相同的水平输送到公共电网）。

外，可以避免诸如频率波动或大的系统不稳定性之类更严重的问题。[27]

　　Clipper 还拥有至少一项保护其系统用于估算和监测风流的专利。美国专利 7317260 涉及一种涡轮机控制系统，其包括支撑塔位置传感器和风流量估计器。[28] 风流量估计器使用所测量的风的运动，发电机转速和叶片桨距角来预测涡流转子上的风流。[29] 根据该预测，估计器调整涡轮机的工作点并调整涡轮机的控制器，以抑制支撑结构中的振荡。[30] 例如，将所需的叶片桨距角命令发送到转子桨距执行器，以及所需的发电机命令发送到涡轮机电气转换器。[31]

　　Clipper 涡轮机组合的最后一项专利是美国专利 6955025（'025专利），其涉及架设风力涡轮机塔架的方法和美国专利 6726439（'439专利）和 692322（'622专利），分别涉及可伸缩转子叶片和叶片延伸/缩回机构。'025专利要求保护的方法包括将塔分成铰接在一起的多个部分的步骤，将较低的部分铰接在塔底部，提升较低部分使其上部处于竖立位置。[32]

　　可伸缩叶片技术尚未商业化，不属于 Clipper 自由风力涡轮机设计的一

---

　　[27]　See id. col. 21. 15-21 [如果风力发电处于高渗透水平，并且发生瞬间故障，则风力发电量大幅下降（根据旧的运行规则）可引起更严重的稳定性问题，如频率波动，或者系统范围内的大型系统不稳定性]。

　　[28]　See U. S. Patent No. 7317260, at [57]（filed May 10, 2005）（风力涡轮机中的变速发电机的涡轮机控制系统安装在支撑塔顶上，风力涡轮机将风能转换为施加到发电机的驱动扭矩。控制系统包括涡轮机支撑塔位置传感器，并且还可包括其他塔架加速度和速度传感器。风流估计器使用测量的运动、发电机转速和叶片桨距角，来预测涡轮机转子的扫掠区域上的风流和塔架运动）。

　　[29]　Id.

　　[30]　See id. col. 21. 66-col. 31. 3 [流量估算器用于涡轮机控制系统，以正确调整其工作点，调整控制器（比例、积分、微分、PID、状态空间等），并阻尼支撑结构振荡]。

　　[31]　See id. col. 41. 59-66 [使用估计的风流输入 220、塔位置输入 221 和速度输入 222、叶片长度/桨距测量 214 和转子速度测量 218，涡轮机控制器 224 将所需的发电机扭矩命令 228 输出到发电机 230 的电转换器部分，并将期望的叶片长度/俯仰命令 232（或命令）输出到转子叶片长度/俯仰制动器 234]。

　　[32]　U. S. Patent No. 6955025 col. 51. 5-18（filed Aug. 19, 2003）（1. 一种建造高塔的方法，包括以下步骤：A. 将所述高塔分成若干部分，所述的若干部分包括具有塔顶部的上部部分和具有塔底部的下部部分，所述的若干部分铰接在所述若干部分的其中一个部分上，其中一个部分最初位于另一个部分下方的非垂直位置；B. 将所述下部部分铰接到塔底部；C. 将所述下部部分升高至垂直位置，使得所述塔底部搁置在所述塔座上；D. 升高所述上部部分，使得上部部分位于下部部分以上）。

部分。但是，联合技术最近收购了 Clipper 大量的少数股权，[33] Totaro 表示这项投资将使 Clipper 能够进一步开发该技术。'439专利涉及一种转子叶片控制系统，该系统通过转子叶片的伸展与收缩调节转子的动力捕获和负载。[34] '622专利描述并要求保护一种用于调节转子叶片长度的改进系统，该系统包括一种具有腹板和腹板啮合轮的车轮驱动机构。[35]

　　Clipper 的专利组合反映了其创新战略，该战略创造了一个全新的变速系统，使其不同于该领域的其他涡轮机。它还进一步推动了公司的商业战略，即注重提高自由风力涡轮机效率和可靠性的关键技术特征。这些特征包括分布式动力传动系统架构及其永磁发电机，每个特征都为自由风力涡轮机提供了诸如更高的效率，改进的低电压穿越能力，更快的安装以及更简单的维修等竞争优势。通过技术专利化推动这些竞争优势，Clipper 已经为未来特别是在系统架构和穿越技术方面做好了准备。

　　如上所述，'110专利保护了 Clipper 的整体系统架构。由于自由风力涡轮机是第一台采用这种系统的风力发电机，正如 Totaro 所说，Clipper "认为'110专利是开创性的。" 值得注意的是，'110专利的权利要求 1 足够广泛，能够覆盖使用任何类型的同步发电机和有源或无源整流器的系统。这预示着竞争对手避开'110专利进行设计将是一个重要选择。如果这种架构代表一项难以回避的开创性创新，那么随着风电行业进入下一代变速风力涡轮机技术，Clipper 将处于驾驶员位置。作为'110专利的所有者，Clipper

---

　　[33] *See United Technologies Corp. to Invest in Clipper Windpower*, PR NEWSWIRE, Dec. 9, 2009, http://www.prnewswire.com/news-releases/united-technologies-corp-to-invest-in-clipper-windpower-78915882 (Dec. 9, 2009) [联合技术公司 (NYSE: UTX) 今日宣布已同意收购快船风能 (CWP. L) 49.5%股权，该公司是位于加利福尼亚州的风力发电机组制造商，并在 AIM 伦敦证券交易所交易]。

　　[34] *See* U. S. Patent No. 6726439 at col. 11, lns. 2-15 (1. 一种流体动力发电系统，其特征在于：安装在结构上的涡轮机，该结构相对于流体流保持静止状态。所述涡轮机包括具有叶片的转子，所述涡轮机定位在所述结构上，使得所述转子与流体流动方向对齐；以及转子控制器，通过延伸和缩回所述转子叶片的扫掠半径来调节所述转子的动力捕获和负载，以增大和减小由所述转子扫过的流体流动的横截面积；以及连接所述涡轮机的发电机，用于产生电能)。

　　[35] *See* U. S. Patent No. 6923622 col. 51. 61-col. 6 1. 1 (filed Jan. 15, 2003) (涡轮机包括具有连接到转子轮毂和扩展部分的主叶片部分的转子，调节装置连接扩展部分，使扩展部分可在相对于主叶片部分的缩回位置和延伸位置间移动，以将更多或更少的转子暴露于流体中。调节装置包括腹板接合轮驱动机构)。

将决定哪个竞争对手（如果有的话）能够在他们的风力涡轮机中使用这种系统架构并且成本是多少。公司可以通过执行′110专利防止重点竞争对手使用该技术，并允许其他人通过许可协议使用该专利架构，从而产生额外收入。

由′129和′355专利保护的穿越能力也可以使 Clipper 在受监管行业中保持长期竞争优势。专利技术的真正突破在于它使涡轮机在故障事件时维持运转的时间长度。根据 Totaro 的说法，使用′129和′355专利的方法的涡轮机可以保持运转长达 3 秒。这听起来可能不长，但目前的行业标准是 0.15秒。[36] Totaro 告诉作者，联邦能源监管委员会正在考虑将电网穿越能力的合规标准提高到 3 秒。如果确实如此，Clipper 将有助于开创新的行业先例，而且该行业的其他人可能不得不从 Clipper 获得该技术的许可。正如Totaro 所说，"通过技术创新（Clipper）正在建立新的标准。"

′110、′129和′355专利，以及保护其紧凑型变速箱和多路径设计的分布式发电动力传动的专利，阻止了竞争对手利用对 Clipper 业务至关重要的技术。这三项专利构成了 Clipper 专利组合的基石，并辅以保护涡轮机其他方面的专利，例如可伸缩转子叶片和架设涡轮机塔架的方法。总的来说，这一绿色专利组合为 Clipper 提供了成功建立和发展风力涡轮机业务所需的竞争优势。

二、普拉斯科（Plasco）能源集团的气化系统

很难想象一种比将废物转化为能源更直接和有效的环境解决方案。气化处理是将碳质原料（如城市垃圾、生物质或煤）转化为可燃气体，而这些可燃气体又可用于发电、蒸汽或用作化学品或燃料生产的原材料。虽然在欧洲和亚洲有很多气化工厂，但直到最近，这种方法在北美仍几乎没有发展。但在 2008 年夏天，安大略省的渥太华市政理事会批准了北美第一个

---

[36] See, e. g., Mark Del Franco, *Wind Energy Under Fire Within ERCOT*, NORTH AMERICAN WINDPOWER, Apr. 4, 2010, *available at* http://www.windaction.org/news/26526 [2008 年 10 月，得克萨斯州电力可靠性委员会的技术咨询委员会建议批准 LVRT，其包括现有风力发电在 2008 年11 月 1 日之后完成互联协议后对设备进行改造的要求，这个标准要求涡轮机承受 9 个周期（约0.15 秒）的电压穿越而不会停机]。

废气处理工厂。[37]

Plasco 是一家渥太华废物转换和能源发电公司，正在为北美第一个废弃处理工厂提供技术，[38] 将每天 400 吨废物转化为约 19000 个家庭所需的电力。[39] Plasco 的装置将垃圾转化为电力的效率，比通过回收自身的废热并利用它来驱动气化过程的现有气化系统的效率更高。[40] Plasco 装置还通过比常规气化工厂更低的温度进行反应来减少能源消耗。[41] 效率的提升是通过新系统和一定数量的集成子系统来实现的。系统整体设计和许多独立子系统都利用了 Plasco 在气化技术方面的创新。

Plasco 拥有一系列针对其气化技术的专利申请。该专利组合反映了对整个系统设计和许多独立子系统进行分层保护的宏观/微观战略。这些专利申请旨在防止竞争对手利用 Plasco 的气化设施作为一个整体和其重要的独立组成部分。[42] 以 Plasco 的专利申请作为指引，以下对系统的技术分析和子系统的相互关系将说明公司的专利战略。

国际专利申请 PCT/US2007/068407 （'407 申请）涉及完整的气化装置。[43] 至少 7 个其他申请涉及集成整个系统的各种子系统。子系统包括城市固体废物处理系统、塑料处理系统、具有横向转移单元系统的水平定向气化器、气体重整系统、热回收系统、气体调节系统、残余物调节系统、

---

[37] Thursday Bram, *North America's First Gasification Facility*, MATTER NETWORK, July 15, 2008, http://www.matternetwork.com/2008/7/north-americas-first-gasification-facility.cfm.

[38] *See id.*

[39] *See id.*

[40] *See,* e. g., International Application No. PCT/US2007/068407 at 40 （因此，利用该系统能优化能源效率，由于回收的热量反馈到气化过程，减少了干燥、挥发和气化原料步骤中所需的外部能量输入）。

[41] *See* Thursday Bram, *North America's First Gasification Facility*, MATTER NETWORK, July 15, 2008, http://www.matternetwork.com/2008/7/north-americashrst-gasification-facility.cfm （Plasco 正在开发一种低温气化设备，以将垃圾电力转换产生的能源成本降低至合理的价格）。

[42] *See* Plasco Energy Group Patent Pending Technology web page, http://www.plascoenergygroup.com/?Patent_Pending_Technology [（last visited Oct. 27, 2010）（Plasco 转换系统采用的技术受到两个在全球范围内的未决专利族以及针对特定组件的大量未决专利的保护）]。

[43] *See* International Application No. PCT/US2007/068407, Abstract （提供了一种低温气化系统，其包括水平定向气化器，其优化从碳质原料中提取气态分子同时使废热最小化）。

气体均质系统和控制系统。[44]

'407申请的标题为"具有水平气化炉的低温气化装置",正如标题所示,该专利涵盖整个 Plasco 装置。[45] '407申请的权利要求描述了整个系统,并包括针对集成子系统的权利要求。同时,许多子系统在 Plasco 其他的专利申请中进行了单独保护以及更详细的描述。作为分析起点,'407申请的权利要求在下文进行阐述,每个子系统元件的单独专利申请均被加粗,同时括号中显示相应的申请号或公开号。

1. 用于将碳质原料转化成具有确定组成的合成气的低温系统,其特征在于,所述系统包括用于将碳质原料转化为废气和残余物的水平定向气化器(PCT/US2007/068413),所述气化器具有原料入口、出气口和残余物出口,还包括阶梯式底板,其中每个台阶设有横向传送单元,用于在处理过程中使材料移动通过所述气化器;气体重整子系统(PCT/US2007/068397),其用于将所述气化器中产生的废气转化为含有 CO 和 H_2 的合成气,残余物调节子系统(美国专利申请公开号 2007/0258869),其用于熔化和均质所述残余物,以及用于调节系统操作的控制系统(PCT/US2007/068405)。

2. 根据权利要求1所述的低温系统,其特征在于,还包括热回收子系统(PCT/US2007/068398),其用于从所述合成气中回收热量并将所述热量再循环到气化器。

3. 根据权利要求1或2所述的低温系统,其特征在于,还包括气体调节子系统(PCT/US2007/068411),其用于从所述合成气中去除大部分颗粒物质和至少一部分重金属污染物,以提供经调节的合成气。

4. 根据权利要求3所述的低温系统,其特征在于,还包括气

[44]　*See id.* at Abstract(低温气化系统的子系统是指:城市固体废物处理系统;塑料处理系统;具有横向转移单元系统的水平定向气化器;气体重整系统;热回收系统;气体调节系统;残余物调节系统;气体均质系统和控制系统)。

[45]　International Application No. PCT/US2007/068407.

体均质系统（PCT/US2007/068399），用于接收所述经调节的合成气并提供基本均匀的经调节的合成气。

5. 根据权利要求 1 所述的低温系统，其特征在于，其中所述控制系统被配置为感测所述合成气的组成，将所述组成与所述确定的组成进行比较，并且以有助于将所述组成调节到确定组成范围内的方式，操作所述系统的一个或多个处理装置。

6. 根据权利要求 5 所述的低温系统，其特征在于，所述气化器包括一个或多个用于输入一种或多种处理添加剂的入口，其中所述控制系统配置成感测合成气的组成，将所述组成与所述确定的组成进行比较，调节所述处理添加剂的输入，以使所述组成调节到确定组成的范围内。

7. 根据权利要求 1 所述的系统，其特征在于，每个所述横向传送单元包括载体柱塞。

8. 一种将碳质原料低温转化为合成气的方法，其特征在于，包括以下步骤：提供水平定向气化器（PCT/US2007/068413），其包括两个或多个横向分布的处理区域；将原料供给到所述气化器的第一区域；将所述原料横向转移通过每个所述区域以增强原料向排出气体中的转化；将所述排出气体重整为含有 CO 和 H_2 的合成气（PCT/US2007/068397），通过熔化和均质调节转化过程产生的残余物（美国专利申请公开号 2007/0258869）。

9. 根据权利要求 8[①] 所述的方法，其特征在于，其中所述原料的横向转移步骤由控制系统（PCT/US2007/068405）操作和控制，以适于监测所述原料的转移并调节所述原料对其响应的横向转移。

10. 根据权利要求 8 所述的方法，其特征在于，所述控制系统通过设在气化器内的原料高度传感器监测所述转移。[46]

---

① 根据权利要求主题进行更改。——译者注
[46] *Id.* at 149-151（增加了重点和括号内的参考文献）。

Plasco 转化成系统包括两个基本阶段——废物转化和发电。[47] 在第一阶段，废物被送入转化器，材料通过回收的废热气化。[48] 在第二阶段，产生的合成气体（合成气）驱动涡轮机发电。[49]

当废物进入转化器的主室时，气化过程开始。[50] 转化器包括水平定向气化器和气体重整系统。[51] Plasco 的国际专利申请号为 PCT/US2007/068413（′413申请）涉及水平定向气化器，其横向传送单元用于使废料通过气化器，同时允许气化过程的横向膨胀。[52] ′413申请的图 4 表示了水平定向气化器的一个实施例，如下图 3-3 所示。

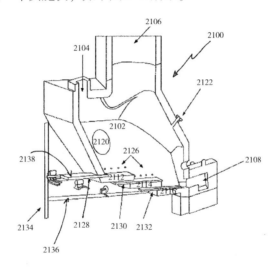

图 3-3

---

[47]　*See* Technology Overview, Plasco Energy Group web site, http://plascoenergy group.com/? Technology_Overview（last visited Oct. 27, 2010）（废物转化过程始于任何具有高回收价值的材料……Plasco 的合成气用于向能高效发电的内燃机提供燃料）。

[48]　*See id.*［（城市固体废物）进入使用再循环热将废物转化为粗合成气的转化室］。

[49]　*See id.*（Plasco 的合成气用于向能高效发电的内燃机提供燃料）。

[50]　*See* Technology Overview, Plasco Energy Group web site, http://plascoenergygroup.com/? Technology_Overview［（城市固体废物）进入使用再循环热将废物转化为粗合成气的转化室］。

[51]　*See* International Application No. PCT/US2007/068407 at 18（在一个实施方案中，转化器包括气化器和气体重整系统）。

[52]　*See* Abstract, International Application No. PCT/US2007/068413（提供一种水平定向气化器，其具有一个或多个使材料移动通过气化器的横向传送系统，使得气化过程能水平扩展，按序促进原料干燥、挥发和炭灰转化）。

该系统的核心部件是气化器（2100）[53]，其包括水平定向气化室（2102），其具有原料输入口（2104）、气体出口（2106）和固体残余物出口（2108）。[54] 气化室有一个具有多个底板层（2112，2114，2116）的阶梯式底板，每层都有一系列入口（2126），以便添加氧气和/或蒸汽。[55] 每个阶梯都有一个横向转移单元，用于移动废物或原料通过气化器。[56] 每个阶梯的气流可以预先设定，以保持恒定的温度范围和各阶梯间的比例。[57] 因此，气化器可以分为不同的温度区，例如，一个温度区具有促进干燥的温度，一个温度区具有促进挥发的温度，一个温度区具有促进炭灰转化的温度。[58] 横向转移系统由一系列移动货架单元（2128，2130，2132）组成，以促进生物质按受控速度沿各层进行移动。[59]

通常含有一氧化碳、氢气、焦油和未反应碳的气化产物，继续移动到气体重整室，在这里通过等离子炬进行精制。[60] 等离子体是部分电离的高温发光气体，改变使用的气体类型可以对化学反应进行控制。Plasco 的国际专利申请 PCT/US2007/068397（'397申请）涉及其使用等离子炬加热

---

[53] *See* International Application No. PCT/US2007/068407, at 5（根据本发明的一个方面，提供一种将碳质原料转化成具有确定组成合成气的低温系统，包括水平定向气化器，其用于将碳质原料转化成废气和固体残余物，所述气化器具有原料输入装置、气体出口装置和固体残余物出口装置，并包括阶梯式底板）。

[54] International Application No. PCT/US2007/068413 at 42.

[55] *Id.*

[56] *See* International Application No. PCT/US2007/068407 at 26（通过使用包括一个或多个横向转移单元的横向转移系统实现通过气化器材料的横向运动）。

[57] *See* International Application No. PCT/US2007/068413 at 46（每个级别或步骤的空气进料是可独立控制的）。

[58] *See id.* at 5（根据本发明的另一个方面，提供一种将原料转化为废气和灰分的方法，包括以下步骤：a）在水平定向气化器中建立三个温度区，其中第一区具有促进干燥的温度，第二区具有促进挥发的温度，第三区具有促进炭灰转化的温度）。

[59] *Id.* at 42.

[60] *See* International Application No. PCT/US2007/068407 at 30 [本发明还包括一种气体重整系统，用于将气化器中的气体重整为具有所需化学组成的重整气。特别是，重整系统使用等离子炬热解离气体分子，并使它们重新组合成可用于下游应用的较小分子，例如产生能量……（气体重整系统）能转化由挥发性分子组成的气体原料，所述挥发性分子可包括如一氧化碳、氢气、轻质烃和二氧化碳，以及污染颗粒物质，例如在碳质原料气化过程中产生的烟灰和炭黑]。

的气体重整系统。[61] 气体重整系统（GRS）转换输入的气体并提供密封环境以控制重整过程。[62] GRS 包括将气体分子分解成较小分子的等离子炬。[63] 然后，输入气体的这些组成元素重整为能产生能量的重整气或合成气。[64]

　　Plasco 系统的一个关键特征是回收气化过程中产生的废热以提高系统效率。特别是，从重整气体中回收热量并将其导入气化器。[65] 这种热循环子系统是 Plasco 国际专利申请 PCT/US2007/068398（'398申请）的主题。'398申请中描述的系统包括热气管道系统、气体-空气热交换器和空气管道系统。[66] 热的重整气体离开重整室并通过热气管道系统传送到气体-空气热交换器。[67] 在热交换器中，来自气体的热量传递到空气中，产生热交换空气和冷却的重整气。[68] 热交换空气离开热交换器并通过空气管道系统返回气化器，回收的热量用于驱动气化过程。[69]

　　来自主室的固体残余物通过美国专利申请公开号 2007/0258869（'869申请）中描述的残余物调节子系统转化成惰性炉渣产物和具有热值的气体。[70] 炉渣残余物熔化并冷却为颗粒。[71] 根据 Plasco 网站，残渣调节过程产生的颗

---

[61]　International Application No. PCT/US2007/068397.

[62]　See id. at 10（GRS 提供一个控制重整过程的密封环境）。

[63]　See id.（使用等离子炬加热将挥发性分子分解成它们的组成元素，然后重新组合成一种确定化学成分的重整气）。

[64]　See International Application No. PCT/US2007/068407 at 30（重整系统使用等离子炬热来分解气态分子，使它们重新组合成可用于下游应用的较小分子，如能量产生）。

[65]　See id. at 39（在一个实施方案中，该系统将从热的产物气体中回收的热量转移回气化器）。

[66]　See International Application Number PCT/US2007/068398 at 53（8. 根据权利要求 6 所述的系统，其中将热气体传递到气体-空气热交换器的装置包括热气管道系统，该热气管道系统能为气化器上的热气体出口和气体-空气热交换器上的热气体入口提供流体连通；将加热的空气传送到气化器的装置包括空气导管系统，其为气体-空气热交换器上的空气出口和气化器上的空气入口之间提供流体连通）。

[67]　See id.；see also id. at 50（产品气体离开等离子重整区……然后进入气体-空气热交换器）。

[68]　See id. at 45（热产品气体 5020A 通过热交换器 5100A，其中热量从热产品气体 5020A 传递到空气 5010A，通过热交换器通过鼓风机 5012A 吹制以产生热交换空气 5015A 和冷却的产物气体 5025A）。

[69]　See id.（然后，加热的交换空气 5015A 返回到转化器 1000A 中以驱动气化过程）。

[70]　See U. S. Patent Application Publication No. US 200/258869, at [57]（filed May 7, 2007）（本发明提供一种将碳质原料气化或焚烧过程的残余物转化为惰性炉渣的系统和具有热值的气体）。

[71]　See Technology Overview, Plasco Energy Group web site, http://plascoenergy-group.com/?Technology Overview（last visited Nov.1, 2010）（所有剩余固体熔化成液态炉渣并冷却成小块矿渣颗粒）。

粒是惰性和无害的，可用作道路、混凝土或其他建筑材料的建筑骨料。[72]

在合成气脱离′397申请中描述的 GRS 后，其由国际专利申请号 PCT/US2007/068411（′411申请）描述的气体调节系统来进行调节。[73] 在该系统中，两个阶段的调节过程清除了合成气中的颗粒、金属和酸。[74] 第一阶段包括一个或多个初始固相分离步骤，其中大部分颗粒物和一部分重金属污染物从合成气中除去。[75] 如果必要的话，在第二阶段中，其他颗粒物质和重金属污染物会与其他污染物一起被清除。[76] ′411申请的气体调节系统包括两个子系统——一个转换器调节子系统和一个固体残余物调节子系统。[77] 这两个子系统可以并行，使得系统可以同时进行第一阶段和第二阶段的处理。[78] 或者，子系统也可以串行，以在第二阶段处理时共享一部分或全部组分。[79] 在任意情况下，调节后的气体组分均适用于下游的各种应用。[80]

最后，国际申请号 PCT/US2007/068399（′399申请）中描述的气体均质系统使合成气的化学组成均质化，并减少气体的诸如流速、温度以及为满足下游需求的压力等其他特性的波动。[81] 该子系统包含多个部件，例

---

[72] *See id.*（矿渣颗粒是一种惰性玻璃化残渣，作为建筑聚合物出售。对该工艺产生的炉渣进行可浸出性试验，并确认该矿渣不会浸出且无毒）。

[73] *See* International Application Number PCT/US2007/068411，Abstract（本发明提供一种用于处理输入气体的调节系统，以从低温气化系统产生具有所需特性的输出气体）。

[74] *See id.*（该系统包括一个两阶段过程，第一阶段是干燥分离重金属和颗粒物质，第二阶段包括去除酸性气体和/或其他污染物的进一步处理步骤）。

[75] *See id.* at 13（第一阶段包括一个或多个初始干/固相分离步骤，然后是包括一个或多个进一步处理步骤的第二阶段。总体而言，干/固相分离步骤能除去大部分的颗粒物质和重金属污染物）。

[76] *See id.*（在第二阶段，除去气体中存在的剩余颗粒物质、重金属污染物以及任何的其他污染物）。

[77] *See id.* at 14（在一个实施方案中，GCS 包括两个集成的子系统：转化器 GC 和固体残余物 GC）。

[78] *See id.*（转换器 GC 和固体残余 GC 可以并行，两个子系统能都能同时进行第一阶段和第二阶段）。

[79] *See id.*（两个子系统可以串行，以在第二阶段处理时共享一部分或全部组分）。

[80] *See id.*（转换器 GC，如第一阶段从气体中去除至少一部分重金属和大部分颗粒物质，然后进行第二阶段处理，以提供满足下游企业质量标准的调节气体）。

[81] *See* International Application No. PCT/US2007/068399，Abstract［公开一种气体均质系统和方法……均质系统使气体特性（组成、流量、压力、温度）变化最小化，从而为下游机械提供质量稳定的气流。可以调整均质系统以优化特定终端应用的气体输出流，或优化不同输出气流的输入原料］。

如用于调节气体温度的冷却器，用于调节气体湿度的分离器，以及混合气体以稳定其组成的均质化室。[82] 均质化室还调节混合气体离开腔室时的流速和压力。[83] 调节滑块调节混合气体的温度和湿度后，混合气体经过滤并调节压力。[84] 所产生的调节气体适用于下游应用，可以直接用于发动机进行发电。[85]

　　Plasco 的废物能源转化系统需要精准控制以确保其各个子系统的顺利运行，国际专利申请 PCT/US2007/068405（'405申请）涉及一种调节废物能源转化系统操作的控制系统。[86] 控制系统允许单独控制子单元，并能够在每个处理阶段提取挥发性副产物，以优化性能和效率。[87] '405申请的标题是"将碳质原料转化为气体的控制系统"，其描述了一个可操作控制整个气化过程的各种局部、区域和整个过程的系统。[88] 控制系统评估气化系统的特性，例如原料的热值或组成以及产品气体的热值、温度、压力、流量、成分或含碳量。[89] 系统通过调整参数来优化各种过程，例如热源功率，氧气或蒸汽等添加剂的进料速率，以及原料、气体的减料速

---

　　[82]　*See id.* at 18（气体均质系统 1 包括：冷却器 10；气/液分离器 12；均质化室 14，其与安全阀 16 和压力控制阀 18 连接；气体调节滑块 20，其包括气/液分离器 22 和加热器 24；过滤器 26；和压力调节阀 28……一旦进入均质化室 14，气体即被混合，从而产生具有稳定组成的气体）。

　　[83]　*See id.*（在混合气体从均化室排出后，进一步调节气体流速和压力）。

　　[84]　*See id.*（然后，合适的导管装置将混合气体运送到气体调节滑块 20，以对混合气体的温度和湿度进行调节。混合气体由合适的导管装置传输后进行过滤 26 并调节压力 28）。

　　[85]　*See id.*（现在满足下游应用所需要求的调节气体，可以通过合适的导管装置引导至发动机 30）。

　　[86]　International Application No. PCT/US2007/068405.

　　[87]　*See* International Application No. PCT/US2007/068407 at 80（本发明提供了一种用于将碳质原料转化为气体的控制系统。具体地，该控制系统被设计成可控制一个或多个处理过程。气化系统或其一个或核心部件，用于将原料转化成气体，以用于一个或多个下游应用）。

　　[88]　*See* International Application No. PCT/US2007/068405, Abstract（控制系统可操作控制整个气化过程的各种局部、区域和/或整个过程，从而调整适合于影响选定结果所需过程的各种控制参数）。

　　[89]　*See id.* at 20-21 [可以评估各种过程特性，并用确定的净总能量对其可控制地调节，以确定使用适当配置的气化系统和实现原料到气体转化的总体能量，这些特征可包括但不限于原料的热值和/或组成，产品气体的特性（如热值、温度、压力、流量、组成、含碳量等），这些特征允许的变化程度，以及成本与产量的关系]。

率，或系统压力和流量的调节。[90]

以上讨论说明了 Plasco 建立专利组合以保护其气化系统的战略，其申请了一个涉及整个装置的′407基础专利。此外，Plasco 还针对每个关键子系统进行了专利申请。因此，Plasco 可使用′407申请保护整个系统布局，同时其他 7 个子系统申请可以保护单个组件或系统其他特征的创新。对′407申请的权利要求 1~4 以及涉及 Plasco 残余物调节系统的′869申请的第一个独立权利要求的进一步分析，证明了该专利如何起到保护作用。

    1. 用于将碳质原料转化成具有确定组成的合成气的低温系统，其特征在于，所述系统包括（1）用于将碳质原料转化为废气和残余物的水平定向气化器，所述气化器具有原料入口、出气口和残余物出口，还包括阶梯式底板，其中每个台阶设有横向传送单元，用于在处理过程中使材料移动通过所述气化器，（2）气体重整子系统，其用于将所述气化器中产生的废气转化为含有 CO 和 H_2 的合成气，（3）残余物调节子系统，其用于熔化和均质所述残余物，以及（4）用于调节系统操作的控制系统。

    2. 根据权利要求 1 所述的低温系统，其特征在于，还包括（5）热回收子系统，其用于从所述合成气中回收热量并将所述热量再循环到气化器。

    3. 根据权利要求 1 或 2 所述的低温系统，其特征在于，还包括（6）气体调节子系统，其用于从所述合成气中去除大部分颗粒物质和至少一部分重金属污染物，以提供经调节的合成气。

    4. 根据权利要求 3 所述的低温系统，其特征在于，还包括（7）气体均质系统，用于接收所述经调节的合成气并提供基本均匀的经调节的合成气。

---

[90] *See id.* at 21 [连续和/或实叫调整的各种控制参数可根据评估的设计规范和优化的网络能量的方式执行，控制参数可包括但不限于热源功率、添加剂进给率（如氧气、蒸汽等）、原料进料速率（如一种或多种不同和/或混合进料）、气体和/或系统压力/流量调节器（例如鼓风机、减压和/或控制阀，火焰等）等]。

涉及 Plasco 的废物能源转化系统的′407申请的前四个权利要求，主要是针对包含 7 个关键子系统或组件的系统整体。虽然每个子系统都在这些权利要求中进行列举，但除水平定向气化器外，权利要求基本没有提供子系统的细节，并且没有任何结构特征。因此，′407申请为 Plasco 提供了保护，防止竞争者制造拥有同样或等同子系统的气化系统，而不考虑 Plasco 的各个子系统与竞争对手的子系统之间的细微差别。例如，即使竞争对手使用不同但基本等同的气体重整子系统，如果竞争者在其整个装置中使用其他六个子系统，仍可能侵犯′407申请授予的专利，因为它将满足所有权利要求的特征。类似的分析适用于 7 个子系统中的任何一个。

相反，Plasco 的各个子系统专利申请会阻止竞争对手使用每个子系统而不考虑此类使用的背景。涉及残余物调节系统的′869申请的权利要求 1 中的内容如下：

1. 一种用于将残余物转化为熔融物质和具有热值气体的系统，包括：

a）耐火衬里的残余物调节室，包括：

（ⅰ）与残余物源连通的残余物入口，

（ⅱ）气体出口，

（ⅲ）等离子体热源端口，和

（ⅳ）残渣出口；以及

b）安装在等离子体热源端口中的等离子体热源。

如果′869申请作为专利发布，Plasco 将能够阻止任何人，无论是否是直接竞争者，制造、使用、销售或提供出售具有该权利要求的特征的残余物调节系统。即使该公司不是在废物转化为能源的地方——并且可以想象将残余物转化为气体可能在其他环境中具有实用性——该申请也可以阻止利用该子系统并保护 Plasco 在该领域的创新。类似分析也可应用于其他 6 个子系统的专利申请中。因此，Plasco 的专利组合提供针对宏观级别以及每个单独子系统的分层保护。

三、目标聚焦的小型绿色专利组合

并非每种绿色商业模式都是相同的，有些公司只需要少量专利或仅需要一项专利即可提供有针对性的保护。以小型风力发电机制造商 Swift 为例，该制造商的诉讼策略见第二章。与大型公共事业规模的自由风力涡轮机不同，Swift 的设备专为个人和住宅用途而设计。Swift 发电机不是一个复杂的创新部件组合，而是针对风力发电机噪声这一特定问题提供创新解决方案。

如美国专利 7550864（如图 3-4 所示）中所示，Swift 发电机专利的关键创新是一个气动箔片扩散器（21），它可以使涡轮叶片旋转，从而降低从叶片上流出的气流速度。[91] 正是这一创新使 Swift 强调将自己与小型风电领域的竞争区分开来。[92] 因此，对于这种产品而言，大型专利组合并不是必需的，甚至是不可能的。截至本书撰写之日，Swift 仅拥有针对小型风力发电机的一件专利。[93]

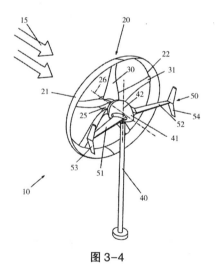

图 3-4

---

[91] *See* Swift Wind Turbine web site，http://www.swiftwindturbine.com/aboutswift.php（last visited Nov. 1, 2010）（获得专利的连接叶片的保护范围环形扩散器，通过最大限度地减少叶尖上的湍流漩涡，防止涡轮产生噪声）。

[92] *See id.*

[93] U. S. Patent No. 7550864（filed May 16, 2006）.

Solar Hydrogen Energy Corporation（SHEC）占据的技术空间也适用于更为局限的专利策略。SHEC 开发聚光太阳能（CSP）或太阳能热系统。[94] CSP 技术通过镜面或透镜放大太阳光，并聚焦集中的光线，因此可应用于具有任何数量的热源，包括传统发电厂。[95] 通常，这需要加热工作流体或液压流体。[96] 一个 CSP 系统包括两个主要部件。第一个是可采用多种形式的太阳能聚光器（镜片或透镜），包括抛物面或槽形反射器。[97] 第二个是接收器，其通常是一个含有工作流体的管子。[98] 聚光器将聚光的太阳光引导通过光圈孔（中心孔），太阳光在接收器内反弹，最终吸收能量。

SHEC 拥有两项专利申请——每个组件一项。美国专利申请公开号为 2008/0060636（'636申请）的专利涉及 SHEC 的太阳能聚光器，美国专利申请公开号为 2004/0184990（'990申请）的申请涵盖接收器。'636申请涉及具有快门装置的太阳能聚光器，快门装置包括围绕中心孔（14）布置的多个可移动挡板（10）。[99] 如'636申请的图 4 所示（见图 3-5），快门 97 驱动器（18）在打开和关闭位置之间移动挡板，[100] 当挡板处于关闭位置

[94]　*See*，e. g.，Solar Hydrogen Energy Corporation web site，http://www.shec-labs.com/（last visited Nov. 1，2010）.

[95]　*See*，e. g，Solar Energy Technologies Program web page，U. S. Department of Energy-Energy Efficiency and Renewable Energy web site，http://www1.eere.energy.gov/solar/csp_program.html（last visited Nov，1，2010）［聚光太阳能（CSP）技术使用镜面将太阳光反射并聚集到收集太阳能并将其转化为热量的接收器上，然后将热能用于通过蒸汽轮机或驱动发电机的热机产生电力］.

[96]　*See*，e. g.，Concentrating Solar Power web page，National Renewable Energy Laboratory web site，http://www.nrel.gov/learning/re_csp.html（last visited Nov. 1，2010）（反射的太阳光加热一个流体管，热流体在传统的蒸汽涡轮发电机中将水煮沸以产生电力）.（CSP 发电厂首先使用镜面聚焦太阳光以加热工作液体，最终，高温流体旋转涡轮机或为驱动发电机的引擎提供动力）.

[97]　*See id.*（线性聚光系统使用长矩形弯曲（U 形）镜面收集太阳能量）.

[98]　*See id.*［镜面向太阳倾斜，将太阳光聚焦在镜子长度的管子（或接收器）上］.

[99]　*See* U. S. Patent Application Publication No. US 2008/0060636at0028（filed July 6，2005）（图4-8 中示出了快门装置 2 的实施例，其非常均匀地控制由太阳能接收器 6 接收的太阳能。挡板 10 可枢转地安装在挡板框架 12 的一个角上，并形成一个中心孔 14）.

[100]　*See id.* at 0029（因此，通过激活驱动电动机 18 以打开或关闭挡板 10，可以精细地控制太阳能接收器 6 接收的热能，从而可以精确控制其温度）.

时，它仅挡住中心孔的一部分。[101]

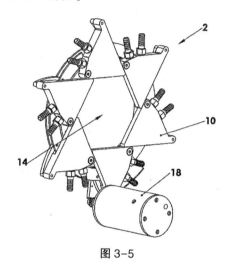

图 3-5

通过控制多少板和哪些板关闭，可以阻挡太阳光束的不同部分并防止其进入接收器。[102] 除了穿过中心孔，太阳光还可以从挡板的边缘之间通过。[103] 聚光器还具有一个循环冷却液的冷却回路，冷却液可以防止太阳热对挡板的损害。[104]

根据'636申请，这种设计可以更好地控制导向接收器的热量。[105] 这很重要，因为 CSP 系统中使用的许多现有接收器包括没有节流型控制的锅炉或热电偶，以确保所提供的能量与发动机的负荷相对应。[106] 因此，如果负荷下降且太阳能供应保持不变，则发动机会过热并承受损坏风险。[107]

---

[101] *See id.*（因此可以看出，当挡板 6 从打开位置移动到关闭位置时，太阳光束 8 的变化部分将被阻挡并防止遇到太阳能接收器 6）。

[102] *Id.*

[103] *See id.*（太阳光束 8 可以在挡板 10 的边缘之间穿过，也可以穿过中心孔 14 的中心）。

[104] *See id.* at 0007（冷却回路可操作循环冷却液以移除挡板上的热量）。

[105] *See id.* at 0028（图 4-8 中示出了快门装置 2 的一个实施例，它非常均匀地控制太阳能接收器 6 接收的太阳能）。

[106] *See id.* at 0003（例如，斯特林发动机无法控制与节气门相对应，因此提供给发动机的能量无法与负载相对应）。

[107] *See id.*（如果负载下降，发动机很快就会过热并损坏。类似的过热和损坏也会发生在其他太阳能接收器上）。

先前的解决方案包括带有许多复杂运动部件的可移动镜段,但维护费用昂贵。[108] '636申请提供了更好的解决方案。

'990申请涉及用于从太阳能聚光器收集热量的接收器。[109] 接收器具有等温(即保持恒定温度)主体和细长腔。[110] SHEC 接收器的关键特征是圆形孔直径等于太阳能聚光器反射的聚焦太阳光的直径,且圆形孔位于聚光器的焦点处。[111] 这可以最大限度地减少太阳光的寄生损失并大大提高效率。[112]

SHEC 的 2 项补充专利申请很好地说明了如何将新系统划分为关键组件并为每个组件寻求专利保护。截至 2008 年中期,这项未决的专利申请技术是世界上效率最高的太阳能热技术。[113] SHEC 的太阳能聚光器可以将太阳能强度聚集到能到达地球的普通阳光的 5000 倍。[114] 热温可达到华氏 11000 度,足以瞬间熔化金属。[115]

C12 Energy(C12)是清洁技术公司的另一个例子,其技术和商业模式可以通过单一专利申请获得保护。作为马萨诸塞州剑桥市的一家初创公司,C12 制定了碳捕获和封存的宏伟计划。C12 的方法由其总裁兼首席科学家 Kurt Zenz House 博士开发,涉及通过增强二氧化碳在海洋中的溶解度

---

[108] *See id.* at 0004(可移动的镜子段、执行器和控制器都很复杂,因此这些系统的制造和维护成本都非常高)。

[109] *See* U. S. Patent Application Serial No. 2008/0184990,at〔57〕(filed Dec. 15, 2005)(用于从太阳能聚光器收集热量的装置具有等温体,该等温体限定具有圆形开口的细长腔体,所述圆形开口的直径等于太阳能聚光器焦点的直径,该腔具有反射壁,使得与壁接触的太阳光基本上被反射)。

[110] *Id.*

[111] *See id.*(圆形开口位于太阳能聚光器的焦点上并垂直于太阳能聚光器的主轴,腔的轴线与太阳能聚光器的主轴对齐)。

[112] *See id.* at 0006(利用最小可能的火球图像或与优化的腔体接收器连接处的太阳聚焦性最好,证明辐射损失最小,其中优化的腔体接收器中黑色区域等于聚焦的太阳图像)。

[113] *See* Jaymi Heimbuch, *SHEC Labs Takes First for Most Efficient Solar Concentration*, ECOGEEK, July 23, 2008, http://www.ecogeek.org/content/view/1909/83.

[114] *See id.*

[115] *See id.*

来捕获大气中的二氧化碳。[116] 该方法通过电化学法去除盐酸并通过与硅酸盐矿物质的反应来中和酸,以增强海洋碱度。[117] 碱度的增加增强了海洋吸收大气二氧化碳的能力。[118] 二氧化碳溶解到海洋中并作为碳酸根离子储存"而不进一步酸化海洋"。[119]

标题为"二氧化碳捕获和相关处理"的国际专利申请 PCT/US2007/010032('032申请)保护了 C12 所采用的方法。'032申请由哈佛大学和宾夕法尼亚州立大学研究基金会拥有,House 博士在哈佛大学获得了地球科学博士学位。'032申请描述了 C12 采用的碳捕获方法,权利要求 1 概括地叙述了本发明:

> 1. 捕获二氧化碳的方法,包括:
> 提供水;
> 加工水生成酸性溶液和碱性溶液;
> 中和酸性溶液;和
> 用碱性溶液从二氧化碳源捕获二氧化碳。[120]

由于 C12 围绕这一基本创新进行布局,因此'032申请可为 C12 提供足够的保护。

---

[116]　Jeff. St. John, *Carbon Capture Firm Could Use the Ocean to Combat Global Warming*, GREEN-TECH MEDIA, Feb. 12, 2009, http://www.greentechmedia.com/articles/read/carbon-capture-firm-could-use-the-ocean-to-combat-global-warming-5707/; see also Kurt Zenz House et al., Electrochemical Acceleration of Chemical Weathering as an Energetically Feasible Approach to Mitigating Anthropogenic Climate Change, ENVIRON. SCI. TECHNOL. 2007, 41, 8464-8470 at 8464, *available at* http://pubs.acs.org/doi/pdf/10.1021/es0701816 (我们描述了一种从大气中捕获和储存二氧化碳的方法,通过类似于天然硅酸盐风化反应的过程提高二氧化碳在海洋中的溶解度)。

[117]　*See* Jeff. St. John, *Carbon Capture Firm Could Use the Ocean to Combat Global Warming*, GREENTECH MEDIA, Feb. 12, 2009, http://www.greentechmedia.com/articles/read/carbon-capture-firm-could-use-the-ocean-to-combat-global-warming-5707/ [(Zenz 博士的文章),将电化学加速化学风化作为减少人为气候变化的能源可行性方法,提出一种通过降低酸含量使海洋更具碱性的方法,其过程相当于地球天然化学物质风化过程的电化学速度]。

[118]　*See id.* (由于去除氯化氢增加海洋碱度,导致大气中的二氧化碳溶解到海洋中,二氧化碳将主要以碳酸根离子的形式封存而不会进一步使海洋酸化)。

[119]　*Id.*

[120]　International Application No. PCT/US2007/010032 at 17.

四、小结

正如本章的案例研究所表明的那样，构建绿色专利组合没有一刀切的方法，专利组合的规模和组成部分依赖公司的业务和创新战略，以及公司占据的行业空间。成功的专利组合能够产生支撑公司商业战略的关键创新，而关键创新通常能将公司与竞争对手区分开来。对于 Clipper 而言，创新是系统架构的效率提升，改进的穿越能力和其永磁发电机提供的其他优势，以及其紧凑型齿轮组的分布式动力传动系统的可靠性和维护性的提高。因此，Clipper 专利组合的基石是针对这些技术的一组专利，其他几项专利为其自由风力涡轮机提供了完整的保护，这是一种大型而复杂的机械和电气组件。另一方面，Swift 在其降噪技术上建立了小型风力发电机业务，该技术仅需要一项针对该公司气动箔片扩散器设计的专利。无论是小型创业公司还是国际集团，建立绿色专利组合对于在清洁技术领域运营的公司来说都是一项关键任务。本章讨论的案例，说明了清洁技术公司为建立业务所必需的绿色专利组合所采取的一些不同方法。

第四章

清洁技术的许可和转让

对于多数清洁技术公司来说，通过开发有效的绿色技术解决方案来盈利是一项艰巨的挑战。这是由于市场壁垒很高，并且绿色技术规模化和商业化所耗资源也很大。此外，在清洁技术这样一个多元化的领域，预测输赢尤为困难；清洁技术部门对其所拥有的未经实践验证的技术，无法预知这些技术在研发或者商业上是否能够获得成功。在此情况下，对于那些努力寻求成功的绿色商业模式的初创企业和老牌企业来说，知识产权（IP）许可和技术转让已被视为宝贵的工具，可以为其提供收入机会和更灵活的运营空间。

IP 许可能够帮助企业消除进入市场的障碍。例如，一些公司认为，简单地将 IP 许可给他人是最佳的商业模式。专注于 IP 许可给其他公司的做法，能够使这些公司绕开建厂、购买设备和雇佣员工等壁垒，否则，只有克服这些壁垒才能实行更为传统的商业模式。类似的，一些初创企业也认为，与其花费大量的资源从头开发产品，不如依靠大学或国家实验室的 IP 许可，来获得他们启动业务所需的技术和知识。

技术许可和转让还可以加速进入特定的地域市场并提高商业效率。与大型制造商签订的许可协议，可以帮助初创企业将产品规模化和商业化，与合适的合作伙伴达成的协议，可以使其获得进入成熟分销和客户网络的途径。向重要国家或地区市场的合作伙伴战略性地转让技术或知识，可以与当地企业建立伙伴关系并确保在该市场占有一席之地。另外，具有互补性的产品或服务供应商之间的许可，可以提高商业效率，并能够使得商业伙伴和最终消费者获得更大的价值。这在太阳能行业相当普遍。一些面板制造商已经与逆变器制造商合作，为客户生产组合部件。

IP 许可战略也可以用来产生额外的收入。许多清洁技术部门拥有一系列不同的技术、产品和工艺，这些公司经常发现他们的技术应用范围超出其核心业务。在这种情况下，专利权人可以选择在其核心业务范围独占使用其技术权利的同时，将该技术许可给其他公司用于其他用途，以产生额外的收入。

本章将通过一系列案例研究说明清洁技术领域的各种 IP 许可策略。这些案例研究展示了绿色 IP 许可对清洁技术企业的益处和用途。同时表明，当清洁技术落到最适合的实施者手中时，此类许可模式能够产生更加高效、更低成本、上市时间最快的更为广泛的公共利益。

一、知识产权许可商业模式

"我们是一家纯粹的 IP 公司"，Nanostellar 首席执行官 Pankaj Dhingra 在 2009 年初表示说。[1] 但这家总部位于加州雷德伍德市的公司并非一直如此。Nanostellar 过去专注于制造和供应减少机动车尾气排放的催化剂。[2] 但在 2008 年，该公司将其商业模式从制造和供应化学品转向将其 IP 许可给他人。[3] 公司认为这种策略的改变对于进入汽车市场和服务目标客户是必要的。[4] 一般来说，汽车制造商需要大量的材料和长期的供应合同。[5] Nanostellar 的结论是，单纯发展和依赖自己的化学制造能力会给催化剂供应链带来太多的不确定性，这对于客户来说风险也是很大的。[6] Nanostellar 认为，这种商业模式是行不通的，因此，该公司转向了技术许可。

---

[1] *See* Michael Kanellos, *Will Greentech Startups Shift from Products to Patents？* GREENTECH MEDIA, Jan. 16, 2009, http://www.greentechmedia.com/articles/read/wil-greentech-startups-shift-from-products-to-patents-5541/.

[2] *Id.*

[3] *See id.* （然而，今年夏天，该公司首席执行官 Pankaj Dhingra 表示，Nanostellar 从生产化学品转向将其知识产权授权给大型化工制造商）。

[4] *See id.* （这种转变主要是基于汽车市场的现实）。

[5] *See id.* （汽车制造商所需耗材几乎都要依靠外面大量供应，并且他们还普遍希望自己的供应合同能持续多年）。

[6] *See id.* （"我们是一家初创企业。如果我们工厂着火了怎么办？整个豪华车生产线都得停产了。"首席执行官 Pankaj Dhingra 说，他们不喜欢那样）。

Nanostellar 的技术，包括该公司专有的催化剂合成方法和一些汽车催化剂产品。根据其网站，Nanostellar 的"合理的催化剂设计"（Rational Catalyst Design，简称 RCD）方法将计算纳米科学与新的合成和测试程序结合起来，以加快开发速度，并创造出性能更好的催化剂。[7] 特别的，RCD 工艺可以更好地控制纳米结构和组成，用以创造新产品并验证其催化性能。[8] Nanostellar 利用其工艺制造了两代催化剂产品，并于 2006 年和 2007 年分别投入商业运营。第一代产品，即改良版的铂和钯：钯（铂和钯），催化剂性能较其他同类型商品提高了 25%～30%。[9] 第二代产品的催化剂性能较第一代又提高了 20%。[10]

Nanostellar 的技术拥有十多项美国专利和几项未决专利申请。该专利组合包括该公司专有的催化剂合成方法，以及由这些工艺所创造出的某些汽车催化剂产品。例如，美国专利号 7381683（′683专利），其涉及可以用来制造包括铂钯催化剂在内的混合金属催化剂的方法，铂钯催化剂属于 Nanostellar 的第一代产品。[11] ′683专利公开了生产催化剂的方法。该催化剂包括分散在催化剂载体材料中的不同金属，如钯、银或铜，它们的成本

---

[7] *See* Nanostellar web site, http://www.nanostellar.com（last visited Nov. 2, 2010）（Nanostellar 的合理催化剂设计方法将计算纳米科学和高级合成化学这两个学科结合起来，加快了用于柴油排放控制的纳米催化材料的生成步伐）；*see also* Nanostellar Technology web page, http://www.nanostellar.com/technology.htm（last visited Nov. 2, 2010）（Nanostellar 通过将最先进的计算方法与新颖的合成和测试方法相结合，获得了对催化剂的根本认识）。

[8] *See* Nanostellar Catalyst Synthesis Methodologies web page, http://www.nano-stellar.com/synthesis.htm（last visited Nov. 2, 2010）（我们通过增加对结构和组成的控制来合成支持纳米颗粒的能力是 RCD 过程的关键组成部分，该能力允许对目标性能进行测试和验证，并扩大产品制造规模）。

[9] *See* Nanostellar Technology web page, http://www.nanostellar.com/technology.htm（last visited Nov. 2, 2010）（Nanostellar 于 2006 年年中推出了首批两款产品，即改良版的铂和钯：钯。这两款产品的性能比商用纯铂产品提高了 25%～30%，可以与行业最先进的实验室产品性能相媲美）。

[10] *See id.*（Nanostellar 于 2007 年发布了第二代产品，即 NS Goldby Q1，其性能比第一代产品高出 20% 以上）。

[11] *See* U. S. Patent No. 7381683 col. 2 l. 66-col. 3 ln. 11（filed Oct. 28, 005）（本发明提供了一种制备负载型催化剂的新方法，该负载型催化剂含有分散在催化剂载体材料中的不同金属组成的纳米级颗粒。……根据本发明的某些实施例生产的负载型催化剂代替使用的是成本比铂低 75% 左右的钯，或者成本比铂低 75% 的银，或者成本比银低 75% 的铜）。

都低于铂。[12] Nanostellar 的其他专利和专利申请是针对含各种金属和金属组合的多相催化剂的生产方法。[13]

该公司的一些专利涉及 Nanostellar 催化剂合成过程的各个方面。[14]。这些专利包括理解和评估纳米颗粒化学反应活性的方法，以及其微观和宏观特征如何提升催化剂的有效性。[15] 其中一项专利涉及该公司预测用于制造催化剂的纳米颗粒化学反应活性的方法。[16] 根据美国专利号 7482163（'163专利），纳米颗粒表面的化学柔软性影响纳米颗粒的催化效率。[17] '163专利旨在建立纳米颗粒化学柔软度的模型，以便系统地量化其催化效率。[18] 专利号 7430322 的美国专利涉及 Nanostellar 从颗粒的二维图像中表征颗粒的三维形状，以确定纳米级催化剂的尺寸和形状的方法。[19]

Nanostellar 专利组合的其余大部分涉及特定的催化剂。这些专利以及

---

[12] See id.

[13] See Method for producing heterogeneous catalysts containing metal nanoparticles, U. S. Patent Application Publication No. 2008/0119353（filed Nov. 20, 2007）; see also Palladium-gold catalyst synthesis, U. S. Patent No. 7709407（filed Jan. 21, 2009）.

[14] See, e. g., U. S. Patent No. 7482163（filed Feb. 18, 2005）and U. S. Patent No. 7430322（filed June 27, 2005）.

[15] See Nanostellar Technology web page, http://www.nanostellar.com/technol-ogy.htm（last visited Nov. 2, 2010）（Nanostellar 的 RCD 技术是利用催化剂结构和反应性的基础知识来指导新产品的开发）; see also Nanostellar Computational Nanoscience web page, http://www.nanostellar.com/multi-scale.htm（last visited Nov. 2, 2010）[我们从微观特征（原子级量子化学效应）到宏观特征（器件尺度建模）]; see also Nanostellar Catalyst Synthesis Methodologies web page, http://www.nanostellar.com/synthesis.htm（last visited Nov. 2, 2010）（通过增加对结构和组成的控制来合成支持纳米颗粒是 RCD 过程的关键组成部分，该过程能够对目标性能进行测试和验证，并扩大产品制造规模）。

[16] See Method of estimating chemical reactivity of nanoparticles, U. S. Patent No. 7482163（filed Feb. 8, 2005）.

[17] ld. col. 1l. 46-48.

[18] ld. col. 1l. 48-51.

[19] See U. S. Patent No. 7430322 col. 2l. 3-10（filed June 27, 2005）（该发明提供了一种从粒子的二维图像中表征粒子的三维形状的技术。特别是在透射电镜图像中得到的纳米颗粒采样集较小的情况下，利用所表征的三维形状可以得到更准确的纳米颗粒尺寸分布。此外，纳米颗粒的三维形状信息可以用于计算机模型中，以估计纳米颗粒的化学柔软性）。

未决专利申请涉及沸石催化剂[20]、种钯金催化剂[21]、铂铋催化剂[22] 和铂粒子催化剂[23]。作为一家 IP 公司，Nanostellar 的专利组合就是它的业务。其合成工艺、关键方面以及特定催化剂，为该公司已开始运作的许可业务模式提供了基础。自从将业务转向许可其技术以来，至少有一家大型汽车制造商已签署协议购买由 Nanostellar 的一个被许可人制造的催化剂。[24]

作为生物燃料领域相对较新的一家公司，Origin Oil 是另一家"纯技术公司"。[25] 这家位于洛杉矶的公司开发了一系列技术，以提高藻类生长和石油提取过程的效率。[26] 与其他生物燃料原料相比，藻类具有显著的优势，其中包括提供替代传统石油燃料所需的大量可再生石油的可能最佳潜力。[27] 藻类具有强大的冲击力，每英亩产油量是其他普通生物燃料的

[20] Engine exhaust catalysts containing zeolite and zeolite mixtures, U. S. Patent No. 7517826 (filed Nov. 20, 2007).

[21] Engine exhaust catalysts containing palladium–gold, U. S. Patent No. 7709414 (filed Jan. 17, 2007); Engine exhaust catalysts containing palladium – gold, U. S. Patent Application Publication No. 2008/0125313 (filed Jan. 17, 2007), entitled; Engine exhaust catalysts containing palladium–gold, U. S. Patent Application Publication No. 2009/0214396 (filed May 5, 2009).

[22] Platinum–bismuth catalysts for treating engine exhaust, U. S. Patent No. 7605109 (filed Jan. 9, 2007).

[23] Supported catalysts having platinum particles, U. S. Patent No. 7521392 (filed Feb. 18, 2005).

[24] *See* Michael Kanellos, *Will Greentech Startups Shift from Products to Patents?* GREENTECH MEDIA, Jan. 16, 2009, http://www.greentechmedia.com/articles/read/will–greentech–startups–shift–frorn–products–to–patents–5541/ （到目前为止，已有一家欧洲大型汽车制造商签约采用别人制造的 Nanostellar 研制的催化剂）。

[25] *See Origin Oil Cracks Algae Extraction Costs*, MATTER NETWORK, May 7, 2009, http://www.matternetwork.com/2009/5/originoil-cracks-algae-extraction-costs.cfm （Origin Oil 是一家"纯技术公司"，首席执行官 Riggs Eckelberry 说）。

[26] *See* Origin Oil Product Overview web page, http://www.originoil.com/products/overview.html (last visited Nov. 3, 2010) （Origin Oil 正在使用几项新一代技术，以极大地提高藻类种植和产油能力，并使这一过程可大规模工业化，使藻类成为一种产量高、成本有竞争力的石油替代品）。

[27] *See*, e. g., Chris Tachibana, *Algae Biofuels*: *From Pond Scum to Jet Fuel*, MATTER NET-WORK, Sept. 15, 2009, http://featured.matternetwork.com/2009/9/algae–biofuels–from–pond–scum.cfm （藻类作为生物燃料的原料具有无可争辩的优势。在所有绿色燃料的选择中，"似乎只有藻类有潜力提供所需的大量可再生的石油大幅取代石油运输燃料"，新西兰梅西大学的生物化学工程教授 Yusuf Chisti 博士说，他的实验室研究用于生物燃料生产的藻类培养和工艺）。

100 倍。[28]

与一些只专注于石油开采的藻类生物柴油公司不同，Origin Oil 的创新涵盖了藻类生长和提取工艺等更为广泛的步骤。[29] 该公司首席执行官 Eckelberry 表示，凭借整体研究，Origin Oil 的商业模式是帮助其他公司生产更多的海藻油，并为生产海藻油的客户提供全面的支持。[30]

Origin Oil 的专利组合包括一件针对其海藻生长和提取支持系统的国际专利申请。[31] 据 Eckelberry 所述，该专利申请是公司为进一步改进所提交的统一的"领头羊申请"。Origin Oil 的其他专利申请涉及其系统的一些个别组件或工艺。Eckelberry 说，其他专利申请均"应用于藻类生产的整个生命周期，而不仅仅是提取阶段。"

专利申请公开号为 2009/0029445 的美国专利，其标题为"用于石油生产的藻类生长系统"。该专利是针对微藻等微生物的生长和工艺系统。[32] 据该公司介绍，这种"量子压裂"工艺通过促进藻类对二氧化碳和营养物质的吸收，创造了一个有利于藻类生长的环境。该项工艺将水、二氧化碳和其他营养物质分解成微米大小的气泡，其增大的表面积能够促进藻类在生长阶段对营养物质的吸收。[33]

一些专利申请直接针对 Origin Oil 藻类技术的其他方面，包括专利申请

---

[28]　See id.（藻类生物质能组织的执行董事 Mary Rosenthal 表示，每英亩的微藻产油量是大豆和其他常见生物柴油原料的 100 倍）。

[29]　See Origin Oil Product Overview web page, http://www.originoil.com/products/overview.html (last visited Nov. 3, 2010)（Origin Oil 正在采用几项新一代技术来大大提高藻类的种植和采油能力）。

[30]　See Origin Oil Cracks Algae Extraction Costs, MATTER NETWORK, May 7, 2009, http://www.matternetwork.com/2009/5/originoil - cracks - algae - extraction - costs.cfm; see also Eric L. Lane, Origin Oil Provides Full Service Algae Support, GREEN PATENT BLOG, June11, 2009, http://green-patentblog.com/2009/06/11/originoil-provides-full-service-algae-support/.

[31]　See Apparatus and methods for photosynthetic growth of microorganisms in a Photobioreactor, International Application No. PCT/US2009/003182.

[32]　See U. S. Patent Application Publication No. US 2009/0029445 at ¶ 0008（filed July 28, 2007）（该发明涉及微生物生长和加工的有利系统，例如，针对油脂的提取……本发明涉及一种用于培养微藻、硅藻或其他单细胞生物的生物生长反应器的容器）。

[33]　See Origin Oil Quantum Fracturing web page, http://www.originoil.com/tech - nology/quantum-fracturing.html（last visited Nov. 3, 2010）（这一工艺实现了营养物质在不受流体干扰或曝气的情况下，在藻类培养过程中得到完全和瞬时的分布。这两个区域之间的压差大大增加了微化营养物与藻类培养之间的接触和交换）。

公开号 2009/0291485 的美国专利，其针对的是螺旋式生物反应器，该反应器通过在光生物反应器内设立紧密间隔来提供光，从而优化对藻类的光传导。[34] 根据该公司与作者分享的一份营销简报表明，2008 年提交的另一件专利申请涉及模块化，可扩展的生长系统，该系统通过将多个螺旋生物反应器叠加到一个集成网络中，以促进藻类的大规模生产。第三个专利申请是在 2009 年提交的，是针对单步提取工艺的，该工艺将量子压裂与电磁学和 pH 值修正相结合，可以在一个步骤中打破细胞壁并提取石油。

与 Nanostellar 类似，Origin Oil 也利用其 IP 组合，并开始在许可商业模式上取得了一些成功。该公司找到的第一个客户是澳大利亚碳捕获和封存公司 MBD Energy。[35] Origin Oil 将为 MBD Energy 提供量子压裂和单步萃取系统，该系统将与 MBD Energy 的二氧化碳排放技术相结合，用于藻类的生长和海藻油的提取。[36] 近来的其他合作伙伴包括 Desmet Ballestra 以及美国能源部爱达荷国家实验室（U. S. Department of Energy's Idaho National Laboratory），后者将与 Origin Oil 在藻类可扩展性问题上展开合作。[37] 该公司持续与海藻油生产商接洽，其最近还成立了一个移动藻类提取实验室，该实验室用以拜访潜在客户，向客户现场演示 Origin Oil 的单步提取系统。[38]

太阳能初创公司 Innovalight 虽然不是一家纯粹的 IP 公司，但早已将重心从完全制造方式向开展部分许可商业的模式上来。在成为太阳能电池和太阳能电池板制造商的道路上，Innovalight 在 2008 年就已走上生产光伏硅

---

[34] *See* U. S. Patent Application Publication No. US 2009/00291485，at ［57］（filed July 28，2007）（该系统和方法使用水下旋转杆，在旋转杆上按策略性间隔地分出光，以适当增加光合水基生物与光之间的接触）。

[35] *See* Press Release, Origin Oil, Origin Oil Announces Its First Customer（May10，2010），http: // www.originoil.com/company－news/originoil－announces－its－first－customer. html ［Origin Oil 公司（OOIL）开发了一项突破性技术，将最有希望的可再生石油来源藻类转化为石油的真正竞争对手。该公司今天宣布，业内领先者 MBD Energy 有限公司已成为该公司的第一个藻类生产客户］。

[36] *See id.*（澳大利亚三家最大的燃煤发电企业已承诺，将利用 MBD 独有的藻类生长系统——藻类合成器，在其发电站附近建造测试设施。这一过程有效地实现了生物 CCS（碳捕获与储存）。在完整的生产系统中，Origin Oil 的技术将被集成到 MBD 系统中，以促进藻类生长和采油）。

[37] *See Origin Oil Cracks Algae Extraction Costs*，MATTER NETWORK，May 7，2009，http: // www.matternetwork.com/2009/5/originoil－cracks－algae－extraction－costs.cfm.

[38] *See* Press Release, Origin Oil, Origin Oil Launches First Mobile Extraction Lab to Potential Customers（May 20，2010），http: // www.originoil.com/company－news/max－one－launch.html.

墨的路线。[39] 该公司修改后的计划是销售硅墨,并通过向太阳能电池制造商许可其材料和生产工艺来获得额外收入。[40] 由于公司不需要建立自己的工厂,也不需要参与太阳能电池或组件价格竞争,因此这一做法降低了初始市场进入成本。[41]

Innovalight 的主要产品是"美洲豹平台"(Cougar Platform),该公司表示,该平台可以生产效率高达 19% 的单晶太阳能电池。[42] 美洲豹平台本质上是在传统太阳能电池制造工艺中加入硅墨丝网印刷步骤。[43] 这种专属硅墨材料由分散在化学混合物中的硅纳米颗粒组成。[44] 通过优化硅纳米颗粒的尺寸和掺杂浓度,以获得高转换效率的太阳能电池。[45]

Innovalight 已经获得并将继续为其硅墨技术寻求专利保护:该公司已拥有至少 7 项美国专利,以及至少 20 项未决美国专利申请。Innovalight 网站将美洲豹平台描述成为"一套专利技术"[46],并解释该公司的"专利技

[39] See Eric Wesoff, *Innovalight Tops Up with $18 Million for Solar Inks*, GREENTECH MEDIA, Jan. 6, 2010, http://www.greentechmedia.com/articles/read/innovalight-tops-up-with-18-million-for-silicon-solar-inks1/[在公司的历史上,Innovalight 一度走上了成为太阳能电池和太阳能电池板制造商的(昂贵)道路。但在 2008 年底,他们改变了商业计划,成为光伏硅墨的制造商……]。

[40] See id. (Innovalight 改变了它的计划,为从油墨销售中创收,并从将该工艺纳入生产线获得许可收入)。

[41] See Michael Kanellos, *Innovalight Signs with Yingli for Second Chinese Solar Deal*, GREENTECH MEDIA, July 26, 2010, http://www.greentechmedia.com/articles/read/innovalight-signs-with-yingli-for-second-chinese-solar-deal/(虽然 Innovalight 可以生产自己的太阳能电池,但该公司已在很大程度上转向为他人生产太阳能硅墨,并在研究方面展开合作。这一转变消除了筹集资金建设太阳能工厂的需要,并在一定程度上使得该公司免受太阳能行业残酷的价格竞争)。

[42] See Innovalight Cougar Platform web page, http://www.innovalight.com/technology_products.htm (last visited Nov. 3, 2010).

[43] See id. (通过在传统电池生产线上增加一个硅油墨丝网印刷步骤,太阳能电池可以以更低的每瓦成本获得更高的转换效率)。

[44] See Innovalight Silicon Ink web page, http://www.innovalight.com/technology_solarink.htm (last visited Nov. 3, 2010)(这种专属材料由分散在环境友好的化学混合物中的硅纳米颗粒组成)。

[45] See id. (Innovalight 优化了硅颗粒尺寸和掺杂剂浓度,最大限度地提高了美洲豹平台的转换效率)。

[46] Innovalight Cougar Platform web page, http://www.innovalight.com/technology_products.htm (last visited Nov. 3, 2010).

术和材料组合……允许晶体硅电池制造商生产转换效率更高的太阳能电池"。[47] 该公司目前至少有一项未决专利申请与太阳能硅墨有关。美国专利申请公开号 2009/0325336（'336专利申请）的专利申请是针对在晶圆片表面印刷油墨的方法，[48] 专利名称为"在有纹理的晶圆表面印刷油墨的方法"。'336专利申请涉及修改太阳能电池表面以改善油墨涂层的方法。具体而言，'336专利申请描述了蚀刻晶圆片的方法，使得非圆形纹理表面是圆形的，以改善晶片表面上油墨的涂层和图案保持力。[49]

Innovalight 的大部分专利组合涉及太阳能电池的制造方法，包括薄膜的制备以及薄膜半导体层在基底上的沉积。[50] 2010 年 2 月，该公司宣布获得专利号 7615393（'393专利）的美国专利授权，专利名称为"在基体上形成多掺杂结的方法"[51]。根据 Innovalight 的新闻稿，'393专利"涵盖了一种用铁墨商业化制造高效率选择性发射体太阳能电池的新工艺"[52]。Innovalight 的专利组合支持该公司的许可商业模式，以产生稳定的收入流。在一份关于'393专利的声明中，Innovalight 的知识产权律师 Alex Sousa 强调了公司知识产权的重要性。Sousa 说，'393专利使 Innovalight "能够立即为我们的被许可方在选择性发射体太阳能电池结构的市场上提供实质性的竞争优势"[53]。

---

[47] Innovalight Technology Overview web page, http://www.innovalight.com/technology_overview. htm（last visited Nov. 3, 2010）.

[48] *See* U. S. Patent Application Publication No. 2009/325336 at ¶0011（filed Apr. 24, 2008）（本发明在一个实施例中涉及一种在具有一组非圆峰和一组非圆谷的晶圆表面上打印油墨的方法）.

[49] See id. at ¶¶ 0010-0011（有选择地修改太阳能电池的表面纹理，以便在有纹理的表面上保持流体的共形涂层和模式，这将是有益的。该方法包括将晶圆片暴露到蚀刻剂中，在蚀刻剂中形成一组圆峰和一组圆谷，所述蚀刻剂至少包括区域中的一些非圆峰和至少一些非圆谷。该方法还包括在该区域上沉积油墨）.

[50] *See*, e. g., Method for preparing nanoparticle thin films, U. S. Patent No. 7718707（filed Aug. 21, 2007）; Method of forming a passivateddensified nanoparticle thin film on a substrate, U. S. Patent Application Publication No. 2009/0233426（filed Mar. 13, 2008）.

[51] Press Release, Innovalight, Innovalight Awarded Key Patent by U. S. Patent & Trademark Office for Solar Cells Manufactured with Silicon Ink（Feb. 16, 2010）, http://www.innovalight.com/press _releases/pressrelease_02162010.htm.

[52] *Id.*

[53] *Id.*

被许可方数量的增加为 Innovalight 提供了进入中国市场的机会。最近中国两大太阳能制造商与 Innovalight 开展合作，使用其太阳能硅墨以提高产品的效率。第一家是晶澳太阳能（JA Solar），该公司正在将油墨融入其SECIUM 工艺中，从而使其生产的太阳能电池效率达到 18.5%。[54] 对于晶澳太阳能来说，Innovalight 的价值在于能够简便整合利用硅墨。据晶澳太阳能的首席科学家和高级研发总监所述，对其制造工艺的修改只需要"在传统的电池生产线上增加一步"，这样电池就可以实现"成本效益最大化的大规模生产"[55]。英利绿色能源（Yingli Green Energy）最近也与 Innovalight 公司签署了一项研发和生产协议，将硅墨用于太阳能生产。[56]

值得一提的是，专利实施通常必须是 IP 许可商业模型的一部分。如果专利本身就能给公司带来收入，那么该公司必须警惕一些清洁技术开发商未经许可就使用其专利技术。这些行为如果不加以制止，就可能会威胁到该公司 IP 许可商业模式的实施。第六章将讨论 Nanostellar 和 Origin Oil 等采用纯 IP 许可商业模式的专利权人所发起的清洁技术专利诉讼。

二、用于开展新业务的知识产权许可

从大学和国家实验室获得绿色专利许可，往往为开展一项新的清洁技术业务提供了必要的跳板。Xunlight 26 Solar（简称 Xunlight 26）是俄亥俄州一家成立于 2008 年的初创企业，目前正在开发一种不同类型的柔性碲化

---

[54] *See* Eric Wesoff, *JA Solar Relying on Innovalight to Improve Efficiency to 18.9%*, GREENTECH MEDIA, June 17, 2010, http://www.greentechmedia.com/articles/read/Ja-solar-relying-on-innovalight-to-improve-efficiency-to-18.9/（SECIUM 工艺采用了 Innovalight 油墨工艺，使晶澳太阳能在电池层面上的研发效率结果超过 18.5%）。

[55] *Id.*

[56] *See* Michael Kanellos, *Innovalight Signs with Yingli for Second Chinese Solar Deal*, GREEN-TECH MEDIA, July 26, 2010, http://www.greentechmedia.com/articles/read/Hinovalight-signs-with-yingli-for-second-chinese-solar-deal/（Innovalight 已与英利绿色能源签署了一项研发和生产协议。理想情况下，这将使低成本的中国制造与美国技术专长结合起来）。

镉薄膜太阳能电池。[57] 但是 Xunlight 26 并不是从零开始的。确切地说，该公司从附近的托莱多大学获得了薄膜制造技术的许可，并在此基础上开展其业务。[58] 该公司原首席技术官 Alvin Compaan 是这所大学的名誉教授，[59] 也是该校至少 3 项与光伏生产工艺有关的专利发明人或共同发明人。[60] 这些专利包括美国专利 5393675，其是针对使用射频溅射制造碲化镉光伏电池的方法的。[61] 另外 2 件专利 7098058 和 7141863，分别涉及制造具有更均匀的电势分布以及结构更均匀的薄膜的方法，[62] 和减少半导体电极层降解的方法。[63]

Xunlight 26 正在使用获得许可的薄膜生产技术开发一种新型碲化镉太阳能电池板。Xunlight 26 不会像其他大多数碲化镉薄膜制造商那样，将半导体材料夹在两片玻璃之间，而是将其电池封装在一种名为聚酰亚胺的塑料材料中。[64] 据 Compaan 介绍，"我们正在努力消除玻璃，使太阳能电池板重量更轻、更灵活"，希望凭借公司的技术"将为碲化镉面板开辟新的

---

[57] *See* Ucilia Wang, *Xunlight 26 Solar Aims for CdTe on Plastic*, GREENTECH MEDLA, Sept. 1, 2009, http://www.greentechmedia.com/articles/read/xunlight-26-solar-aims-for-cdte-on-plastic/（这家在俄亥俄州成立一年的初创公司正在研发一种与 First Solar 不同的柔性碲化镉薄膜，并计划明年开始试生产）。

[58] *See id.*（Xunlight 26 的首席技术官、该校名誉教授 *Al Compaan* 说，这家初创公司正在获得附近俄亥俄州托莱多大学的技术许可，他们已经能够制造出一种可以将 10.5% 的太阳光转化为电能的电池）。

[59] *See id.*

[60] *See* U. S. Patent No. 5393675（filed May 10, 1993）；U. S. Patent No. 7098058（filed Jan. 13, 2005）；U. S. Patent No. 7141863（filed Nov. 26, 2003）.

[61] *See* U. S. Patent No. 5393675, at [57]（filed May 10, 1993）（一种具有硫化镉半导体层和碲化镉半导体层的薄膜光伏电池，其是通过射频溅射将硫化镉和碲化镉沉积到衬底的导电层上的工艺制造的）。

[62] *See* U. S. Patent No. 7098058 col. 2 1.60–65（filed Jan. 13, 2005）（上面的对象……是通过一种处理半导体器件中的结构不均匀性的方法来实现的，该方法通过修改半导体器件中局部缺陷区域的电势，从而使半导体器件产生的电势分布更加均匀）。

[63] *See* U. S. Patent No. 7141863 col. 3 1.22–26（filed Nov. 26, 2003）（在避免电极层大量降解的工艺条件下，将具有 n 型层和 p 型层的有源半导体结沉积在基体层上）。

[64] *See* Ucilia Wang, *Xunlight 26 Solar Aims for CdTe on Plastic*, GREENTECH MEDLA, Sept. 1, 2009, http://www.greentechmedia.com/articles/read/xunlight-26-solar-aims-for-cdte-on-plastic/（这家初创公司希望用聚酰亚胺取代玻璃）。

市场"。[65] Xunlight 26 也在努力提高塑料薄膜的效率,[66] 当前 Xunlight 26 的薄膜效率约为 10.5%, 而 First Solar 的玻璃基板效率接近 10.9%。[67] 获得许可的技术将帮助这家初创公司在 2010 年完成一个原型面板, 随后建立一条试验性生产线。[68]

有趣的是, Xunlight 26 并不是第一家从托莱多大学的研究和技术中成长起来的薄膜光电公司, 该公司是由 Xunlight Corporation (简称 Xunlight) 所创立并提供种子资金的, 而 Xunlight 本身就是该大学硅基薄膜制造的一个分支机构。[69] 此外, Xunlight 和 Xunlight 26 在创建薄膜方面并不是唯一的。科罗拉多州戈尔登市的 Prime Star Solar 成立于 2006 年, 目前也在开发碲化镉薄膜。[70] Prime Star 从附近的国家实验室——历史悠久的国家可再生能源实验室 (National Renewable Energy Laboratory) ——获得了技术许可。[71] 该公司很快引起了通用电气的注意, 并于 2008 年成为该公司的大股东。[72]

类似的, 另一家位于科罗拉多州戈尔登市的初创公司 Ampulse Corporation (简称 Ampulse) 从美国国家可再生能源实验室和橡树岭国家实验室

---

[65] *Id.*

[66] *See id.* (提高电池效率是 Xunlight 26 的首要任务)。

[67] *See id.* (这家初创企业……已经能够制出一种可以将 10.5% 的太阳光转化为电能的电池……该效率低于碲化镉薄膜的先导, First Solar 位于美国亚利桑那州坦佩的 First Solar 的太阳能电池板平均效率为 10.9%)。

[68] *See id.* (Compaan 称, Xunlight 26 计划在 12 个月内完成原型面板的开发, 尺寸为 1 英尺×3 英尺, 然后公司将建立一条试验性生产线)。

[69] *See id.* (Xunlight 26 已经从 Xunlight Corp. 获得了未公开的种子资金……Xunlight Corp. 成立于 2006 年, 是托莱多大学 (University of Toledo) 的一个分支机构, 目前正在开发具有非晶硅、非晶硅锗和纳米硅层的薄膜)。

[70] *See* Prime Star Solar About Us web page, http://www.primestarsolar.com/prime-star-solar-colorado/about-primestar-solar.htm (last visited Nov. 3, 2010) (Prime Star Solar 成立于 2006 年, 旨在将大规模、清洁、可再生、成本有竞争力的太阳能发电变为现实。Prime Star Solar 正在扩大美国能源部国家可再生能源实验室开发的保有世界纪录效率的薄膜碲化镉光伏技术)。

[71] *Id.*; *see also* Ucilia Wang, *Prime Star Solar Preps for CdTe Panel Launch*, GREENTECH MEDIA, June 26, 2009, http://www.greentechmedia.com/green-light/post/primestar-solar-preps-for-cdte-panel-launch/ (Prime Star 已经从附近的国家可再生能源实验室获得了技术许可)。

[72] Press Release, GE, GE Becomes Majority Shareholder in Emerging Solar Technology Company (June 11, 2008), http://www.gepower.com/about/press/en/2008_press/061108a.htm.

（Oak Ridge National Laboratory）获得了薄膜沉积技术的许可。[73] 该技术将晶体硅的效率与薄膜的灵活性和低制造成本相结合。[74] Ampulse 试图通过在薄金属薄片上采用沉积单晶硅的工艺来降低生产成本。[75] 这家初创公司吸引了风险投资家的投资，他们认为这种方法大有前途。[76] Globespan 风险投资合伙人、Ampulse 董事会成员 Daniel Leff 表示，该公司"与竞争对手的成本曲线完全不同"，"将拥有业内最低的制造成本、最低的系统平衡成本，因此也是最低的电力成本。"[77] 对于 Xunlight、Xunlight 26、Ampulse 和 Prime Star 来说，绿色技术许可帮助他们开展了新的业务，并帮助它们在日益密集的清洁技术行业取得了成功。

三、用于生产和市场准入的技术转让

对于一些清洁技术公司来说，与制造商的技术转让能够帮助它们打开进入特定市场的大门。与当地制造商建立伙伴关系，可以帮助其立即进入一个想要的新市场，这已成为太阳能 PV 行业企业普遍采用的一种策略。该行业基本生产流程可分为太阳能电池制造和部件制造。越来越多的开发和生产太阳能电池的公司与制造商签订合同，将电池组装成电池板。[78]

---

[73] *See* Ampulse Technology web page, http://www.ampulse.com/technology/ (last visited Nov. 3, 2010)（Ampulse 的 c-Si 薄膜技术利用 ORNL 和 NREL 开发的专利技术、工艺和材料专长，利用 HW-CVD 技术，将非常薄的 c-Si 层直接沉积在具有独特纹理和柔性的金属基体上）。

[74] *See* Ucilia Wang, *Ampulse Raises $8M to Marry Silicon with Thin-Film Production*, GREEN-TECH MEDIA, Nov. 3, 2009, http://www.greentechmedia.com/articles/read/ampulse-raises-8m-to-marry-silicon-with-thin-film-production/（该技术旨在将晶体硅的效率与薄膜的灵活性和较低的制造成本结合起来）。

[75] *See id.*［这家初创公司正在开发一种将（气态）单晶硅沉积在薄金属片上的工艺。这项技术将致力于通过放弃使用硅片作为基片来大幅降低生产成本］。

[76] *See id.*（Ampulse Corp. 已经筹集了 800 万美元用于开发含有晶体硅的太阳能薄膜。Ampulse 周二表示，这家位于美国科罗拉多州戈尔登市的初创公司获得了 Globespan Capital Partners 和 EI Dorado Ventures 的 A 轮融资）。

[77] *Id.*

[78] *See* Ucilia Wang, *Contract Manufacturers Expanding from PCs and Phones to Solar Panels*, GREENTECH MEDIA, June 8, 2009, http://www.greentechmedia.com/articles/read/contract-manufacturers-expanding-from-pcs-and-phones-to-solar-panels/（外包在太阳能行业变得越来越普遍。它将建厂和拥有工厂相关的风险降至最低。大型合同制造商可以负责运输，甚至提供维修服务）。

这种策略可以降低成本，并能够进入面板制造商的国内市场。

永绿太阳能 Evergreen Solar（简称 Evergreen）通过与 Jiawei Solar（简称 Jiawei）的合作，正在中国实施这一战略。2009 年 4 月，这家位于马萨诸塞州的公司宣布与 Jiawei 签订了一项合同。根据合同，中国公司将使用 Evergreen 公司的超薄硅片技术生产太阳能电池，并将其组装成电池板。[79] Evergreen 公司将在 Jiawei 现有体系内建立一个制造工厂，而不是建立一个全新的工厂。在那里，Jiawei 将使用 Evergreen 公司的技术生产太阳能电池和电池板。[80] Evergreen 公司将支付 Jiawei 制造电池和将其组装成电池板的费用，并支付分包商的费用。[81]

对于 Evergreen 公司来说，这笔交易旨在实现两个目标。其一，希望这一安排将以一种成本相对较低的方式以提高公司的制造能力。[82] 其二，Evergreen 公司也在寻求进入中国市场，并寄望于能够在中国销售由 Jiawei 生产的太阳能电池板。[83] 与 Jiawei 的交易，可能会让 Evergreen 公司在中国获得优势。[84] 随着中国政府制定旨在刺激太阳能生产政策的出台，Evergreen公司有望在中国获得太阳能设备制造商的支持。[85]

其他太阳能电池制造商也在使用同样的策略来实现类似的目标。西班牙太阳能企业之一 Isofoton，在某些战略市场上通过许可其太阳能组件制造

---

[79] *See* Ucilia Wang, *Evergreen Outsources Cell and Panel Production to Jiawei Solar*, GREENTECH MEDIA, Apr. 30, 2009, http://www.greentechmedia.com/articles/read/evergreen‐outsources‐cell‐and‐panel‐production‐to‐jiawei‐solar‐6113/（Evergreen Solar……该公司周四表示，已与一家中国制造商合作，使用 Evergreen 的硅片生产太阳能电池，并将其组装成电池板）。

[80] *See id.*（（Evergreen 首席执行官 Richard）Feldt 表示，Evergreen 将在武汉市 Jiawei 现有体系内设立晶圆厂，然后向 Jiawei 支付制造太阳能电池并将其组装成电池板的成本，以及分包商的费用）。

[81] *Id.*

[82] *See id.*（这笔交易……反映出 Evergreen 公司策略的改变，其寻求更廉价的方式扩大生产，以履行合同）。

[83] *See id.*（Evergreen 希望在中国和世界其他地区均能销售由 Jiawei 生产的太阳能电池板）。

[84] *See id.*（与 Jiawei 的交易还可能让 Evergreen 在中国市场占据优势）。

[85] *See id.*（中国政府正在制定一系列补贴措施，以促进国内太阳能生产，这一举措受到了全球太阳能设备制造商的密切关注）。

技术，以在当地建立业务，并与当地企业建立合作关系。[86] 总部位于硅谷的 Sun Power，最近委托电子产品制造商 Jabil Circuit 在墨西哥将其晶体硅太阳能电池组装成电池板。[87] 对 Sun Power 来说，以这种方式外包电池板生产，可能比建设和运营自己的工厂更便宜。[88] 此外，与在其他洲生产太阳能电池板不同的是，在北美建立制造能力有助于 Sun Power 更有效地服务于该公司最大的市场——美国。[89]

四、用于搭建分销网络的技术转让

对于设计热再生内燃机的 Cyclone Power Technologies（简称 Cyclone）来说，知识产权许可促进了制造和进入分销渠道方面的合作。Cyclone 发动机荣获《大众科学》杂志（*Popular Science Magazine*）2008 年度发明大奖，[90] 是一种通过热再生工艺实现高热效率的外燃发动机。[91] 这台发动机是对传统蒸汽机进行的现代改造。传统蒸汽机是利用水作为工作流体，

---

[86] *See* Elizabeth March, *Climate Change：Hot Property—IP Strategies in the Solar Tech Sector*, WIPO MAGAZINE, June 2008, *available at* http://wipo.int/wipo_magazine/en/2008/03/article_0003. html（虽然 Isofoton 从未将其知识产权转让给第三方，但它确实许可了制造该模块的技术。这是该公司通常会在其二级优先战略市场中采用的一种选择，其目的是与被许可方建立强有力的本地合作关系，从而确保在该国活跃存在）。

[87] *See* Ucilia Wang, *Contract Manufacturers Expanding from PCs and Phones to Solar Panels*, GREENTECH MEDIA, June 8, 2009, http://www.greentechmedia.com/articles/read/contract-manufac-turers-expanding-from-pcs-and-phones-to-solar-panels/ ［Sun Power 正在聘请 Jabil Circuit 将 Sun Power 的太阳能电池组装成电池板……Jabil（NYSE：JBL），是一家资深的电子产品设计师和制造商，总部位于佛罗里达州的圣彼得堡。该公司计划从今年下半年开始在墨西哥生产太阳能电池板］。

[88] *See id.*（Sun Power 周一表示，为了降低成本，更好地服务于北美市场，该公司正将面板生产外包给 Jabil）。

[89] *See id.*（这笔交易是这家总部位于加州圣何塞公司的明智之举，该公司已经看到美国已成为其最大的市场）。

[90] Press Release, Cyclone Power Technologies, Cyclone Power Technologies' Green Engine Named Popular Science Invention of the Year（May 22, 2008），http://www.cyclonepower.com/press/5-22-08.pdf（Cyclone Power Technologies, Inc. 今天宣布，《大众科学》杂志授予清洁绿色 Cyclone 发动机 2008 年度发明大奖）。

[91] *See Cyclone Power Technologies Receives Fourth U. S. Patent for Its Green Engine*, BUSINESS WIRE, Apr. 27, 2010, http://www.businesswire.com/portal/site/home/permalink/?ndmViewId = news_view&newsId = 20100427006502&newsLang = en（该专利 Cyclone 发动机是一种现代蒸汽机，通过紧凑的热再生过程以实现高热效率）。

在一个封闭的活塞系统中产生机械能。[92] Cyclone 发动机是一个多用途的系统，它可以使用包括生物燃料在内的多种燃料来运行，也可以用于从发电机到汽车、卡车和火车等各种不同的应用场合。[93]

Cyclone 技术受到一组专利组合的保护，该专利组合涉及其发动机的各个方面。美国专利号 7407382 的专利涉及该公司的圆柱形燃烧室。在该燃烧室中，燃烧气体围绕一束热线圈进行循环，从而提高发动机的效率。[94] Cyclone 发动机的其他专利或即将授权的专利申请涉及阀控节流机制[95]、换向和正时控制机制[96]，以及离心冷凝器[97]。根据最近的新闻报道，Cyclone的专利组合为 Cyclone 发动机及其关键系统提供了保护。

> 目前，该公司拥有发动机几个主要部件系统的专利——一个是燃烧室，两个是机械操作（包括活塞、阀门、轴承和其他子部件），还有一个是冷凝系统。该公司在美国和世界其他几个国家拥有整个 Cyclone 发动机系统的专利。[98]

---

[92]　*See* Cyclone Power Technologies How It Works web page, http://www.cyclone-power.com/works.html (last visited Nov. 4, 2010)（旋风发动机是兰金循环蓄热式外燃发动机，又称"Schoell循环"发动机。它通过在一个封闭的、基于活塞的发动机系统中加热和冷却水来产生机械能）。

[93]　*See* Cyclone Power web site, http://www.cyclonepower.com (last visited Nov. 4, 2010)［Cyclone 发动机几乎可以在任何燃料（或燃料组合）上运行，包括今天有前景的新型生物燃料，同时排放的污染物比传统的天然气或柴油内燃机少得多。从园艺设备和发电机到汽车、卡车、火车和轮船，我们看到有一天我们的星球将以一种可持续的方式由一种发动机——Cyclone 发动机提供动力］。

[94]　*See* U. S. Patent No. 7407382, at ［57］（filed May 2, 2006）（蓄热式发动机中的蒸汽发生器包括一个圆柱形燃烧室，该燃烧室包围着一个由密束管束成的环形线圈……燃烧室内燃烧气体的循环通过让管道线圈承受多次传热，从而提高发动机的效率）。

[95]　*See* U. S. Patent No. 7730873 (filed July 13, 2007).

[96]　*See Cyclone Power Technologies Receives Fourth U. S. Patent for Its Green Engine*, BUSINESS WIRE, Apr. 27, 2010, http://www.businesswire.com/portal/site/home/permalink/?ndmViewId=news_view&newsId=20100427006502&newsLang=en（Cyclone Power Technologies 今天宣布，美国专利商标局已经发布了关于该公司热再生式外燃发动机换向和正时控制机制的专利许可通知）。

[97]　*See Cyclone Power Technologies Receives Fifth U. S. Patent for Its Green Engine*, BUSINESS WIRE, June 8, 2010, http://www.businesswire.com/news/home/20100608005450/en/Cyclone-Power-Technologies-Receives-U.-S.-Patent-Green（Cyclone Power Technologies……今天宣布，美国专利商标局已经发布了关于该公司热再生式外燃发动机离心冷凝器专利许可的通知）。

[98]　*Id.*

该专利组合还代表一个可以许可给制造商和分销商的技术包。

2009 年与 Phoenix Power Group（简称 Phoenix）的许可协议将 Cyclone 发动机与 Phoenix 在美国各地分公司建造的汽车换油和服务设施连接起来。[99] 在该许可协议条款中，Phoenix 拥有在北美和澳大利亚享有独家开发和销售使用 Cyclone 发动机发电系统的权利。[100] 该协议还规定，Phoenix 在合同签署后的 9 至 12 个月内，向 Cyclone 支付 40 万美元的许可和开发费，以及生产每台发动机的现行特许权使用费。[101] Phoenix 同意在协议期间支付超过 400 万美元的最低特许权使用费，以维护其独家许可权利，并获得初始发动机原型开发完成后授予的股票期权。[102]

Phoenix 乐观地认为，它的客户需要 Cyclone 发动机，这种发动机能使用废油燃料，包括汽车使用过的机油。[103] 根据该公司总裁 Thomas v. Thillen 所述，"基于我们现在和未来的客户，我们能看到一个使用废机油发电的巨大而开放的市场"。[104] Thillen 表示，公司的目标是在 2010 年"将这些对环境有利的产品引入商业领域，如换油店和船队服务供应商"[105]。对于 Cyclone 而言，它依赖于 Phoenix 高效的营销和销售发动机的能力。Cyclone 首席执行官 Harry Schoell 承认，Phoenix "在建立公司，并

[99] *See Phoenix Power Group Commences Project to Generate Clean Electricity from Waste Oil*, BUSI-NESS WIRE, Sept. 17, 2009, http://www.businesswire.com/portal/site/home/permalink/?ndmViewId = news_view&newsId = 20090917006310&newsLang = en（Sept. 17, 2009）（PPG 是位于弗吉尼亚州哈里斯堡的 Atlantic Systems Group 的分公司，在美国各地设计和建造汽车换油和服务设施）。

[100] *See Ingenius Engines to Generate Electricity From Waste Oil*, MACHINERYLUBRICATION, http://www.machinerylubrication.com/Read/2255/ingenius – engines – to – generate – electricity – from – waste – oil（last visited Nov. 4, 2010）（该许可为 Phoenix 提供了在北美和澳大利亚独家开发和销售使用 Cyclone 公司备受好评的外燃发动机发电机系统的权利。这种发动机将使用汽车、卡车和巴士的废油燃料）。

[101] *See id.*（Phoenix Power 将在接下来的 9 到 12 个月内向 Cyclone 公司支付 40 万美元的许可和开发费——其中 15 万美元是在执行许可时支付的，然后继续为生产每台 Cyclone 发动机支付现行特许使用费）。

[102] *See id.*（Phoenix Power 同意在协议期间支付超过 400 万美元的最低特许权使用费，以维护其独家权利，并已收到普通股购买凭证，用以获得初始发动机原型完成后授予的股票期权）。

[103] *Id.*

[104] *Id.*

[105] Press Release, Cyclone Power Technologies, Cyclone Power Technologies to Design Waste Energy Generator for Phoenix Power Group（2010 年 1 月 13 日），http://www.cyclonepower.com/press/01-13-10.pdf.

将产品和服务推向市场方面取得了公认的成功"。[106] Cyclone 许可其专利组合的能力对公司的收入至关重要。而且，与 Phoenix 公司的交易对 Cyclone 的产品开发和商业化至关重要：在公司签署许可协议一年内，Phoenix 要求 Cyclone 为其客户开发一个原型发电机系统。[107]

五、用于提高效率的许可：集成太阳能电池板和逆变器

在集成太阳能产品中匹配太阳能电池板和逆变器，是另一种在太阳能产业中越来越常见的技术许可安排。逆变器是太阳能系统的关键部件，它将太阳能电池板产生的直流电转换为提供可用电力所需的交流电。越来越多的太阳能电池板生产商和逆变器生产商联合起来向分销商和安装商销售集成太阳能产品。[108]

Solyndra 和 Satcon Technology Corporation（简称 Satcon）于 2009 年 4 月宣布的一项协议，就是一个很好的例子。Solyndra 是一家位于加州弗里蒙特的公司，其主要生产由内衬太阳能电池的管道组成的特殊太阳能电池板。这些管道并排放置，为商用屋顶创造太阳能系统。Satcon 生产集中式逆变器，包括系统智能和性能监控功能，以提高太阳能装置的效率。[109] 这两家公司正在合作设计和销售结合 Solyndra 太阳能电池板和

---

[106]　*Ingenius Engines to Generate Electricity From Waste Oil*, MACHINERY LUBRICATION, http://www.machinerylubrication.com/Read/2255/ingenius-engines-to-generate-electricity-from-waste-oil（last visited Nov. 4, 2010）.

[107]　*See* Press Release, Cyclone Power Technologies, Cyclone Power Technologies to Design Waste Energy Generator for Phoenix Power Group（Jan. 13, 2010）, http://www.cyclonepower.com/press/01-13-10.pdf［Cyclone Power Technologies Inc. 已经收到 Phoenix Power Group LLC（PPG）的一个工作订单，要求其开发一个原型发电机系统，该系统将由 Cyclone 热再生式外燃发动机以废油为燃料生成动力。新协议赋予了 Cyclone 在 PPG 废能发电系统开发方面的责任，并在未来几个月为 Cyclone 提供额外收入］。

[108]　*See*, e.g., Ucilia Wang, *Solyndra Teams Up with Inverter-Maker Satcon*, GREENTECH MEDIA, Apr. 30, 2009, http://www.greentechmedia.com/articles/read/solyndra-teams-up-with-inverter-maker-satcon-6111/（越来越多的逆变器开发商正寻求与面板制造商密切合作以改善其设计，并将其产品联合销售给分销商或安装商）。

[109]　*See* Satcon Solar PV Inverters web page, http://www.satcon.com/pv_inverters/index.html（last visited Nov. 4, 2010）（Power Gate Plus 解决方案将复杂的系统智能与深入的性能监控相结合，为您提供业界最先进的 PV 指挥和控制系统。）。

Satcon 逆变器的系统。[110] 他们的战略伙伴关系使 Solyndra 和 Satcon 能够联合服务于商用屋顶市场的经销商和安装商，提供高性能太阳能系统。[111]

Enphase Energy（简称 Enphase）是一家生产微型逆变器的加州公司，该公司也一直在积极与太阳能行业的其他公司合作，将其技术与太阳能系统整合在一起。[112] 集中式逆变器是将多个太阳能电池板输出的直流电转换成交流电，而像 Enphase 公司生产的微型逆变器则是连接到每个太阳能电池板上，只为该电池板提供电能转换。[113] 带有微型逆变器的太阳能电池板可以更简单、更便宜地安装，这种设计增强了系统尺寸和电池板布局的通用性。[114] Enphase 还提供了一个数据收集与分析系统以及一个专有网站，客户可以通过该网站能够监视和管理他们的太阳能系统。[115] Enphase 与 Flextronics 的制造合作伙伴关系，为其 30 多万台微型逆变器设备的运输

---

[110]　*See* Ucilia Wang, *Solyndra Teams Up with Inverter-Maker Satcon*, GREENTECH MEDIA, Apr. 30, 2009, http://www.greentechmedia.com/articles/read/solyndra-teams-up-with-inverter-maker-satcon-6111/（Solyndra 周四表示将与 Satcon 合作……选用 Solyndra 的太阳能电池板和 Satcon 的集中式逆变器来共同设计和销售系统）。

[111]　*See id.*（Solyndra 与总部位于波士顿的 Satcon 的协议将使他们能够联合向服务于商用屋顶市场的经销商和安装商销售他们的产品……）。

[112]　*See id.*（总部位于加州佩塔卢马的 Enphase Energy 与太阳能电池板制造商 Suntech Power 签署了一项供货协议，后者承诺将 Enphase 的微型逆变器推向美国经销商网络。今年 2 月，Enphase 还宣布与 Akeena Solar 达成了一项协议，后者计划将这些微型逆变器制成名为 "Andalay" 的太阳能电池板）。

[113]　*See* Enphase Energy Our Technology web page, http://www.enphaseenergy.com/products/ourtechnology.cfm（last visited Nov. 4, 2010）（传统的太阳能装置采用的是单一集中式逆变器，是将多个太阳能模块输出的直流电源转换为交流电源。而 Enphase 的微型逆变器系统是一个集成设备，它可以将单个太阳能模块输出的直流电源转换成与电网兼容的交流电源）。

[114]　*See* Press Release, Enphase Energy, Suntech Brings Enphase Micro-inverter Technology to its U.S. Authorized Dealer Network（Mar. 2, 2009）, http://www.enphaseenergy.com/downloads/Enphase_Press_Release_Suntech.pdf（与集中式逆变器相比，Enphase 的微型逆变器能够直接与太阳能系统挂接，减少了安装时间和成本。增加了系统尺寸和模块布置的通用性，使得 Suntech 的授权经销商能够捕捉到新业务并加快安装过程）。

[115]　*See* Enphase Energy Products Overview web page, http://www.enphaseen-ergy.com/products/（last visited Nov. 4, 2010）[特使通信网关（EMU）能够收集每个太阳能模块的性能信息并将其传输到一个专有网站供客户使用……Enphase 客户可以 24 小时监控和管理他们的太阳能系统]。

提供了便利。[116]

2009 年 3 月，Enphase 公司宣布与世界领先的太阳能组件生产企业 Suntech Power（简称 Suntech）达成供货协议。[117] Suntech 在其美国仓库储存 Enphase 的微型逆变器，并将其销售给其美国授权的太阳能组件经销商。[118] 对于 Enphase 来说，这一协议使其可以利用 Suntech 分布广泛的分销网络。Suntech 及其经销商希望，Enphase 的微型逆变器技术能有助于降低安装成本，为客户提供更为多样的系统尺寸和部件设置，从而帮助其提升销售额。[119] Suntech America 公司总裁 Roger Efird 说，Enphase 的技术将"帮助我们的授权经销商保持领先，这也是我们决定向客户提供这一技术的原因。"[120]

除了与 Suntech 的交易，Enphase 还与加州安装商 Akeena Solar（简称 Akeena）建立了合作关系。[121] 根据协议，Enphase 公司的微型逆变器将安装在 Akeena 公司的"Andalay"品牌太阳能电池板上，为市场提供交流太阳能电池板产品。[122] Akeena 相信该集成产品将降低其电池板的安

---

[116] See Eric Wesoff, Enphase Banks $63M with Help from KPCB, et al., GREENTECH MEDIA, June 3, 2010, http://www.greentechmedia.com/articles/read/enphase - banks - 63m - more - from-kleiner-perkins-et-al/（Enphase 在其制造合作伙伴 Flextronics 的帮助下，自 2 年前开始发货以来，已成功发货逾 30 万台微型逆变器）。

[117] Press Release, Enphase Energy, Suntech Brings Enphase Micro - inverter Technology to Its U. S. Authorized Dealer Network（Mar. 2, 2009），http://www.enphaseenergy.com/downloads/Enphase_Press_Release_Suntech.pdf.

[118] See id. [世界领先的光伏组件制造商 Suntech Power 控股有限公司（NYSE：STP）宣布将向其快速增长的美国授权经销商网络提供 Enphase 微型逆变器，作为其将尖端技术带给客户的承诺的一部分。Suntech 将在其美国仓库中，将 Enphase 微型逆变器与 Suntech 组件放在一起，以简化 Suntech 授权经销商的订购流程]。

[119] See id.（与集中式逆变器相比，Enphase 的微型逆变器能够直接与太阳能系统挂接，从而减少了安装时间和成本。系统尺寸和模块设置通用性的提升，使得 Suntech 授权经销商能够捕捉到新业务，加快安装过程……随着其授权经销商网络在美国不断扩大，Suntech 的目标是让更广泛的客户能够负担得起并使用太阳能，这一目标正在变成现实）。

[120] Id.

[121] Press Release, Enphase Energy, Enphase Energy Announces Agreement with Akeena Solar（Jan. 27, 2009），http://www.enphaseenergy.com/downloads/Enphase_Akeena_Release_020909.pdf.

[122] See id.（根据协议，Enphase 将在未来 2 年内提供多达 10 万台微型逆变器，用于建造 Akeena 获奖的 Andalay 太阳能电池板，从而创造出一种交流太阳能电池板）。

装成本。[123] Akeena 的首席执行官 Barry Cinnamon 表示，"将 Enphase 微型逆变器集成到我们的 Andalay 太阳能电池板中，使我们能够大大简化住宅和商用太阳能系统的设计和安装"，这意味着"可以节省大量的安装人工"[124]。集成的交流太阳能电池板部件设计简单，可能有助于扩大有能力安装 Akeena 产品的技术人员群体。[125] Akeena 的首席执行官 Barry Cinnamon 说，"这是电工、屋顶工人和暖通空调（HVAC）承包商第一次可以进入太阳能行业。在美国，千千万万的上述人员对普通的直流太阳能行业感兴趣，并尝试（过）进入这一行业，但发现它太复杂了。"[126]

六、用于创造收入的许可：在其他领域使用

Green Shift Corporation（简称 Green Shift）是纽约一家生物燃料生产技术开发商，第五章将讨论该公司针对美国中西部许多乙醇生产商的专利维权诉讼。Greenshift 的 IP 许可也是一个很好的案例，用以说明如何区分专有技术的不同应用，使其可以在其他领域进行许可。该公司成功地实现了这一点，通过对公司核心业务之外的领域进行 IP 许可，从而创造收入。

Green Shift 关注与玉米乙醇生产节能工艺相关的技术。[127] 该公司的专利组合包括至少 2 项美国专利和至少 6 项未决专利申请，这些专利与该公司减少从玉米中提炼乙醇所需能源的技术有关。[128] Green Shift 的一项关键专利是专利号 7601858（'858专利）的美国专利，名为"乙醇副产品及相

---

[123] *See id.*（"将 Enphase 微型逆变器集成到我们的 Andalay 太阳能电池板中，使我们能够大大简化住宅和商用太阳能系统的设计和安装，这意味着可以节省大量的安装人工"，Akeena Solar 公司的首席执行官 Barry Cinnamon 说）。

[124] *Id.*

[125] *See* Ucilia Wang, *Solyndra Teams Up with Inverter - Maker Satcon*, GREENTECHMEDIA, Apr. 30, 2009, http://www.greentechmedia.com/articles/read/solyndra - teams - up - with - inverter - maker-satcon-6111/（Akeena 的首席执行官 Barry Cinnamon 说，这是电工、屋顶工人和暖通空调承包商第一次可以进入太阳能行业。在美国，千千万万的上述人员对普通的直流太阳能行业感兴趣，并尝试过进入这一行业，但发现它太复杂了）。

[126] *Id.*

[127] See generally Greenshift web site, http://www.greenshift.com/（last visited Nov. 4, 2010）.

[128] *See* U. S. Patent No. 7601858（filed May 5, 2005）；U. S. Patent No. 7608729（filed Mar. 20, 2007）；U. S. Patent Application Publication No. 2099632（filed May 30, 2008）；U. S. Patent Application Publication No. 2009/250412（filed June 1, 2009）；U. S. Patent Application Publication No. 2009/

关于系统工艺方法",旨在从乙醇生产的副产品中回收油。[129] Green Shift 的主要业务是将其玉米乙醇生产和提取技术商业化。[130] 该公司在此领域取得了一些成功,已将其玉米油提取技术许可一些美国乙醇生产商。[131] 正如第五章将详细讨论的那样,Green Shift 对其认为正在被许可使用其技术的乙醇生产商提起侵权诉讼,从而积极实施了'858专利。

除了与玉米乙醇生产工艺相关的主要技术外,Green Shift 还拥有专利和正在申请专利的生物反应器技术。[132] 这项技术为微生物的光合作用过程提供了环境,并且与用于乙醇生产相比,该技术更适合用于从藻类中提取油。[133] 因此,Green Shift 并没有自行商业化这项技术,而是将其许可给 Carbonics Capital Corporation(简称 Carbonics)用于藻类提取油。正如 Green Shift 首席技术官 David Winsness 所述:

> Green Shift 只专注于其正在申请专利的提取技术的商业化需
> 求。虽然我们最初获得生物反应器技术的长期目标是开发能够集

（接上注）

0259060（filed June 1, 2009）; U. S. Patent Application Publication No. 2010/004474（filed Sept. 14, 2009）; U. S. Patent Application Publication No. 2010/0028484（filed July 30, 2009）; U. S. Patent Application Publication No. 2010/0224711（filed July 30, 2009）; see also Greenshift Corn Oil Extraction web page, http://www.greenshift.com/cornoil.php?mode=1（last visited Nov. 4, 2010）（我们的玉米油提取技术使每蒲式耳玉米的生物燃料产量提高了 7%,同时使玉米乙醇生产所需的能源消耗和温室气体排放强度分别降低了 21% 和 29% 以上）。

[129] See U. S. Patent No. 7601858, at [57]（filed May 5, 2005）（本发明所涉及的内容包括从生产乙醇的干磨过程所形成的浓缩副产物中,如蒸发的薄蒸馏物中回收油）。

[130] See Carbonics Acquires Rights to Algae Bioreactor Technologies, BUSINESS WIRE, July 27, 2009, http://www. businesswire. com/news/home/20090727005321/en/Carbonics - Acquires - Rights - Algae-Bioreactor-Technologies（Green Shift 首席技术官 David Winsness 补充说,Green Shift 只专注于其正在申请专利的提取技术的商业化需求）。

[131] See, e. g., Press Release, Green Shift, Marquis Energy Licenses Green Shift's Patented Corn Oil Extraction Technology（Apr. 27, 2010）, http://www.greenshift.com/news.php?id=262.

[132] See Carbonics Acquires Rights to Algae Bioreactor Technologies, BUSINESS WIRE, July 27, 2009, http://www. businesswire. com/news/home/20090727005321/en/Carbonics - Acquires - Rights - Algae-Bioreactor-Technologies [Green Shift 所拥有的专利和正在申请专利的生物反应器技术依赖于嗜热蓝细菌（以及其他生物）来消耗所排放的二氧化碳,并生产碳中性产品]。

[133] See id. [Green Shiff 所拥有的专利和正在申请专利的生物反应器技术依赖于嗜热蓝细菌（以及其他生物）来消耗所排放的二氧化碳,并生产碳中性产品。这些生物利用排放的二氧化碳和水来生长,并释放氧气和水蒸气]。

……醇工厂的应用工艺，但这些技术还有许多其他应用领……

……团队有能力评估和开发这些应用，并推进我们生物……

……术的后续发展。[134]

……Carbonics 的许可范围仅限于将生物反应器技术用于藻类领域，从而避免……与 Green Shift 的核心业务乙醇生产相冲突。[135] 许可协议要求 Carbonics 公司要从使用、销售、再许可或租赁技术中所获得的税前收入的 10% 支付给 Green Shift 公司作为酬金。[136] 因此，Green Shift 既可以从其 IP 中获得额外收入，同时也能够在其主要关注的领域保持对其 IP 开发的独家控制权。

七、小结

如本章案例所述，知识产权许可为清洁技术公司提供了有价值的、多功能的工具。正如 Nanostellar 和 Origin Oil 所利用的那样，技术转让和许可本身可以成为一种商业模式，通过降低研发时间和生产成本花费，减少了进入壁垒。Xunlight 26 和 Ampulse 从其公司附近的研究机构获得了许可技术，使它们在研发方面处于领先地位，它们正利用这些技术进一步创新薄膜光电技术。Evergreen 公司与其中国合作伙伴 Jiawei 的交易表明，IP 许可可以促进生产效率的提升和加快全球市场准入。Solyndra 和 Akeena 分别与逆变器制造商 Satcon 和 Enphase 的合作证明，生产互补产品公司之间的战略合作可以提高效率，为客户创造更大的价值。最后，当专利技术可以应用于多个领域时，Green Shift 等专利权人通过许可该技术在其核心业务之外的领域使用，能够创造新的收入。随着清洁技术行业的持续发展，合理开发和使用绿色专利组合，将成为清洁技术公司至关重要的商业资产，能够为其带来切实的商业价值。

---

[134]　*Id.*

[135]　*See id.* （Carbonics Capital Corporation……很高兴地宣布，它已经与 Green Shift 公司签订了独家许可协议……可将藻类生物反应器技术用于市政和工业应用，但不包括用于乙醇生产）。

[136]　*Id.*

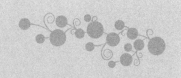

— 第二部分 —

庭审中的清洁技术

清洁技术专利申请通常涉及前沿技术并与早期开发相吻合，但是已发生的绿色专利诉讼则是关于绝对成熟和已成熟的技术，以及大型和利润丰厚的产品市场。专利诉讼往往需要花费数百万美元，[1] 只有在相关产品已经扩大规模、广泛商业化和盈利之后，专利诉讼才能成为财务上合理的商业策略。当然，这需要一段时间，而且由于清洁技术的许多领域涉及前

---

[1] 根据美国知识产权法协会的 2009 年报告，2009 年专利权人针对一名被告提起一件专利诉讼所花费的法律费用总额平均超过 300 万美元。对于赔偿额有可能超过 2500 万美元的专利诉讼，专利权人所花费的法律费用总额超过 600 万美元。See *The Convergence of Intellectual Property and Media Liability insurance? Snips from our latest Betterley Report*，BETTERLEY REPORT BLOG ON SPECIALTY INSURANCE PRODUCTS，Apr. 15，2010，*available at* http://thebetterleyreport.wordpress.com/2010/04/15/the-convergence-of-intellectual-property-and-media-liability-insurance-snips-from-our-latest-betterley-report/（AIPLA 2009 年经济调查报告指出了关于专利诉讼的以下情况：1. 对于估计赔偿额不到 100 万美元的案件，诉讼的中位数成本为 65 万美元；2. 对于估计赔偿额在 100 万至 2500 万美元之间的案件，诉讼的中位数成本为 250 万美元；3. 对于估计赔偿额超过 2500 万美元的案件，诉讼的中位数成本为 550 万美元）；*see also New Litigation-Cost Data Underscores Financial Logic of Defensive Patent Aggregation*，RPX BLOG，Oct. 11，2009，http://rpxcorp.com/index.cfm?pageid=14&itemid=6.

沿研究和新兴技术，即使会发生诉讼，大多数绿色专利距离提起诉讼也还需要数年时间。因此，专利诉讼的商业、财务和时间等现实因素，导致清洁技术的专利维权局限在清洁技术最为成熟的细分领域。

风能是最为成熟并且最为广泛商业化的清洁技术细分领域之一。风电在 20 世纪七八十年代的重大研发成果导致了大型电站风机的发展，以及美国公司和期望在美国市场站稳脚跟的国际企业集团之间的激烈竞争。[2]进而导致 20 世纪末 21 世纪初期发生了一波又一波涉及关键变速技术专利的重大专利诉讼。第五章讨论的诉讼涉及过去和现在风电行业的几个主要参与者，包括 Kenetech 公司、Zond 公司、Enercon 公司、通用电气公司（GE）和三菱公司。

与发光二极管（LED）技术有关的专利也被发起很多诉讼。这种节能照明技术广泛用于各种消费类电子产品，作为白炽灯泡的低能耗替代品可以越来越多地从市场上获得。与变速风电技术一样，一些开创性的 LED 生产工艺是多年前开发的。哥伦比亚大学教授 Gertrude Neumark Rothschild（以下称 Rothschild）拥有 2 项专利，均可追溯至 20 世纪 80 年代后期，是关于开创性的 LED 生产技术。第六章讨论了在针对 LED 制造商和主要电子公司的成功侵权诉讼中，Rothschild 作为非实施专利权人的作用。

此外，一些 LED 制造商也开展专利诉讼，以试图阻止竞争对手。日亚（Nichia）和飞利浦这两家在 LED 和其他照明产品市场占有很大份额的公司，都积极开展 LED 专利维权活动。第五章讨论了涉及美国公司和国际公司的一些主要 LED 专利侵权案件，这些案件彰显了这些公司在重要产品市场上保护其市场地位的力度。

丰田普锐斯以及其他几款丰田混合动力车型是商业上成功的清洁技术

---

[2] *See How Wind Energy Works*, Union of Concerned Scientists web site, http://www.ucsusa.org/clean_energy/technology_and_impacts/energy_technologies/how-wind-energy-works.html（last visited Nov. 5, 2010）（对风力发电的兴趣在 20 世纪 70 年代的能源危机期间重生。美国能源部（DOE）在 20 世纪 70 年代的研究主要集中在大型涡轮机设计上……现代风能时代始于 20 世纪 80 年代的加利福尼亚州。1981 年至 1986 年间，小公司和企业家安装了 15000 台中型涡轮机，为旧金山的每个居民提供足够的电力。由于化石燃料成本高、暂停核电以及对环境恶化的担忧，加利福尼亚州提供了税收激励措施以促进风力发电。这些因素与联邦税收激励相结合，帮助了风电行业起飞）。

标杆产品，这些标杆产品已成为多个专利持有人的专利诉讼目标。截至2009年8月，丰田在全球销售了200万辆混合动力汽车。[3] 气-电混合动力车技术总体上已经成熟，并且普锐斯现在已经成为其第三代车型。然而，在丰田于1997年推出首款普锐斯之前几年，已经有人开始研究和开发混合动力汽车中的燃气和电源相结合的技术。1992年，一家名为Paice的混合动力传动系统初创公司提交了该技术的第一件专利申请。在整个20世纪90年代和21世纪，Paice和其他小公司及个人发明人已获得关于气电混合动力车技术的专利。第六章详细讨论了控告丰田公司侵权其混合动力汽车专利的清洁技术非实施专利权人。

另一个相对成熟的清洁技术细分领域是第一代生物燃料。目前市场上的所有生物燃料都是第一代生物燃料，特别是由玉米或糖作物制成的乙醇和来自油菜籽、大豆或棕榈油的生物柴油。尽管乙醇市场在很大程度上是由政府补贴而在美国人为创造出来的，但预计2010年的市场规模将超过120亿加仑。[4] 因此，拥有加工这些第一代生物燃料技术的公司开始进行专利维权也就不足为奇了。

风能、节能照明、气-电混合动力车和第一代生物燃料代表了成熟的清洁技术细分领域和利润丰厚的市场。随之而来的则是它们的诉讼案件。

---

[3] See News Release, Toyota, Worldwide Sales of TMC Hybrids Top 2 Million Units (Sept. 4, 2009), http://www2.toyota.co.jp/en/news/09/09/0904.html（丰田汽车公司……今天宣布，其混合动力的全球累计销量已突破200万大关，截至2009年8月31日全球销量超过201万辆）。

[4] See Joshua Kagan, *Transitioning from 1st Generation to Advanced Biofuels*, Enterprise Florida and GTM Research White Paper at 2, Feb. 2010, *available at* http://www.efiorida.com/Intelligence-Center/Reports/CE_Biofuels_WP.pdf（美国已经生产了数百亿加仑的生物燃料，如乙醇和生物柴油。美国是世界上最大的生物燃料市场；2010年，我们预计将在美国国内生产超过120亿加仑的乙醇）。

第五章

绿色专利诉讼的过去、现在和未来

风电行业是可再生能源中最成熟的行业之一。[1] 根据美国风能协会的 2009 年度报告，美国在 2009 年增加超过 10000 兆瓦的新风电，使总装容量达到 35000 兆瓦以上。[2] 风电目前在新类型发电中处于领先地位，占公用电网新增电力的 39%。[3] 变速技术是一类广泛使用并且取得商业成功的风电技术，其使得涡轮机能够将不同速度的风转换成适合输送到公用电网的能量。

一、开创性风电专利往事

1992 年 1 月授权的美国专利第 5083039 号（′039专利）是变速技术的开创性专利。从某种意义上来说，′039专利的变迁讲述了美国风电行业的故事。根据可再生能源咨询服务公司（Reneuable Energy Consulting Services）的拥有者 Edgar DeMeo 的观点，"如果没有′039专利，一大批参与者可能就不会进入风电行业"。在 20 世纪 90 年代及 21 世纪初期，′039

　　[1]　See Katherine Tweed, *Wind Industry Reports Record Growth in* 2009, GREENTECH MEDIA, Apr. 8, 2010, http://www.greentechmedia.com/articles/print/wind-industry-reports-growth-in-2009/（风电继续在新类型发电之中处于领先地位，占电网新增电力的 39%，仅次于天然气）；see also Michael Kanellos, *Can This Egg Beater Double the Power Output of Wind Farms?* GREENTECH MEDIA, Mar. 24, 2010, http://www.greentechme-dia.com/articles/read/can-this-egg-beater-double-the-power-output-of-wind-farms/（虽然是可替代能源中最为成熟和最为资本密集的细分领域之一，风电行业仍然受到风险投资家的追捧）。

　　[2]　*Id.*（美国风能协会今天发布了年度报告，显示在美国的新增风电超过 10000 兆瓦，使得总体容量超过 35000 兆瓦）。

　　[3]　*Id.*（风电继续在新类型发电之中处于领先地位，占电网新增发电量的 39%，仅次于天然气）。

专利的所有权发生了多次改变，曾经先后被美国风电行业的一些最为知名的企业拥有，最终在 2002 年由通用电气公司掌握。[4] 在变迁过程中，'039专利至少影响了两个主要的非美国涡轮机制造商。其一，作为美国国际贸易委员会（ITC）的重大专利侵权诉讼的主题，曾经在一段时间内迫使德国风力涡轮机制造商 Enercon 退出美国市场。其二，随着那个时期清洁技术的蓬勃发展，'039专利再次成为 ITC 重大专利侵权诉讼的主题，GE 起诉三菱动力系统公司（Mitsubishi Power Systems）专利侵权，试图将日本涡轮机制造商的产品排除在美国市场之外。

　　'039专利的第一个所有者是加利福尼亚州利弗摩尔的美国风电公司（U. S. Windpower）。[5] 20 世纪 70 年代后期，美国风电公司开始研发和销售风力涡轮机和风电。[6] 1988 年公司重组，美国风电公司创建了 Kenetech Corporation，作为其子公司（包括 Kenetech Windpower，在下文中简称为 Kenetech）的控股公司。[7] 1996 年，在申请破产后，Kenetech 将 '039专利卖给了 Zond Energy Systems（简称为 Zond）。[8] 作为专利转让交

　　[4] *See* U. S. Patent and Trademark Office web site, Assignments on the Web, Patent Assignment Abstract of Title for U. S. Patent No. 5083039, *available at* http://assign-ments.uspto.gov/assignments/q? db = pat&qt = pat&reel = &frame = &pat = 5083039&pub = &asnr = &asnri = &asne = &asnei = &asns = ［卷/档案 05598/0919，转让人利益自 Robert D. Richardson 和 William L. Erdman 转让给 U. S. Windpower, Inc.（签署于 1991 年 1 月 31 日）；卷/档案 007037/0677，U. S. Windpower, Inc. 改名为 Kenetech Windpower, Inc.（签署于 1993 年 12 月 27 日）；卷/档案 008412/0381，转让人利益自 Kenetech Windpower, Inc. 转让给 Zond Energy System, Inc.（签署于 1997 年 2 月 25 日）；卷/档案 009453/0942，关于许可权自 Trace Technologies, Inc. 转让给 Fleet Capital Corporation 的备忘录（签署于 1998 年 7 月 31 日）；卷/档案 013077/0089，转让人利益自 Enron Wind Energy Systems, LLC（之前被称为 Zond Energy）转让给通用电气公司（签署于 2002 年 5 月 10 日）］。

　　[5] *See id.*; *see also* U. S. Patent No. 5083039, at［73］（filed Feb. 1, 1991）（listing Assignee as "U. S. Windpower, Inc., Livermore, Calif."）.

　　[6] *See* Funding Universe, Company Histories: Kenetech Corporation, http://www.fundinguniverse. com/company-histories/Kenetech-Corporation-Company-History.html（last visited Nov. 7, 2010）（该公司于 1979 年成立，成立时名称为 U. S. Windpower，业务范围是设计和销售风力涡轮机和风电）。

　　[7] *See id.*（1988 年，U. S. Windpower 对其组织架构进行了重组，以反映其多元化趋势。U. S. Windpower 创建了 Kenetech Corporation 作为其关联公司的控股公司，U. S. Windpower 中最为重要的部分仍然保留为 Kenetech Windpower 或 U. S. Windpower）。

　　[8] *See In re* Certain Variable Speed Wind Turbines and Components Thereof, USITC Pub. 3072, Inv. No. 337-TA-376, at 2（Nov. 1997）［ITC 要求投诉方 Kenetech（其根据美国破产法第 11 章申请保护）提交季度报告，详细说明其在国内的产业活动。随后，Kenetech 将'039专利卖给了 Zond］。

易的一部分，Zond 将′039专利许可给 Kenetech，并且 Kenetech 继续维护和运营实施该专利技术的风力涡轮机。[9] Zond 于 1997 年被 Enron 收购，并且成为 Enron Wind Systems。[10] 最终，通用电气于 2002 年从破产的 Enron 手中收购了′039专利。[11]

为什么有如此多的大型风力发电参与者先后拥有′039专利、利用该专利进行维权以及受到′039专利的影响？答案在于该专利的说明书所描述和权利要求所主张的技术。′039专利涉及变速技术，该技术在 20 世纪 80 年代研发时，是一项重大的技术进步。通过自动调节转子速度以在不同的风速下运行，相比以前的固定速度系统，变速技术能够从风中提取更多的能量，并且能够降低来自传动系统上扭矩的压力，以延长涡轮机的寿命。

在变速系统中，由转动的叶片和交流（AC）感应发电机产生的功率波形的频率取决于风速。更强的风使得涡轮机叶片转动更快并且产生更高频率的功率波形，反之亦然。北美的电力企业以 60 赫兹（Hz）的标准恒定频率向终端用户供电。对于变速风力涡轮机来说，为了向公用电网提供电力，就必须具有一些机制来持续调整所产生的功率频率，以便与该标准相匹配。

此外，涡轮机的转换器必须与公用电源的"相位"紧密匹配。波形的相位是指正弦波达到它的正峰值和负峰值的时间点。为了实现以最大功率向公用电网输送电力，涡轮机的电压波形相位必须与电网的电流波形相位

---

[9] *See id.* at 10（在破产程序期间，被许可人 Kenetech 作为持有资产债务人，继续运营及继续监控和监管在美国的大量已安装的 KVS-33 风力涡轮机的运行和维护，或对这些风力涡轮机进行维修）。

[10] *Enron Acquires Zond, A Major Wind-Power Company*, NEW YORK TIMES, Jan. 7, 1997, *available at* http://www.nytimes.com/1997/01/07/business/enron-acquires-zond-a-major-wind-power-company.html；*see also* Enron Wind, Wikipedia, *available at* http://en.wikipedia.org/wiki/Enron_Wind（Enron 集团旗下的 Enron Wind Systems 是风力涡轮机的制造商。Enron 集团是在 1997 年 1 月收购加利福尼亚的 Zond Corporation 之后形成的，是当时美国最大的风力发电研发商）。

[11] *See* Mark C. Scarsi, Lawrence T. Kass, & Chris L. Holm, *Patents, Litigation & Licensing*: *Emerging Issues for Clean Energy Technologies*, NORTH AMERICAN CLEAN ENERGY, *available at* http://www.nacleanenergy.com/index.php?option=com_content&view=article&id=2272%3Apatents-litigation-a-licensing&Itemid=137（last visited Nov. 7, 2010）（通用电气于 2002 年从破产的 Zond Energy 手中收购了′039专利……）；*see also supra* note 4.

匹配。如果峰值和谷值均匹配，即电压和电流的波形彼此同相，那么所有由风力涡轮机的发电机输送来的功率都包含有"实际"功率或可用功率。另一方面，如果电压和电流波形彼此异相，则总功率的一部分变为不可用的"无功"功率。波形异相的程度被称为"功率因数角"。由于公用电网上的感应负载有时会拉动电流波形使电流波形与电压波形异相，因此需要风力涡轮机通过提供超前或滞后于公用电网波形的校正波形，来"预先校正"这种变形，以抵消这种影响。

'039专利部分涉及实现所需的波形预校正以使变速风力涡轮机与公用电网兼容的方法。[12] Edgar DeMeo 深度参与研发了'039专利的权利要求所主张的发明方案。从 1976 年到 1999 年，他担任电力研究所的太阳能和风能项目经理，该研究所在 20 世纪 80 年代资助和管理变速风力涡轮机的研发。根据 DeMeo 的说法，'039专利的关键创新是使用电子电路来控制涡轮机的变速操作和公用电网馈电。先前的变速涡轮机依赖于复杂的机械控制系统，由于大量的运动部件，这些系统成本高并且不可靠。电子控制是 20 世纪 80 年代末期和 90 年代初期由高功率电子元件的进步所带来的更简洁的解决方案。

'039专利的解决方案通过电流波形"预校正"和对发电机扭矩的响应控制方法来实现变速风力涡轮机与公用电网的兼容。[13] '039专利的权利要求所主张的方法之一是控制风力涡轮机的交流电功率输出，以实现与公用电网兼容的预选功率因数角。[14] 更具体地说，该方法涉及操纵涡轮机的功率转换器输出的电流波形和电压波形。[15]

该方法的第一步是通过对电网上的波形进行采样来形成参考波形。[16] 接下来，将该波形旋转预选的功率因数角，以生成模板或模型波形。[17]

---

[12] 尽管'039专利也涉及其他涡轮机技术特征，如扭矩控制。

[13] *See generally* U.S. Patent No. 5083039（filed Feb. 1，1991）.

[14] *See id.* Col. 42 l. 64 – col. 43 l. 10；*see also* Enercon GmbH v. ITC，151 F. 3d 1376，1379（Fed. Cir. 1998）.

[15] *See* U.S. Patent No. 5083039，Col. 42 l. 64 – col. 43 l. 10（filed Feb. 1，1991）；*see also Enercon* at 1379.

[16] *See id.* col. 43 l. 3；*see also Enercon* at 1379.

[17] *See id.* col. 43 l. 4 – 5；*see also Enercon* at 1379 – 80.

最后，开关逆变器控制来自功率转换器的输出波形，以尽可能地匹配模板波形。[18] 如'039专利中所述，改变功率因数角使得涡轮机能够匹配公用电网的相位并调整由发电机提供的电流的相位，以补偿公用电网中其他点处的感应负载。[19]

1. '039专利的诉讼：第一波诉讼

1995 年和 1996 年，ITC 根据 Kenetech 提交的诉状进行了侵权调查，该诉状指控 Enercon 和新世界电力公司（New World Power Corporation，简称为 NWP）侵害'039专利的权利要求 131 和美国专利第 5225712 号的权利要求 51。[20] ITC 基于两个原因认为具有审理此案的管辖权。首先，就 Enercon 的活动而言，由于 Enercon 的 E−40 型变速风力涡轮机出售给 NWP 从而进口到美国的合同的存在，ITC 有管辖权。[21] 其次，ITC 发现 Kenetech 满足了"国内产业"要求，[22] 因为 Kenetech 为它已经安装的 KVS−33 风力涡轮机提供维护服务，[23] 而该风力涡轮机实施了'039专利的

---

[18]　*See id.* at col. 43 l. 8–10；*see also Enercon* at 1380.

[19]　*See Enercon* at 1379.

[20]　*In re* Certain Variable Speed Wind Turbines and Components Thereof, USITC Pub. 3072, Inv. No. 337−TA−376, at 1−2 (Nov. 1997).

[21]　*See Enercon*, 151 F. 3d at 1380 (ITC 发现，这些活动再加上以特定的每台机器价格来提供涡轮机的初始报价，表明 Enercon 和 NWP 之间已签订出售 E−40 涡轮机的合同。由于已发现销售和进口到美国的合同，ITC 因此认为它根据 337 条款具有管辖权来确定 Enercon 的 E−40 涡轮机是否如 Kenetech 所声称的那样侵害'039专利)。

[22]　337 条款要求在美国拥有与所涉产品有关的产业。这包括经济部分（例如，在工厂/设备、劳动力雇佣/资本、研发或许可方面的经证明的投资）和技术部分（即所声称的知识产权的经证明的实践）。*See* 19 U. S. C. §1337 (a) (2) − (a) (3) (2010) [(2) 只有美国已经存在或正在建立与专利、版权、商标、掩模作品或设计所保护的物品有关的产业的情形下， (1) 段的 (B)、 (C) 和 (D) 分段才适用。 (3) 就 (2) 段而言，存在以下情形之一时，应视为与专利、版权、商标、掩模作品或设计所保护的物品有关的美国产业是存在的— (A) 在工厂和设备方面的重大投资； (B) 存在大量劳动力雇佣或重大投资；或 (C) 在实施方面（包括工程、研发或许可）进行了实质性投资]。

[23]　*See In re* Certain Variable Speed Wind Turbines and Components Thereof, USITC Pub. 3072, Inv. No. 337−TA−376, at 9 (Nov. 1997) (我们注意到，虽然 Kenetech 显然已经停止生产 KVS −33 风力涡轮机，但是它继续为已安装的 KVS−33 风力涡轮机提供维护服务。我们确定这一活动足以满足法定的国内产业要求)。

权利要求 131。[24]

结果，ITC 裁定 Enercon 侵权′039 专利从而违反了 337 条款。这一决定的关键是 ITC 对权利要求用语"将参考波形旋转选定的功率因数角以产生模拟波形"的解释。ITC 认为，该用语应根据它在专利的上下文中的普通含义而解释为参考波形的相移。[25] 有趣的是，ITC 通过证据开示的方式发现了对于′039 专利的权利要求 131 的字面侵权。因为 Enercon 未能符合关于侵权问题的证据开示请求，作为制裁，ITC 认为 Enercon 涡轮机形成了权利要求 131 所主张的"参考波形"。[26] Enercon 就 ITC 的裁决向美国联邦巡回上诉法院提出上诉。

此时，在 Kenetech 申请破产并将专利出售给 Zond 时发生了′039 专利的第二次转让，后者将该专利又许可给 Kenetech，以便 Kenetech 继续它的至少一些在该专利范围内的美国业务。[27] Zond 接着干预在联邦巡回上诉法院的上诉案，但 Enercon 反对，认为 Zond 缺乏资格，因为 Zond 没有与′039 专利有关的国内产业。[28] 联邦巡回上诉法院要求 ITC 重新审理此案以确定 Zond 是否应该取代 Kenetech 以及是否 Zond 的活动符合国内产业要求。[29] ITC 确定，Zond 应该被允许作为共同原告参与诉讼，而不是用 Zond 取代 Kenetech。[30] 关于国内产业，ITC 认为，由于 Kenetech 在 Zond 的许可之下继续进行运营活动（如 KVS-33 涡轮机及其部件的维护和组装），Zond 满

---

　[24]　*See id.* at 8-9（ALJ 发现，鉴于各方认为 KVS-33 风力涡轮机（无可争议地在美国运营）实施了′039 专利的权利要求 131 所主张的发明方案，国内产业要求的技术部分得到满足）。

　[25]　*See Enercon*，151 F. 3d at 1384（ITC 得出结论，在′039 专利的上下文中，"旋转"一词的普通含义只是参考波形的相移）。

　[26]　*Id.* at 1385（因为 Enercon 未能符合关于这个问题的证据开示请求，ITC 认定 Enercon 设备形成了如权利要求 131 所要求的"参考波形"）。

　[27]　*See In re* Certain Variable Speed Wind Turbines and Components Thereof，USITC Pub. 3072，Inv. No. 337-TA-376，at 2（Nov. 1997）[ITC 要求投诉人 Kenetech（已根据美国破产法第 11 章申请保护）提交详细说明其国内产业活动的季度报告。随后，Kenetech 将′039 专利卖给了 Zond。Zond 将′039 专利许可给 Kenetech 和 Trace Technologies，Inc.（简称 Trace）]。

　[28]　*Id.*

　[29]　*Id.*

　[30]　*Id.* at 3.

足国内产业要求。[31] 在上诉时，美国联邦巡回上诉法院确认了管辖权、权利要求解释和侵权成立。[32] 因此，Kenetech 和 Zond 赢得了 ITC 案件，并且′039专利成为阻止 Enercon 将变速风力涡轮机进口到美国的障碍。

就在联邦巡回上诉法院判决确定其胜诉几天后，Zond 向美国专利商标局请求对′039专利进行再审查。[33] 美国专利商标局维持了′039专利的所有138 项权利要求的专利有效性，并于 1999 年 11 月 16 日签发了再审查证书。[34] 再审查使得专利权人有机会获得由美国专利商标局根据在最初审查相应申请时未能提交的现有技术对已授权专利进行再次审查。专利权人将新发现的现有技术提交给美国专利商标局并提交再审查请求以争取获得再审查证书。而再审查证书为专利权人提供了保证，确保鉴于新发现的现有技术，其专利仍然有效。Zond 之所以请求对′039专利进行再审查，或许是因为在 ITC 诉讼的过程中发现了一些现有技术，而 Zond 作为新的专利权人，显然是希望能够继续保证该专利的有效性。

几年后，在 2002 年发生了最后一次转让，GE 从破产的 Zond／Enron 收购了′039专利，成为′039专利的最终所有人。[35] 作为专利所有人，GE 作出了与 Enercon 签署交叉许可的战略决策，以便 GE 可以实施由德国涡轮机制造商拥有的某些发明，作为交换，Enercon 可以在美国销售其变速风力涡轮机。[36] 由此开始了相对平静的时期，其间′039专利既没有被转让也没有发生诉讼。

---

[31] *See id.* at 12（Kenetech 的经 Zond 许可的上述活动……，与 KVS-33 风力涡轮机的组装有关，以及与已安装的 KVS-33 风力涡轮机的维护有关，表明了在本案中继续存在国内产业）。

[32] *See Enercon* at 1385-86.

[33] Reexamination Request No. 90/005079（Aug. 21, 1998）.

[34] Reexamination Certificate for U. S. Patent No. 5083039（Nov. 16, 1999）（其维持了权利要求 1～138 的专利有效性）。

[35] *See* Mark C. Scarsi, Lawrence T. Kass, & Chris L. Holm, *Patents, Litigation & Licensing: Emerging Issues for Clean Energy Technologies*, NORTH AMERICAN CLEAN ENERGY, *available at* http://www.nacleanenergy.com/index.php?option=com_content&view=article&id-2272%3Apatents-litigation-a-licensing&Itemid=137（last visited Nov. 7, 2010）（GE 于 2002 年从破产的 Zond Energy 手中收购了′039专利……）。

[36] *See id.*（GE 收购′039专利后，Enercon 和 GE 签订了交叉许可协议，并且 Enercon 现在能够将先前被排除在美国市场之外的风力涡轮机及部件进口到美国）。

2. '039专利的诉讼：第二波诉讼

平静时期在 2008 年初突然结束。此时，GE 在已安装的美国风电容量中已成为领先者，[37] 并且作为市场领先者有很多技术需要保护。当年 2 月，GE 在 ITC 提起诉讼，指控日本涡轮机制造商三菱重工（Mitsubishi Heavy Industries）由于在美国进口和销售 2.4MW 变速风力涡轮机及部件而侵犯 '039 专利、第 6921985 号（'985 专利）和美国专利第7321221 号（'221 专利）。[38] '985 专利的名称为"用于风力涡轮发电机的低压穿越"，涉及一种风力涡轮机，其具有与叶片间距控制系统相连接的涡轮机控制器。[39] '221 专利的名称为"风力发电厂的运行方法及操作方法"，涉及在电压下降后用于稳定风力涡轮机供电电压的改进方法。[40] '985 专利于 2003 年申请，'221 专利要求原始申请日为 2002 年的德国专利申请的优先权。[41]

ITC 于 2008 年 3 月开始调查，并且行政主审法官（ALJ）认为三菱的活动构成了对 '039 专利的侵犯。[42] 此次争议的是权利要求 121，与 Kenetech-Zond-Enercon 案例中所争议的权利要求 131 所述的方法不同，权利要求 121 描述了一种变速风力涡轮机，其具有一个功率转换器和逆变器控制器装置，以所需的角度供电。[43] 但是，ITC 调查律师不同意 ALJ 的裁决。在 ALJ 裁决之后不久，调查律师向 ITC 专员提交了一份请愿书，质疑具体

[37] *See* American Wind Energy Association Annual Wind Industry Report, Year Ending 2008 at 10, *available at* http://www.docstoc.com/docs/8514835/AWEA-Annual-Wind-Industry-Report-2009（GE能源继续占据市场主导地位，2008 年新装机容量中占 43%，2008 年安装的 5000 多台涡轮机中占48% 以上）。

[38] *See* Compl., *In re* Certain Variable Speed Wind Turbines and Components Thereof, Inv. No. 337-TA-641（Feb. 7, 2008）.

[39] 美国专利第 6921985 号（申请日为 2003 年 1 月 24 日）。

[40] 美国专利第 7321221 号（申请日为 2003 年 7 月 17 日）。

[41] *See* U. S. Patent No. 6921985, at [22]（Filed: Jan. 24, 2003）；*See* U. S. Patent No. 7321221, at [30]（Foreign Application Priority Data: July 17, 2002（DE））.

[42] *See* Notice at 8, *In re* Certain Variable Speed Wind Turbines and Components Thereof, Inv. No. 337-TA-641,（U. S. I. T. C. Aug. 7, 2009）（关于 '039 专利已违反 337 条款）。

[43] *See* U. S. Patent No. 5083039, col. 41 l. 35-48（filed Feb. 1, 1991）.

的侵权调查结果，并提出关注 GE 是否符合国内产业要求。[44]

这些相互矛盾的报告引发了 GE 和 ITC 专员的行动。2009 年 9 月，GE 在得克萨斯州南区的联邦法院开启了针对三菱的新的专利侵权诉讼。[45] GE 的诉状主张了与在 ITC 诉讼中相同的专利，包括'039 专利，并引用了在得克萨斯州肯尼迪县的 Penascal 和 Gulf Wind 风电场销售和安装三菱涡轮机作为侵权行为。[46] 再说 ITC，2009 年秋天，ITC 决定正式审查 ALJ 的调查结果，并延长完成调查的目标日期以提供更多时间来考虑该案。[47] 在 2010 年 1 月发布的通知中，ITC 推翻了 ALJ 的决定，发现三菱没有侵权 GE 所主张的'039专利或另外两件专利的任何权利要求。[48] 该裁决为三菱扫清了障碍，使三菱可以将其涡轮机进口到美国，并继续实施在阿肯色州的史密斯堡（Fort Smith）的 1 亿美元工厂的计划，组装其 2.4 兆瓦的风力涡轮机。[49]

GE 与三菱的 ITC 诉讼案也引起了政治上的关注。至少有 17 名美国国会议员和 1 名州长以向 ITC 委员致信的形式干预此案。[50] 案件早期，有 3 名阿肯色州政界人士写信支持三菱。当时 2 位该州的参议员 Blanche

---

[44] *See* Jessica Dye, *ITC Extends Mitsubishi Wind Turbine Investigation*, LAW360, Nov. 20, 2009, http://www.law360.com/articles/135447（来自 ITC 的不公平进口调查办公室的一名调查律师不同意 ALJ 的调查结果，质疑关于专利特定的权利要求的具体侵权调查结果，以及提出关注 GE 是否符合国内产业要求的技术部分……）。

[45] *See* Compl., *General Electric Co. v. Mitsubishi Heavy Industries, Ltd.*, Case No. 09-cv-00229 (Sept. 3, 2009).

[46] *See id.* at 1 and 6.

[47] *See* Jessica Dye, *ITC Extends Mitsubishi Wind Turbine Investigation*, LAW360, Nov. 20, 2009, http://www.law360.com/articles/135447（美国国际贸易委员会已同意延长其完成调查的目标日期，以调查三菱重工有限公司进口的变速风力涡轮机部件是否侵犯了通用电气公司的两件专利）。

[48] *See* Termination of Investigation with Final Determination of No Violation at 2, *In re* Certain Variable Speed Wind Turbines and Components Thereof, Inv. No. 337-IA-641 (Jan. 8, 2010)（委员会已决定终止调查，最终确定没有侵权行为）。

[49] *See Fort Smith, Ark., Wind-Turbine Plant Can Proceed*, ASSOCIATED PRESS, Jan. 9, 2010（美国国际贸易委员会在针对三菱动力系统股份有限公司的专利侵权诉讼案中提出的一项裁决，已经为这家日本人所有的公司将在史密斯堡建造一座风能涡轮机工厂扫清了障碍）。

[50] *See* Jessica Dye, *ITC Wind Turbine Ruling Makes Green Policy Waves*, LAW360, Feb. 5, 2010, http://www.law360.com/articles/147744 (Feb. 5, 2010)（至少 17 名国会议员以及阿肯色州州长 Mike Beebe 干预了此案……）。

Lincoln 和 Mark Pryor 告诉 ITC 委员们，"在风能领域推广多种技术"对于实现联邦风能目标至关重要。[51] 阿肯色州州长 Mike Beebe 基于计划中的史密斯堡风力发电厂将给他所在州带来的就业职位而为三菱请愿。[52] Beebe 警告说，"在该案中，对专利的不可否认的宽泛解读，将对我所在州和对国家的就业和风能发展产生重大不利影响。"[53] 在 ITC 委员们宣布他们将审查 ALJ 支持 GE 的裁决之后，有更多的政客们表达了他们对该公司的支持。GE 设有可再生能源设施或办公室的两个州的参议员，佛罗里达州的参议员 Bill Nelson 和纽约州的参议员 Kirsten Gillibrand，敦促 ITC 委员们进行公平审查并牢记强有力的知识产权保护对可再生能源产业的重要性。[54]

　　这种政治利益是风能技术成熟的另一个反映。遇到重大利益时，大公司招募政客来为他们发声。就 GE 和三菱的案子来说，直接利益是三菱计划的在阿肯色州的 1 亿美元工厂。更广义地说，三菱能否进入美国市场取决于 ITC 的结果。阿肯色州工厂的先决条件是，风力涡轮机技术可以实现有效的制造并投入生产线，以生产大型电站电力。因此，三菱的 2.4 兆瓦涡轮机必然已经成功地扩大至可以组装、运输和安装。如果技术尚未达到成熟水平，那么它不会对通用电气造成直接威胁，并且 GE 可能就不会花费数百万美元来起诉三菱侵害'039 专利和其他专利，或者不会利用其当选官员为其争辩。

　　GE 和三菱之间的风能专利战在 2010 年继续并扩大。GE 在得克萨斯州北部地区起诉三菱公司侵权 2 项与风力涡轮基架和零电压穿越

---

[51]　*Id.*

[52]　*See id.*（Beebe 的言论更明确，他指出，三菱已宣布计划在阿肯色州史密斯堡建造一座新的风力涡轮机设施）。

[53]　*Id.*

[54]　*Id.*

(ZVRT) 技术相关的专利，从而开辟了另一条战线。[55] 三菱在佛罗里达州奥兰多市的联邦法院提起了专利侵权反诉。[56] 在该诉讼中，三菱指控 GE 侵犯第 7452185 号，该专利名称为 "叶片倾角控制装置和风力发电机"，涉及一种用于控制风力涡轮机的叶片倾角的装置。[57]

最近，在阿肯色州西区法院提起的反垄断诉讼中，三菱指控 GE 实施反竞争计划来垄断美国变速风力涡轮机市场。[58] 三菱声称，GE 通过针对三菱的毫无根据的专利侵权诉讼和关于涉嫌侵犯 GE 专利的公开声明，试图将三菱和其他风力涡轮机供应商驱逐出美国市场。[59] 诉状指出，通过诉讼和声明，GE 打算恐吓三菱的客户并阻止他们购买三菱的风力涡轮机。[60] 三菱声称 GE 的指控计划已经得逞，三菱变速风力涡轮机在美国的销售额，从 GE 针对三菱的首次专利侵权诉讼之前的每年约 20 亿美元下降至零涡轮机订单。[61]

最后，三菱对'039专利进行了猛烈抨击，声称该专利和其他 GE 专利被欺诈性地收购和用于维权，因为 GE 知道，基于 GE 自己在 20 世纪 80 年

---

[55] *See* Compl., *General Electric Co. v. Mitsubishi Heavy Industries, Ltd.*, Case No. 10-cv-276-F (Feb. 11, 2010); *see also* Allison Grande, *GE Fires New Salvo in Turbine IP War with Mitsubishi*, LAW360, Feb. 11, 2010, http://www.law360.com/articles/149235 (仅在美国国际贸易委员会确定三菱这家总部位于东京的制造商没有侵犯三项相关的 GE 专利之后 1 个多月，通用电气公司起诉三菱重工有限公司侵犯其另外两项风力涡轮机技术专利)。

[56] *See* Compl., *Mitsubishi Heavy Industries, Ltd. v. General Electric Co.*, Case No. 10-cv-812 (M. D. Fla. May 20, 2010).

[57] *Id.*; *see also* U. S. Patent No. 7452185, col. 1 l. 18-20 (filed Sept. 9, 2004) (本发明涉及一种风力发电机，尤其涉及一种用于控制风车的叶片倾角的叶片倾角控制装置)。

[58] *See* Compl. at 1, *Mitsubishi Heavy Industries, Ltd. v. General Electric Co.*, Case No. 10-cv-5087 (W. D. Ark. May 20, 2010) (此案涉及 GE 垄断美国变速风力涡轮机销售的计划); *see also* Press Release, Mitsubishi, GE Faces Antitrust Lawsuit over Unlawful Efforts to Monopolize US Variable Speed Wind Turbine Market (May 20, 2010), http://www.mpshq.com/company/pdf/GElitigation.pdf.

[59] *See id.* at 2 (作为其非法计划的一部分，GE 毫无根据地指控三菱侵犯专利权。); *see also id.* at 5 (在诉讼中附带的新闻声明中，GE 宣布 "在多个地区存在三菱的 2.4 兆瓦风力涡轮机侵犯 GE 的现有专利的情况")。

[60] *See id.* at 2 (GE 知道，仅仅通过针对三菱提起专利诉讼，就会威胁潜在的风力涡轮机购买者，并且在诉讼结束之前阻止他们购买三菱的风力涡轮机); *see also id.* at 5 (该声明旨在引导潜在客户相信，每次三菱在法庭上挫败 GE 的侵权指控，GE 就会提起更多的专利诉讼)。

[61] *Id.* at 3.

代变速风机技术方面的在先工作，'039专利是无效的。[62] 关于专利无效，DeMeo说，他和业内其他熟悉电子变速技术发展的人都对'039专利获得授权感到惊讶，因为他们认为在20世纪80年代的研发中该技术逐渐被弃用，特别是被称为"ModZero"的涡轮机装置具有变速电子电路。

但是，即使存在上述这些问题，也不会就这些问题立即进行审理，因为反垄断案一直被中止，等待相关专利侵权诉讼的结果。[63] 法院认定有理由中止该案，法院推断，如果GE在任何一项相关专利侵权诉讼中取得胜诉，则该胜诉将使反垄断案毫无意义并证明三菱的反垄断诉讼缺乏价值。[64] 无论如何，到2010年，最重要的风能专利诉讼已完全回溯到一些对启动现代风能产业有帮助的早期研发内容。

二、绿色专利诉讼成为法院的亮点

另一个重要的清洁技术领域是节能照明技术，如发光二极管（LED）。LED现在无处不在。虽然它们最近才被商业化作为白炽灯泡的替代品，[65] 但已经并将继续用于广泛的各种应用，如仪表板、交通信号灯和手机，以及各种消费类电子产品的背光。[66] 这些节能照明技术的广泛商业化和广阔市场使得LED技术在专利维权方面进入成熟期。

美国专利第4904618号（'618专利）和美国专利第5252499号（'499

[62]　*Id.* at 9–10.

[63]　*See* Opinion and Order, at 1, *Mitsubishi Heavy Industries*, *Ltd. v. General Electric Co.*, Case No. 10-cv-5087（W. D. Ark. May 20, 2010）（请求中止的替代动议将被批准）。

[64]　*See id.* at 11（首先，如果通用电气在任何侵权诉讼中胜诉，那么三菱在这一诉讼中的主张将没有实际意义，因为通用电气将有权将三菱排除在市场之外……其次，通用电气公司在其中任何一个侵权诉讼中的最终胜利将确定该诉讼不是虚假诉讼，因为"胜诉的诉讼从定义上是合理的要求救济的努力，因此不是虚假的"）。

[65]　*See GE Fast Forwards to Future of LED Lighting*, SOLID STATE LIGHTING DESIGN, Apr. 8, 2010, http://www.solidstatelightingdesign.com/documents/articles/dldoc/119155.html（第一个可见光发光二极管的发明人今年再次创造历史，因为其开始向客户展示今年晚些时候或2011年初可用的替代GE的Energy Smart品牌的40瓦LED灯泡）。

[66]　*See*, e. g., Press Release, SBI Energy, Market for Light-Emitting Diodes Illuminates New Options in Lighting Industry（Dec. 16, 2008）, http://www.sbireports.com/about/release.asp? id = 1263（LED和OLED正在各种产品和应用中得到应用，包括汽车、户外标志、交通信号灯、电视、移动电话、计算机和重点照明）。

专利）涉及开创性的 LED 生产技术。LED 创新者，哥伦比亚大学退休教授 Rothschild，是这些专利的唯一发明人和所有者，这些专利涉及能够发射更短波长（即绿色或蓝色）光的发光二极管的制造方法。1988 年申请并于 20 世纪 90 年代早期授权的′618 专利和′499 专利具体涉及掺杂半导体的方法，[67] 这意味着添加杂质以增加自由载流子的数量。

Rothschild 的专利工艺使得生产短波长 LED（如蓝光和紫光设备）能够实现商业化，因而对 LED 市场产生了重大影响。[68] 近年来，她针对许多电子巨头主张自己的专利权，并通过许可专利技术而获得了数百万美元的收入。[69] 罗斯柴尔德的诉讼提出了清洁技术非实施专利权人所带来的最为棘手的问题，即真正的清洁技术创新者的权利与广泛商业化的绿色产品的效益之间的平衡。该 LED 诉讼人和她的专利维权活动将在第六章中详细讨论，其中涵盖了清洁技术非实施专利权人。

1. 日亚公司和首尔的 LED "世界大战"

专利实施专利权人（practicing patentee）之间最大的 LED 专利战可能是日本 LED 制造商日亚公司（Nichia Corporation）与其韩国竞争对手首尔半导体（Seoul Semiconductor，下文称简韩国公司）之间的一系列诉讼。这两个激烈的竞争对手之间遍布全球的诉讼先后在德国、日本、韩国和多个美国司法管辖区（包括得克萨斯州、加利福尼亚州、密歇根州和 ITC）进行。诉讼涉及发明专利和外观设计专利，并且诉讼的主张超出了专利侵权

---

[67] *See*，*e. g.*，U. S. Patent No. 4904618，at［57］（Aug. 22，1988）（使用非平衡杂质掺入来掺杂宽带隙半导体的难以掺杂的晶体）。

[68] *See* Peter Clarke，*Mitsubishi Deal Brings Professor's LED Patent Haul to ＄27 Million*，EE TIMES，Nov. 6，2009，http://www. eetimes. com/showArticle. jhtml? articleID = 221600592（Nov. 6，2009）［已证明 Rothschild 的研究是开发短波长发射（蓝色和紫色）二极管的关键，现在这些二极管已广泛用于消费电子产品］。

[69] *See id.*［三菱是最新一家与 Rothschild 达成全球和解协议的公司。其他已达成协议的公司包括 BenQ，Dalien Lumei，晶元公司，广州鸿利，日立，Hugo Optotech，LG，摩托罗拉，Pioneer Corp.，三星电子，三洋电机，Sewa Electric，夏普公司，深圳洲磊，昭和电工，索尼公司和索尼爱立信。更早期是与 Nichia Chemical 和 Koninklijke Philips Electronics（其包括飞利浦亮锐照明公司和丰田合成有限公司……）达成协议，从她达成的协议和许可（现已与 40 多家公司签约）中获得的收入总额超过 2700 万美元］。

范围，包括关于虚假广告和违反反垄断法的指控。作为某种类型 LED 销售市场的领导者，[70] 日亚公司有很多方面需要通过起诉首尔公司侵犯其专利权来进行保护。

　　2006 年 1 月，日亚公司在旧金山联邦法院起诉首尔公司和 Creative Technology 侵犯 4 项 LED 外观设计专利。[71] 其所主张的专利涉及 LED 器件的特定配置，并主张 "发光二极管的装饰性外观设计" 的权利。[72] 被控设备是首尔公司的 902 系列 LED，[73] 其用于各种消费电子设备的液晶显示器（LCD）背光。[74] 2008 年，被告在关于引诱侵权问题的简易判决中获胜，只剩下日亚公司基于被告在美国仅有的两次被控产品销售的直接侵权主张仍在审理中。[75] 直接侵权问题由陪审团审判，陪审团认为首尔公司的 LED 设备侵权日亚公司的所有 4 项外观设计专利并且侵权行为是恶意的。[76] 这种结果引发了一些奇特的曲折，并揭示了关于该案的令人惊讶

---

　　[70]　See Press Release, IMS Research, IMS Research Launches New Quarterly Report on LED Supply, Demand, Market Size and MOCVD Market – Nichia Dominates ＄5.2B HB LED Market（Jan. 27, 2010）, http://imsresearch.com/news – events/press – template.php? pr_id = 1256&cat_id = 167&from = ［由于日亚公司在白色 LED 市场方面的技术和知识产权领导力，日亚公司占据了优势，具有 42% 的市场份额和超过 20 亿美元的标准（分级）芯片年收入］.

　　[71]　See Compl., Nichia Corp. v. Seoul Semiconductor Ltd., Case No. 06 – cv – 162（N. D. Cal. Jan. 10, 2006）（声称侵犯了美国外观设计专利 D491538、D490784、D503388 和 D499385 的专利权）.

　　[72]　See id. at 11–18.

　　[73]　See id. at 25–26, 30–31, 35–36, and 40–41.

　　[74]　See Jury Affirms Infringement of Nichia Patents, But Seoul Counter – Sues, SEMICONDUCTOR TODAY, Nov. 14, 2007, http://www.semiconductor – today.com/news_items/NEWS_2007/NOV_07/ NICHIA_141107.htm ［首尔公司的 902 系列 LED 主要用于消费产品（如手机）中的液晶显示（LCD）背光单元］.

　　[75]　See Order Denying Plaintiff's Motion for Finding of Exceptional Case and Award of Attorney's Fees; Vacating Hearing at 2, Nichia Corp. v. Seoul Semiconductor Co., Case No. 06 – cv – 162（N. D. Cal. May 14, 2008）（在证据开示结束后，法院对当事人关于简易判决的各种动议进行裁决，并且在该裁决中，认定原告缺乏证据来证明其诱导侵权主张，从而将原告的可能的追偿限制在原告主张直接侵权的赔偿范围内；该主张基于被告 2005 年在美国两次销售被控产品，导致实际损失 62 美元）.

　　[76]　See Jury Affirms Infringement of Nichia Patents, But Seoul Counter – Sues, SEMICONDUCTOR TODAY, Nov. 14, 2007, http://www.semiconductor – today.com/news_items/NEWS_2007/NOV_07/ NICHIA_141107.htm ［陪审团的裁决一致认定，韩国 LED 制造商首尔半导体有限公司及其美国子公司首尔半导体股份有限公司的 902 系列侧视 LED 侵犯了日亚公司（位于日本德岛县阿南镇）拥有的美国外观设计专利 D491538, D490784, D499385 和 D503388 号的专利权，而且首尔的侵权是恶意的］.

的事实。

在陪审团裁决之后的几天里，首尔公司推出了一系列夸大其词的新闻稿。其中一篇标题为"首尔半导体有限公司在美国外观设计专利诉讼案中基本占上风"，并声称"首尔半导体有限公司证实，经过近 2 年的诉讼，其侧发光 LED 902 实际上没有侵权，并且首尔在该诉讼中已经基本上占据了上风"。[77] 2008 年 12 月，作为回应，日亚公司对首尔公司与新闻稿发布有关的虚假广告和不正当竞争行为提起了诉讼。[78] 在洛杉矶提交的诉状要求法院制止该新闻稿的传播，以及制止任何其他关于侵权诉讼或侵权设备的虚假的或误导性的陈述。[79] 日亚公司还请求法院命令首尔公司发布纠正性的新闻稿，承认先前的陈述是错误的并且其产品是侵权的。[80]

与此同时，在外观设计专利侵权诉讼中，庭审后的动议和判决加剧了这两个 LED 竞争对手之间一直以来的敌意。2008 年 2 月，法院驳回了日亚公司的永久禁令动议，拒绝命令首尔公司停止生产和销售侵权的 LED 产品。[81] 法院对永久性禁令进行了四因素检验（即专利权人遭受的损害是不可挽回的，货币赔偿是否足以弥补损害，禁令的两相平衡，以及禁令是否会损害公众利益），但是法院发现第一个因素被有效否定，因为缺乏损害而无需考虑其他因素，导致不能批准禁令。[82]

法院驳回了日亚公司提出的这些观点，即日亚公司的声誉和品牌受到无可挽回的损害，并且日亚公司由于侵权活动而失去了市场份额，法院指

---

[77] *Seoul Semiconductor Has Substantially Prevailed at U. S. Design Case*, Seoul Semiconductor Market Wire, Nov. 2007, *available at* http://findarticles. com/p/arti－dles/mi＿pwwi/is＿200711/ai＿n21098464/.

[78] See Compl., *Nichia America Corp. v. Seoul Semiconductor Co.*, Case No. 07－cv－8354 (C. D. Cal. Dec. 27, 2007).

[79] *See id.* at 9.

[80] *Id.*

[81] *See* Order Denying Plaintiff's Motion for Permanent Injunction; Directions to Clerk, *Nichia Corp. v. Seoul Semiconductor*, *Ltd.*, 2008 U. S. Dist. LEXIS 12183 (N. D. Cal. Feb. 7, 2008).

[82] *See id.* at ＊8－9 (原告未能证明其遭受了任何不可挽回的损害，或者证明如果不判予禁令其可能会遭受无法弥补的损害……由于不能证明其遭受了不可挽回的损害，原告必然不能满足第二个因素……鉴于以上认定，法院进一步认定不会因判予禁令而获得公共利益)。

出首尔公司仅在美国进行了两次侵权销售，并且这些销售是 2005 年进行的。[83] 法院认定，禁令的目的"用以防止未来的侵权行为"在这里不适用，因为证据显示首尔没有这些侵权 LED 产品的美国客户并且已经停止生产这些产品，这些产品在那时基本上已经过时了。[84] 因此，日亚公司赢得了 250 美元赔偿金的惨淡胜利，而双方在这个案件中均花费了数百万美元的诉讼费。[85] 日亚公司获得的赔偿没有更低的唯一原因是，美国专利法指明外观设计专利侵权的最低赔偿额是 250 美元；[86] 而日亚公司的实际损失为被控产品仅有的两次销售的区区 62 美元。[87]

法院还否决日亚公司提出的约 250 万美元律师费的动议。[88] 尽管陪审团裁决首尔公司故意侵犯涉案专利，但法院否决了律师费动议，因为日亚公司的最终救济主张是基于如此小额的在美国的货币损失。[89] 法院指出，日亚公司在其主张的引诱侵权的速决简易判决中被驳回（如果成功，则可能导致超过 400 万美元的损害赔偿）之后继续该诉讼。[90] 法院的判决将

---

[83] *See id.* at ＊5（据原告称，这种不可挽回的损害在于品牌认知受损，其商誉受损，价格受损和市场份额受损。然而，无可争议的是，被告只进行了两次在美国侵权销售，这两次销售都发生在 2005 年 4 月）。

[84] *See id.* at ＊7-8（被告提供证据解释他们在美国没有任何客户……原告未能提供任何证据证明被告当时或在 2005 年 4 月之后的任何时候，在美国进行了被控产品的任何销售。此外，在审前程序中，被告声称被控产品所体现的技术"差不多已经过时"）。

[85] *See* Order Denying Plaintiff's Motion for Finding of Exceptional Case and Award of Attorney's Fees; Vacating Hearing at 1, *Nichia Corp. v. Seoul Semiconductor Co.*, Case No. 06-cv-162（N. D. Cal. May 14, 2008）（经过 3 个星期的审判后，原告获得被告赔偿 250 美元的判决）；*see id.* at 3（被告获得驳回原告唯一的实质性诉讼主张……的结果所花费的费用和成本共计约为 200 万美元）。

[86] *See* 35 U. S. C. § 289（2010）（为外观设计专利侵权提供补救措施应该"不低于 250 美元"）。

[87] *See id.* at 2（该"直接侵权"指控是基于被告 2005 年在美国的两次销售被控产品，导致实际损失 62 美元）。

[88] *See id.* at 4（否决日亚公司的关于认定为特殊案件和赔偿律师费用的动议）。

[89] *See id.* at 3-4（在某种程度上，原告在寻求陪审团对 250 美元赔偿的裁决时，可能一直在试图获得对被告的在亚洲的一些未说明的辅助优势，原告未能解释其为何使用美国联邦法院系统来审理与美国没有任何实质关联的案件的目的是合理的，法院也就更没有理由判决原告这种努力的费用应由被告承担）。

[90] *See id.* at 2（在诉讼行动开始时，原告主张诱导侵权的指控，据原告称，该指控可能导致超过 400 万美元的赔偿金。证据开示结束后，法院在简易判决中对当事人各自的动议作出裁决，并且在裁决中，法院确定原告缺乏证据证明其诱导侵权主张，从而限制了原告将诱导侵权赔偿加入原告的直接侵权赔偿中的可能性；该直接侵权主张是基于被告 2005 年在美国进行了两次被控产品销售，导致实际损失 62 美元）。

日亚公司基于仅仅在美国的两次销售来主张其他的直接侵权指控的企图，描述为使用"大锤子来杀死一只蚊子"，并指出首尔公司花费了大约 200 万美元的诉讼费来应对案件的这一部分侵权主张。[91] 法院还注意到当事人在韩国和日本进行的其他纠纷，并提出日亚公司在诉讼中的坚持可能是企图获得"对被告在亚洲的一些未声明的辅助优势"。[92]

2008 年 8 月，日亚公司在密歇根东区法院提起诉讼，开辟了公司专利战的新战线。[93] 该诉讼指控首尔公司的 Acriche 品牌光源包含了侵权日亚公司的美国专利第 6870191 号（'191专利）的 LED。[94] 首尔公司宣称 Acriche 产品系列是第一款不需要 AC/DC 转换器的 LED 产品，因此可以直接插入普通的交流电电源插座。[95] '191专利于 2002 年申请，2005 年获得授权，其涉及一种 LED，其中基板或背衬材料的表面被粗糙化，具有凹陷或凸起。[96] 粗糙表面用于散射或衍射 LED 的半导体层中所产生的光以及增加 LED 的功率输出。[97] 这种专利结构减轻了来自 LED 发光区域的光以过大角度进入 LED 导电材料内表面或进入基板外表面因而无法有效传播和有效发送时所产生的问题。[98]

在纷至沓来的关于专利侵权和虚假广告的诉状、法院判决、陪审团裁决以及指控的期间，首尔公司基于反垄断提起反诉，其诉讼请求试图将纠

---

[91] *Id.* at 3.

[92] *Id.*

[93] *See* Compl., *Nichia Corp. v. Seoul Semiconductor Company*, Case No. 08－cv－13553（E. D. Mich. Aug. 18, 2008）.

[94] *Id.* at 11, 12, 16-18.

[95] *See*, e. g., *Semiconductor Light Source for AC Power Outlets*, *Acriche Delivers Higher Brightness by 50%*, *More Competitive Pricing at 40% Lower*, MARKET WIRE, Sept. 2007, *available at* http://find-articles.com/p/articles/mi_pwwi/is_200709/ai_n19509988/［全球第八大 LED 制造商首尔半导体公司（KOSDAQ: 046890）今天宣布全球发布 Acriche 升级版，Acriche 是全球首个用于美国、欧洲和亚洲的交流电源插座的半导体照明光源］。

[96] *See* U. S. Patent No. 6870191, col. 2 l. 49-52（filed July 24, 2002）（本发明的一个特征在于，在基板表面上形成有凹陷和/或凸起，这些形状用以防止在衬底上的半导体层中产生缺陷）。

[97] *See id.* col. 2 l. 39-43（该 LED 的特征在于，在基板的表面上形成有至少一个凹陷和/或凸起，使得在发光区域产生的光被散射或衍射）；*see also id.* col. 2 l. 52-58［这些凹陷和/或凸起不是形成在半导体层和电极之间的界面处，而是形成在半导体层和基板之间的界面处。这改善了发光区域（有源层）的结晶度并增加了该设备的输出功率］。

[98] *See*, e. g., *id.* col. 11. 31-65.

纷的各个方面联系起来。2008 年 10 月，首尔公司在旧金山联邦法院起诉日亚公司，除了其他事项之外，首尔公司指控其竞争对手通过昂贵的毫无根据的诉讼来将首尔公司排挤出 LED 市场，从而实现垄断或试图进行垄断。[99] 诉状指出，在加利福尼亚州、亚洲和欧洲针对首尔发起的超过 6 起诉讼是日亚公司针对其竞争对手反复提起和进行无聊诉讼的综合战略的一部分。[100] 具体而言，首尔公司声称这些诉讼是为了打击其他 LED 制造商的竞争，并保持日亚公司在白色侧视 LED 市场的垄断地位，这些 LED 主要用于背光 LCD 显示器。[101]

毫不奇怪，首尔公司关于垄断指控核心是日亚公司发起的最终判决仅获 250 美元赔偿的外观设计专利侵权诉讼。根据诉状，日亚公司的律师故意从首尔公司虚假购买 LED 产品，只是为了制造一个美国销售证据并使诉讼管辖权成立。[102] 该诉状指出：

> 日亚公司之后投资超过 1000 万美元来进行其毫无根据的诉讼案，该诉讼的实际损失仅为 62 美元，其目的不是为了收取 62 美元，而是为了部署重型诉讼机器来粉碎其较小的竞争对手，从而在日亚公司长期占据主导地位的快速增长的 LED 国际市场中挡住其他竞争者。[103]

对此，首尔公司声称日亚公司所寻求的辅助好处是"恐吓客户不敢购买（首尔公司）的优质产品，阻止（首尔公司）和其他厂商与日亚公司竞

---

[99]　See Compl., *Seoul Semiconductor Co. v. Nichia Corp.*, Case No. 08-cV-4932（N. D. Cal. Oct. 28, 2008）.

[100]　See id. at 12（日亚公司为促进其计划而采用的主要策略是反复使用针对首尔的毫无根据的诉讼——毫无原因而且不论其收益——以吓唬顾客不敢购买首尔公司的优异产品并阻止首尔公司和其他厂商与日亚公司争利）.

[101]　See id. at 10-11［白色侧视 LED 主要用于背光 LCD（笔记本电脑和各种便携式电子设备中的液晶显示屏）……2007 年，日亚公司占据全世界销售的所有白色侧视 LED 的 50% 至 60%，从而赋予日亚公司在相关市场的显著市场地位。日亚公司将其市场地位与其庞大的专利库结合，非法调配专利以通过提高竞争对手的成本来排除竞争，如下所述］.

[102]　See id. at 13（由于侵犯美国专利权案件的诉讼管辖权要求具有在美国的销售，日亚公司与其律师合作而人为地购买一些首尔产品样品，以便构成侵权的虚假表象）.

[103]　*Id.* at 2.

争利益"。[104] 为了抵抗该专利侵权诉讼, 首尔公司不得不花费约 800 万美元。[105]

最后, 在 2009 年 2 月, 日亚公司和首尔公司宣布他们已经解决了几乎所有的诉讼, 并签订了涵盖他们的 LED 和激光二极管技术的交叉许可协议。[106] 尽管关于 LED 专利的这波诉讼已经结束, 但是日亚公司继续积极依据其 LED 专利进行维权。2009 年年底, 日亚公司指控中国太阳能产品公司①珈伟北美公司 (Jiawei North America) 侵犯 4 项与 LED 技术有关的专利。[107] 所指控的专利中有 3 件来自 1997 年申请的同一专利族, 描述了一种发光二极管, 其通过在覆盖发光部件的涂层树脂中加入特定类型的荧光粉, 最大限度地减少发光强度的退化。[108] 该案于 2010 年春季达成和解,

---

[104] *Id.* at 12.

[105] *Id.* at 15.

[106] *See* Erin Coe, *Seoul, Nichia Settle Global LED Patent War*, LAW360, Feb. 3, 2009, http://www.law360.com/articles/85599 (这两家公司在周一表示它们已经解决了与专利和诽谤指控有关的几乎所有诉讼和纠纷……在和解之外, 还取得一项涵盖所有 LED 和激光二极管创新的交叉许可交易, 使得这两家公司能够使用彼此的专利发明方案)。

① 珈伟新能源股份有限公司 (http://www.jiawei.com/), 成立于 1993 年, 2012 年深圳证券交易所 A 股上市, 是中国资本市场光伏与 LED 照明行业第一股。

珈伟在美国遭遇到多次诉讼, 概述如下:

2009 年 11 月, 日亚在美国德州东区联邦法院起诉深圳珈伟及其北美和香港分公司侵犯三项白色 LED 专利 (US 5998925、US 7026756、US 7531960) 和一项 LED 芯片专利 (US 6870191)。2010 年 5 月, 日亚和珈伟达成和解。

2013 年 6 月 5 日, Simon Nicholas Richmond 在美国新泽西州地方法院起诉珈伟股份及子公司的多项产品侵犯了其一项或多项专利 (起诉状: 3: 13-cv-01952-MLC-DEA、3: 13-cv-01953-MLC-DEA)。该诉讼于 2016 年有了一审判决, 原告被判专利无效, 但在坚持上诉。

2016 年 7 月 11 日, 美国照明科学集团公司在美国加利福尼亚州法院起诉深圳珈伟光伏照明股份有限公司以及珈伟科技 (美国) 有限公司的产品侵犯三件美国专利 US 8201968、US 8672518、和 US 8967844 的专利权, 并申请临时禁令以禁止侵权产品继续进口至美国境内, 以及禁止已进口产品继续销售。起诉状: 3: 16-cv-03886。——译者注

[107] *See* Compl., *Nichia Corp. v. Jiawei North America Inc.*, Case No. 09-cv-346 (E. D. Tex. Nov. 5, 2009) (指控侵犯美国专利第 5998925, 7026756, 7531960 和 6870191 号)。

[108] *See, e.g.*, U. S. Patent No. 7026756, col. 3 l. 60-67 (filed Oct. 3, 2003) (发光装置中使用的磷光体具有优异的耐光性, 因此其荧光特性经历较少的变化, 即使在暴露于高强度光的同时长时间使用也是如此。这使得可以在长时间使用期间减少特性的劣化并减少由发光元件发出的高强度光所引起的劣化……)。

但和解协议的条款是保密的。[109]

考虑到日亚公司在成熟 LED 产品方面具有领先的市场销售份额,日亚公司对专利维权诉讼的大量投资并不令人意外。根据首尔公司关于垄断的诉状,日亚公司一直主导白色侧视 LED 市场,并在 2007 年享有 50% ~ 60% 的市场份额。[110] 更简要地说,日亚公司是全球领先的高亮度 LED 制造商,2009年市场份额为 42. 2%[111],当年市场价值超过 50 亿美元。[112] 在 2009 年,日亚公司的高亮度 LED 销售收入高达 20 亿美元,售出超过 55 亿个产品。[113]庞大的市场规模使得专利维权的成本对日亚公司来说是值得的。更重要的是,由于日亚公司具有 20 亿美元的市场份额,因此,如果侵权诉讼能够使竞争对手陷入困境,那么这些要花费数千万美元诉讼费的侵权诉讼就是明智的投资。

2. 庭审中的飞利浦及其关联公司

另一个积极的 LED 专利维权者是荷兰电子巨头 Koninklijke Philips Electronics 及其照明产品关联公司和子公司,例如飞利浦固态照明解决方案公司(Philips Solid State Lighting Solutions)和飞利浦亮锐照明公司(Philips Lumileds Lighting Company,下文简称飞利浦亮锐)等。作为照明产品市场份额的全球领先者,[114] 飞利浦显然是想要保持这个优势,因而

---

[109] Samuel Howard, *Jiawei Reaches Deal over Nichia LED Patent Claims*, LAW360, http://www.law360.com/articles/168086(May 13, 2010).

[110] *See* Compl. at 10 - 11, *Seoul Semiconductor Co. v. Nichia Corp.*, Case No. 08 - cv - 4932(N. D. Cal. Oct. 28, 2008).

[111] *See* Press Release, IMS Research, IMS Research Launches New Quarterly Report on LED Supply, Demand, Market Size and MOCVD Market-Nichia Dominates $5. 2B HB LED Market(Jan. 27, 2010), http://imsresearch. com/news - events/press - template. php? pr _ id = 1256&cat _ id = 167&from = [由于日亚公司在白色 LED 市场方面的技术和知识产权领导力,日亚公司占据了优势,具有42% 的市场份额和超过 20 亿美元的标准(分级)芯片年收入]。

[112] *Id.*

[113] *Id.*

[114] *See* Cree Stock Rally Continues after LED Patent Deal with Philips*, LOCAL TECH WIRE, July 8, 2010, http://localtechwire.com/business/local_tech_wire/news/blog post/7914802/(位于 Durham的科锐……与照明领域全球市场份额领先者飞利浦……,于周三早些时候发布联合声明……);*see also* Klemens Brunner, LEDs for General Lighting Applications, PowerPoint Presentation, Oct. 5, 2006, at 9, *available at* http://www.opera2015.org/Deliverables/D_4_3_CD-ROM_WroclawNieuw/5_Presenta-tions/16_Brunner_LEDs_for_Lighting.pdf(显示作为照明市场领先者的飞利浦拥有 20% 的市场份额)。

专利诉讼对飞利浦来说很重要。专利诉讼也是飞利浦于 2008 年推出的基于 LED 灯具的专利许可计划的必要补充。[115] 该计划用于"一般照明、建筑和剧场中使用的基于 LED 的灯具和改进型灯泡",可许可的专利涉及 LED 照明应用的控制技术。[116] 媒体关于该专利许可计划的一个简要调查显示,诉讼有时被用来作为促使其他照明公司参与该计划的强硬手段。[117]

特别是飞利浦亮锐曾经对中国台湾地区 LED 制造商晶元公司(Epistar Corporation,下文简称晶元)发起诉讼,涉及飞利浦亮锐的美国专利第 5008718 号('718专利)。[118] 1991 年授权的'718专利,名称为"具有导电窗口的发光二极管",并且涉及具有覆盖在设备的有源半导体层之上的透明窗口层的 LED。[119] 材料的选择使得该窗口层对有源半导体层发出的光是透明的,因此产生更均匀的光发射。[120]

'718专利的以往诉讼可追溯到 1999 年,当时飞利浦亮锐指控位于加利福尼亚州北部地区的 United Epitaxy Company(UEC)侵犯专利权。[121] 飞利浦亮锐和 UEC 的诉讼达成了和解,并且和解协议规定 UEC 及其继承人不能挑战'718专利的有效性。[122] 2003 年,飞利浦亮锐以涉嫌侵犯'718专利

---

[115] *See* Press Release, Philips, Philips Introduces Licensing Program for LED based Luminaires (June 30, 2008), https://www.ip.philips.com/articles/latestnews/2008/20080630LicensingLEDbased.html.

[116] *See* Philips Licensing Programs: LED-based Luminaires and Retrofit Bulbs web page https://www.ip.philips.com/services/?module=lpsLicenseProgram&command=View&id=100 (last visited Nov. 9, 2010).

[117] *See, e.g.,* Press Release, Philips, Philips and Lighting Science Group Settle All Litigation, (Aug. 31, 2009), https://www.ip.philips.com/articles/latestnews/2009/20090831Philips_LSG_settle.html.

[118] *See, e.g.,* Epistar Corp. v. ITC, 566 F. 3d 1321 (Fed. Cir. May 2009).

[119] *See* U. S. Patent No. 5008718, at [57] (filed Dec. 18, 1989)(与 AlGaInP 不同的半导体的透明窗口层覆盖在有源层上……)。

[120] *See id.* (然后,在有源层上生长一层晶格失配的 GaP,其中 GaP 的带隙大于有源层的带隙,使它对由 LED 发出的光是透明的)。

[121] *See* Epistar, 566 F. 3d at 1328(1999 年,飞利浦亮锐在加利福尼亚州北部地区对 UEC 提起诉讼,指控 UEC 的产品侵犯'718专利)。

[122] *See id.* (2001 年 8 月 30 日,飞利浦亮锐和 UEC 通过协商和签署和解协议及共同发布、规定的合意判决和许可协议而达成了诉讼和解。飞利浦亮锐授予 UEC 使用'718专利的许可,用于制造、销售和进口具有吸收性基板的 LED,以换取预付费和许可费。UEC 还代表其自身及其继承人契诺,不攻击'718专利的有效性)。

起诉晶元，该诉讼也以和解协议结束。[123] 根据协议，晶元取得生产特定LED 的许可，并且对于这些产品，承诺不会挑战′718专利的有效性。[124] 但是，对于非许可的产品，协议没有约定，保留了如果飞利浦亮锐将来因与其他产品有关的侵权行为起诉晶元，则晶元有挑战′718专利的有效性的权利。[125]

　　果然，2005 年，飞利浦亮锐向 ITC 提起诉讼，指控晶元和 UEC 侵犯′718专利。[126] 有争议的产品包括晶元的"金属结合"LED 和"胶黏结"LED，它们使用包含铝、镓、铟和磷（AlGaInP）的有源半导体层。[127] 那一年晚些时候，UEC 合并入晶元，并且不再作为独立实体存在。[128] 晶元继续生产某些 UEC LED 产品，及其自己的 AlGaInP LED。[129] 飞利浦亮锐提出动议，要求简易判决晶元不能挑战′718专利的有效性，并认为晶元与UEC 的合并使得晶元被约束于 UEC 和解协议，该协议禁止此类挑战。[130] ITC 行政法官批准了该动议，裁定 UEC-亮锐协议使得晶元不能就任何

---

[123]　See id. （后来，从 2003 年 1 月到 2004 年 7 月，飞利浦亮锐在地方法院指控晶元侵犯′718专利的专利权。诉讼达成和解，飞利浦亮锐许可晶元使用′718专利用于制造吸收性基板LED，以换取大笔一次性付款（几乎是 UEC 协议中的 2 倍），但没有要求持续的许可费）（内部引文省略）。

[124]　See id. （诉讼达成和解，飞利浦亮锐许可晶元使用′718专利用于制造吸收性基板 LED，以换取大笔一次性付款（几乎是 UEC 协议中的 2 倍），但没有要求持续的许可费。对于许可的产品，晶元承诺不攻击′718专利的有效性，但如果飞利浦亮锐将来起诉晶元侵权，则保留攻击其专利有效性的权利）。

[125]　See id. （该协议没有约定非许可产品，保留了在因这些产品被指控时，晶元有攻击′718专利的有效性的法定权利）。

[126]　See id. （由于侵犯′718专利的权利要求 1 和 6，飞利浦亮锐于 2005 年 11 月 4 日依据 ITC 19 U. S. C. § 1337 提起诉讼，以防止某些高亮度 LED 及产品进口到美国、进口销售以及进口之后在美国境内销售。）

[127]　Id. at 1329.

[128]　See id. at 1328 （于 2005 年 12 月 30 日，UEC 合并入晶元，UEC 不再作为一个单独的实体而存在）。

[129]　See id. at 1329 （自合并以来，晶元继续生产 UEC 的 MB 和 GB 产品，以及晶元在合并前生产的 OMA 产品）。

[130]　See id. （飞利浦亮锐在 2006 年初提出即决裁决的动议，要求晶元不能请求′718专利无效以保护其晶元-UEC LED 产品。飞利浦亮锐认为 UEC 的合并使得晶元被约束于 UEC 与飞利浦亮锐的协议，关于 UEC 产品，禁止晶元请求′718专利无效）。

UEC 或晶元产品而针对'718专利的有效性提出挑战。[131] 晶元随后被判定需要为侵犯'718专利而承担责任，并且 ITC 发出了限制性排除令，禁止晶元的侵权 LED 产品进入美国。[132] 该排除令包括其中含有侵权 LED 的下游封装 LED，无论这些侵权 LED 的制造商或进口商是谁。[133]

晶元向美国联邦巡回上诉法院提出上诉，美国联邦巡回上诉法院撤销了 ITC 关于排除有效性挑战权的裁决并撤销排除令。[134] 联邦巡回上诉法院认为，关于其自己的产品，晶元可以挑战'718专利的有效性，[135] 可以仅针对 UEC 产品排除晶元挑战专利有效性的权利。[136] 联邦巡回上诉法院还撤销了排除令，并指示 ITC 基于最近的先例重新考虑排除令，认为 ITC 缺乏法定权力来排除未被列为 ITC 诉讼被告实体所进口的产品。[137] 法院指出，晶元本身并不制造下游产品；而是其他外国实体将侵权的 LED 整合到封装 LED 和 LED 板中进而进口到美国。[138]

有一个迹象表明了该专利技术的陈旧，那就是，飞利浦亮锐最近提出

---

[131]　*See* Initial Determination Granting Complainant Lumileds' Motion for Partial Summary Determination to Dismiss Epistar's Affirmative Defense that the '718 Patent Claims are Invalid, Inv. No. 337-TA-556, Order No. 14, at 17 (U. S. I. T. C. Apr. 13, 2006)（与 UEC 一样，晶元被禁止关于任何被控侵犯'718专利的产品提出无效抗辩，因为与 UEC 同样，晶元根据合同被禁止针对'718专利提出无效抗辩）。

[132]　*See* Limited Exclusion Order, Inv. No. 337-TA-556, 2008 ITC LEXIS 1063［(U. S. I. T. C. May 9, 2007)；*see also Epistar*, 566 F. 3d at 1331（2007 年 5 月 9 日，ITC 基于其最终确定晶元侵犯'718专利的权利要求 1 和 6 而发布有限排除令（LEO）］。

[133]　*See Epistar*, 566 F. 3d at 1331（此排除包括其中含有侵权 LED 的下游封装 LED，和主要由这些封装 LED 阵列组成的电路板，无论这些产品的制造商或进口商是谁）。

[134]　*Id.* at 1324.

[135]　*See id.* at 1333［法院认定，晶元关于其产品对'718专利产品的有效性提出挑战的权利，是由其与飞利浦亮锐签订的单独协议规定……当飞利浦亮锐与晶元达成和解时，和解协议仅涉及许可产品从而保留了晶元在其他情况下对专利有效性提出挑战的无限制权利。该法院不允许飞利浦亮锐因为晶元与 UEC 的合并（该合并不会影响其与晶元之间的合约）而规避其和解协议］。

[136]　*See id.*［晶元（作为 UEC 的继受者）可以不针对其从合并中继承的 UEC 产品来挑战'718专利的有效性］。

[137]　*See id.* at 1338（Kyocera Wireless 案中法院认为，ITC 缺乏法定授权来发布 LEO 以排除未被列为 ITC 诉讼案被告的实体所进口的产品……因此，该法院撤销了现有的 LEO 并命令 ITC 重新考虑）。

[138]　*See id.*（尽管承认晶元自身并不生产下游产品，并且几乎所有晶元的 LED 都销售给外国实体，然后这些外国实体再将侵权 LED 整合到封装的 LED 和 LED 板中，以便输入美国，ITC 仍然下发了该救济令）。

动议，撤回起诉并终止 ITC 的调查，因为 ITC 进行该案的进一步审理之前，'718 专利即将到期（2009 年 12 月 18 日到期）。[139]

但飞利浦其关联公司及其子公司，继续对其 LED 专利进行维权。飞利浦最近参与了至少 2 件针对照明科学集团（LSG）的专利诉讼，指控这家位于达拉斯的照明产品制造商侵权多项申请日可追溯到 1997 年的 LED 专利。[140] 最近，飞利浦和飞利浦固态起诉 Pixelrange 和英国照明公司 James Thomas Engineering，指控被告侵犯了与 LED 系统有关的 6 项专利。[141] 该专利维权活动在某些方面似乎对飞利浦来说是成功的，因为 LSG 案于 2009 年秋季达成和解，并且 LSG 在飞利浦的许可项目上签字，作为和解协议的一部分。[142]

飞利浦也一直是 LED 专利诉讼的被告。2007 年 10 月，霍尼韦尔国际股份有限公司（Honeywell International Inc.）在得克萨斯州马歇尔市的联邦法院[143]起诉飞利浦亮锐和北卡罗来纳州 LED 制造商科锐（Cree），指控被告侵权涉及固态发光器件的专利。[144] 霍尼韦尔和飞利浦亮锐于 2010 年

---

[139]　*See* Complainant's Motion for Termination of Investigation, at 1 - 2, Inv. No. 337 - TA - 556 (U. S. I. T. C. Aug. 5, 2009)（'718 专利，庭审中的所争议的唯一专利，将于 2009 年 12 月 18 日到期。ITC 的工作人员告知飞利浦亮锐，将无法进行候审程序，获得有关候审问题的初步裁定，审查初步裁定，允许总统审查，以及在'718 专利到期之前实施新的排除令……因此，飞利浦亮锐基于撤回对晶元的诉讼而提出终止调查的动议）。

[140]　*See* Compl., *Philips Solid - State Lighting Solutions, Inc. v. Lighting Science Group Corp.*, Case No. 08 - cv - 10289（D. Mass. Feb. 19, 2008）; *see also* Compl., *Philips Solid - State Lighting Solutions, Inc. v. Lighting Science Group Corp.*, Case No. 08-cv-11650（D. Mass. Sept. 26, 2008）.

[141]　*See* Compl., *Koninklijke Philips Electronics N. V. v. Pixelrange, Inc.*, Case No. 10-cv-10494 (D. Mass. Mar. 23, 2010).

[142]　*See Philips and Lighting Science Group Settle LED Litigation*, LEDs MAGAZINE, Sept. 1, 2009, *available at* http://www.ledsmagazine.com/news/6/9/1 [照明科学集团公司（LSG）和皇家飞利浦电子公司通过恢复两家公司之间的原商业联盟的全面协议已经对所有商业和知识产权纠纷达成和解。毫不奇怪，LSG 已经通过支付使用费而获得了对于飞利浦 LED 灯具和改装灯泡许可项目的专利许可]。

[143]　*See* Leigh Kamping-Carder, *Honeywell Wraps Up Dispute over LED Patents*, LAW360, Feb. 3, 2010, http://www.law360.com/articles/147368（霍尼韦尔于 2007 年 10 月起诉飞利浦、波士顿大学的受托人以及持有学院的两件 LED 专利的独家许可的科锐公司，指控被告涉嫌侵犯美国专利第 6373188 号）。

[144]　第 6373188 号美国专利（申请日为 1998 年 12 月 22 日）。

初达成和解。[145] 2009 年 11 月，飞利浦被 Light Transformation Technologies 起诉，成为涉嫌侵权关于集成全向光转换器专利的几家 LED 制造商之一。[146] 涉诉产品包括 LED、透镜、光学器件和各种照明产品。[147]

霍尼韦尔案中一个有趣的旁注可能预示着绿色专利诉讼中将会发生的事情。霍尼韦尔解除了 Paul Hastings 律师事务所代表霍尼韦尔的资格，因为该事务所为飞利浦亮锐的关联公司飞利浦电子北美公司（Philips Electronics North American Corporation，PENAC）提供了一系列法律服务。[148] 具体来说，Paul Hastings 在政府关系工作中代表 PENAC，并且在这项工作过程中代表了飞利浦的众多实体。[149] 法院认定，依据美国律师协会的模范道德规则，该律师事务所代表飞利浦亮锐对霍尼韦尔不利，因同时代表双方当事人而构成了利益冲突问题。[150]

这可能不是法院最后一次在绿色技术诉讼中看到存在冲突和违规问题。虽然这些问题在其他行业中也有出现，但它们对于清洁技术来说相对较新，并且可能会变得更普遍。因为，许多大型企业集团，如包括石油和能源公司，近年来一直在清洁技术初创企业中持有股权或与生物燃料公司建立合资企业，以开发清洁能源和环境技术。[151] 似乎与这些公司有长期合作关系的大型律师事务所可能会被其他公司聘请，在针对该律师事务所

[145] *See* Leigh Kamping-Carder, *Honeywell Wraps Up Dispute over LED Patents*, LAW360, Feb. 3, 2010, http://www.law360.com/articles/147368（一名联邦法官于周三签字同意霍尼韦尔国际公司的放弃针对飞利浦亮锐公司的专利侵权诉讼的请求，后者是发光二极管技术纠纷中剩余的唯一被告）。

[146] *See* Compl., *Light Transformation Tech. LLC v. Anderson Custom Electronics, Inc.*, Case No. 09-cv-354（E. D. Tex. Nov. 11, 2009）（alleging infringement of U. S. Patent No. 6543911）.

[147] *See id.*

[148] *See* Order, *Honeywell International Inc. v. Philips Lumileds Lighting Co.*, Case No. 07-cv-463（E. D. Tex. Jan. 6, 2009）.

[149] *See id.* at 4（Paul Hastings 目前代表 PENAC……由于代表各个飞利浦实体，Paul Hastings 已经广泛获取各个飞利浦实体的机密信息）。

[150] *See id.* at 7（鉴于所提供的事实，法院认定目前存在利益冲突——PENAC 是 Paul Hastings 的目前的客户，Paul Hastings 与飞利浦亮锐之间存在切实的客户—律师关系，并且由于其目前的专利侵权诉讼，Paul Hastings 实施了不利于其客户利益的行为）。

[151] *See, e. g.*, Clifford Krauss, *Big Oil Warms to Ethanol and Biofuel Companies*, N. Y. TIMES, May 26, 2009, *available at* http://www.nytimes.com/2009/05/27/business/tnergy - environment/27biofuels.html（讨论 BP 合资企业事宜，Verenium 和 Royal Dutch Shell 向 Iogen 投资）。

客户的某个新的关联公司或子公司的诉讼中代表律师事务所客户的对立方。如果律师事务所在这些情况下签约，其代表资格可能会受到挑战，如同飞利浦亮锐在霍尼韦尔案中所做的那样。

LED 专利诉讼已经成为美国各地法院的亮点，这清楚地表明该项技术已经成熟以及 LED 产品市场利润丰厚。更具体地说，该领域专利维权活动表明，LED 制造商拥有大量专利，可以保护规模化、制造化和商业化的 LED 器件的实施方案。[152] 由于日亚公司和飞利浦等主要 LED 和照明产品制造商都有这样的利润丰厚的市场需要保护，它们一直在起诉竞争对手侵犯其专利权，并且使自己也成为诉讼目标以及必须防御专利诉讼。

三、生物燃料纠纷：乙醇和生物柴油专利和处理器

目前，市场销售的一种少有的可用油基汽车燃料替代品是生物燃料，如乙醇和生物柴油。[153] 美国是世界上最大的生物燃料市场，已经生产了几十上百亿加仑的生物燃料，2010 年的产量预估将超过 120 亿加仑。[154] 当今，全球生物燃料产量 100% 由所谓的第一代生物燃料构成。具体而言，第一代乙醇，由玉米等食用淀粉或甘蔗等糖类作物制成，占生物燃料总量的 80%，[155] 来自油菜籽、大豆和棕榈油的第一代生物柴油占剩余的 20%。[156] 虽然我们几乎每天都会看到第二代和第三代生物燃料（如纤维素乙醇和藻基生物柴油）的新发明，但是可规模化和广泛商业化的仍然是第

---

[152] *See*，*e. g.*，*Toyoda Gosei Calls for Caution Regarding LED Patents*，LEDs MAGAZINE，Aug. 16，2006，*available at* http://www.ledsmagazine.com/news/3/8/10（世界领先的 LED 制造商之一丰田合成有限公司，令圈内惊讶地发布了一份新闻稿，提示其他公司要尽量避免侵犯其 GaN 基 LED 的专利权……该公司表示已经提交了超过 2000 件涉及 GaN 基半导体的专利申请，并且其中大约 600 件已经获得专利权）。

[153] *See*，*e. g.*，Joshua Kagan，*Transitioning from 1st Generation to Advanced Biofuels*，Enterprise Florida and GTM Research White Paper，at 2，Feb. 2010，*available at* http://www.eflorida.com/IntelligenceCenter/Reports/CE_Biofuels_WP.pdf（生物燃料是当前仅有的石油商业替代品之一）。

[154] *See id.*（美国已经生产了数百亿加仑的生物燃料，如乙醇和生物柴油……美国是世界上最大的生物燃料市场；我们预计 2010 年国内将生产超过 120 亿加仑的乙醇）。

[155] *See id.*［在全球范围内，第一代乙醇（来自像玉米这样的淀粉或像甘蔗这样的糖类）占所有生物燃料产量的 80%……］。

[156] *See id.*［生物柴油（来自油菜籽、大豆和棕榈油）占剩余的 20%］。

一代生物燃料技术。

因而，已开发并实施第一代生物燃料加工技术的公司开始基于其专利进行维权。其中一家公司是 GS 清洁技术公司（GS 或 GreenShift）。GS 为 GreenShift Corporation 的全资子公司，是一家纽约公司，开发与节能乙醇生产工艺相关的技术。[157] 根据 GreenShift 的说法，该公司的技术减少了从玉米中提炼乙醇所需的能量，使得化石燃料消耗减少以及乙醇设施的碳排放减少。[158] GS 拥有第 7601858 号美国专利（'858专利），该专利于 2004 年申请，2009 年获得授权。'858专利的名称为"处理乙醇废物的方法和相关子系统"，其涉及从乙醇生产的副产品中回收石油的方法。[159]

干磨是一种通过对玉米或其他谷物中的淀粉进行发酵来生产乙醇的常用方法。[160] 然而，这种方法产生了包括被称为全釜馏物副产物的废物流。[161] 根据'858专利所述，全釜馏物包含有价值的油但是先前回收这种油的工艺昂贵或效率不佳。[162] GS 的专利方法包括将全釜馏物机械分离成湿酒糟和稀釜馏物，并继而将稀釜馏物送入蒸发器中以形成浓缩的副产品或糖浆，[163] 糖浆通过离心机进料，离心机从糖浆中分离出可用的玉米油。[164]

---

[157]　*See generally* GreenShift web site, http://www.GreenShift.com/（last visited Nov. 10, 2010）.

[158]　*See* GreenShift Corn Oil Extraction web page, http://www.GreenShift.com/cornoil.php? mode = 1（last visited Nov. 10, 2010）［我们的玉米油提取技术将每蒲式耳玉米的生物燃料产量提高了 7%，同时将玉米乙醇生产的能源和温室气体（GHG）强度分别降低 21% 和 29% 以上］。

[159]　*See* U. S. Patent No. 7601858, at（57）（filed May 5, 2005）［在该发明的一个方面，一种从浓缩的副产物（例如用于生产乙醇的干磨过程中形成的蒸发的稀釜馏物）中回收油的方法］。

[160]　*See id.* col. 1 l. 35-37（一种生产乙醇的常用方法被称为"干磨"，并且在美国通常使用玉米来实施）。

[161]　*See id.* col. 1 l. 38-41（干磨过程利用玉米或其他谷物中的淀粉通过发酵生产乙醇，并产生包含被称为"全釜馏物"的副产物的废物流）。

[162]　*See id.* col. 1 l. 52-53（从这种副产品中回收有价值的油的努力在效率或经济方面是不成功的）。

[163]　*See id.* col. 3 l. 46-53（被称为"稀釜馏物"的副产物是通过将湿酒糟从发酵完成后剩余的"全釜馏物"中分离出来而回收的。如本领域所知，该机械分离可以使用压榨/挤出机、沉降式离心机或筛网离心机来完成。然后从未过滤的稀釜馏物中除去水分以产生浓缩物或糖浆，例如通过蒸发）。

[164]　*See id.* col. 3 l. 53-60（有利的是，通过相对简单的机械过程，可以容易地从这种浓缩形式的副产物中回收可用的油，无需先前的多级过滤或其他昂贵且复杂的工作。在一个实施例中，通过使浓缩物通过离心机来从浓缩物中回收油……）。

2009 年 10 月 13 日，'858专利获得授权的同一天，GS 在曼哈顿联邦法院提起诉讼，指控新泽西州的分离器和滗水器制造商 GEA Westfalia Separator（简称 Westfalia）及其众多客户共同侵犯和诱导侵犯'858专利。[165] 根据诉状，Westfalia 出售用于玉米油提取的离心机，并指导其客户使用'858专利中所述的方法。[166] 这只是 GreenShift 基于'858专利的维权行动的开始。在接下来的 7 个月里，GreenShift 在 7 个州提起至少 9 起专利侵权诉讼，主要针对美国中西部的玉米产区的乙醇生产商。

2010 年 2 月，GreenShift 连续两天内两次主张'858专利的专利权。在 2 月 11 日于印第安纳波利斯联邦法院提起的诉讼中，GreenShift 指控印第安纳州乙醇生产商 Cardinal Ethanol（简称 Cardinal）所使用的设备采用了获得专利的乙醇加工方法而侵犯'858专利。[167] 第二天，在伊利诺伊州北部地区，GreenShift 针对 Big River Resources Galva 提起诉讼。[168]

GreenShift 的专利诉讼活动于 2010 年 5 月初爆发，当时该公司同一天在 7 个州的法院发起了 6 起诉讼。被告分别是：伊利诺伊州北部地区的 Center Ethanol 和 Lincolnland Agri - Energy[169]；爱荷华州北部地区的 Amaizing Energy 和 Lincolnway Energy[170]；明尼苏达州的 Bushmills Ethanol、Alcorn Clean Fuel、Chippewa Valley Ethanol Company 和 Heartland Corn Prod-

---

[165] See Compl., *GS CleanTech Corp. v. GEA Westfalia Separator, Inc.*, Case No. 09 - cv - 8642 (S. D. N. Y. Oct. 13, 2009); see also *GreenShift Files Infringement Lawsuit against GEA Westfalia*, INTELLECTUAL PROPERTY TODAY, Oct. 15, 2009, *available at* http://www.iptoday.com/news-article.asp? id = 4471&type = ip.

[166] See Compl. at 24, *GS CleanTech Corp. v. GEA Westfalia Separator, Inc.*, Case No. 09 - cv - 8642 (S. D. N. Y. Oct. 13, 2009) [Westfalia 还具体给出了其客户所采用的使用 Westfalia 的离心机从浓缩的稀釜馏物（即糖浆）中提取玉米油的方法]。

[167] See Compl., *GS CleanTech Corp. v. Cardinal Ethanol, LLC*, Case No. 10 - cv - 180 (S. D. Ind. Feb. 11, 2010).

[168] See Compl., *GS CleanTech Corp. v. Big River Resources Galva, LLC*, Case No. 10 - cv - 990 (N. D. Ill. Feb. 12, 2010).

[169] See Compl., *GS CleanTech Corp. v. Center Ethanol, LLC*, Case No. 10 - cv - 2727 (N. D. Ill. May 3, 2010).

[170] See Compl., *GS CleanTech Corp. v. Amaizing Energy Atlantic, LLC*, Case No. 10 - cv - 4036 (N. D. Iowa May 3, 2010).

ucts[171]；威斯康星州西部地区的 United Wisconsin Grain Producers[172]；北达科他州的 Blue Flint Ethanol[173]；印第安纳州北部地区的 Iroquois Bio-Energy Company[174]。

像变速风力涡轮机和节能 LED 一样，玉米乙醇市场巨大，GreenShift 的生产过程已经成熟并广泛商业化。这一点从 GreenShift 的专利维权活动所波及的宽泛的地理范围可以明显看出，维权活动遍及多个玉米生产州，并且目标被告众多。仅仅是针对 Westfalia 的第一次诉讼，就列出了 20 名 Westfalia 的客户作为侵犯'858专利的被告，后来的 8 起诉讼中列出了更多的被告。GreenShift 可能已经计算到，玉米乙醇生产的规模和价值是值得它对专利维权诉讼投资的。

绿线工业公司（Greenline Industries，下文简称绿线）和 Agri-Process Innovations（API）之间的诉讼，主要聚集于生物柴油加工技术的专有技术纠纷而不是专利纠纷。[175] 绿线总部位于加利福尼亚州 Larkspur，其设计将种子油和动物等原料转化为脂肪生物柴油燃料的处理器。[176] 绿线的专有技术提供无水系统来清洁燃料，使生产者能够避免花费将水引入加工过程中并随后分离出来所需的时间和金钱。绿线的处理器采用"连续

---

[171] *See* Compl., *GS CleanTech Corp. v. Bushmills Ethanol, Inc.*, Case No. 10-cv-1944 (D. Minn. May 3, 2010).

[172] *See* Compl., *GS CleanTech Corp. v. United Wisconsin Grain Producers, LLC*, Case No. 10-cv-236 (W.D. Wis. May 3, 2010).

[173] *See* Compl., *GS CleanTech Corp. v. Blue Flint Ethanol, LLC*, Case No. 10-cv-37 (D. N. D. May 3, 2010).

[174] *See* Compl., *GS CleanTech Corp. v. Iroquois Bio-Energy Co.*, Case No. 10-cv-38 (N. D. Ill. May 3, 2010).

[175] *See generally* Order Denying Without Prejudice Defendants' Motion to Stay or to Transfer and Their Motion to Dismiss for Lack of Standing and Denying Plaintiff's Motion for Preliminary Injunction, at 2–5, *Greenline Industries, Inc. v. Agri-Process Innovations, Inc.*, Case No. 08-cv-2438 (N. D. Cal. July 28, 2008) (详细阐述关于生物柴油车间的图纸和规格说明的纠纷历史).

[176] *See* Compl., at 1, *Greenline Industries, Inc. v. Agri-Process Innovations, Inc.*, Case No. 08-cv-2438 (N. D. Cal. May 12, 2008) [原告绿线工业公司是根据特拉华州法律组建和存在的公司，其主要营业地点位于 2425 Larkspur Landing Circle, California 94939。绿线开创并商业化了一种用于从原料（如种子油和动物脂肪）中转化生物柴油燃料的无水处理方法].

流"技术，大大提高了其处理器的生产能力。[177]

2006 年，绿线和一家阿肯色州的工程公司 API 创建了一个名为 AP Fabrications（APF）的公司，目的是安装绿线生物柴油车间。[178] 2007 年，绿线终止了对公司的所有权，API 成为 APF 的唯一所有者。[179] 2008 年 5 月，绿线在加利福尼亚州奥克兰的联邦法院提起诉讼，指控 API 和 APF 预期违约、盗用商业秘密、虚假广告，并且宣称绿线拥有它的处理器设计的版权。[180]

绿线声称，它与 APF 的供应商协议规定，绿线将专门负责生物柴油处理单元的设计，而 APF 的作用仅限于安装这些单元。[181] 绿线还认为，该协议允许 API 出售处理器但要求这些处理器作为"绿线"车间进行销售。[182] 根据诉状，API 网站声明表示 API 设计了这些处理单元从而声称享有绿线该技术的所有权。[183] 这些和其他声明暗示对处理技术拥有所有权，以及声称其负责具体的处理车间设计，上述内容构成了绿线所指控的虚假广告的基础。[184] 该案移交阿肯色州东区法院，[185] 不久之后当事人就纠纷

---

[177]　*See* Greenline Industries Explanation of Features web page, http://www.greenlineindustries. com/explainfeatures.html（last visited Nov. 10, 2010）.

[178]　*See* Order Denying Without Prejudice Defendants' Motion to Stay or to Transfer and Their Motion to Dismiss for Lack of Standing and Denying Plaintiff's Motion for Preliminary Injunction, at 3–4, *Greenline Industries, Inc. v. Agri-Process Innovations, Inc.*, Case No. 08–cv–2438（N. D. Cal. July 28, 2008）（于 2006 年 3 月，在完成爱国者车间之后，绿线和 API 共同创立了 Greenline Fabrications, LLC，目的是为了安装绿线的生物柴油车间……自 2007 年 1 月 1 日起，绿线将其在 Greenline Fabrication 的所有权转让给 API，使 API 成为唯一所有者。API 将 Greenline Fabrications 更名为 APE）.

[179]　*Id.*

[180]　*See generally* Compl., *Greenline Industries, Inc. v. Agri-Process Innovations, Inc.*, Case No. 08–cv–2438（N. D. Cal. May 12, 2008）.

[181]　*Id.* at 24.

[182]　*Id.* at 25.

[183]　*See id.* at 28（在其网站上，API 再次声称拥有对绿线的专有技术的权利，并对其在创建绿线的生物柴油设施中的作用进行不实陈述）.

[184]　*See id.* at 42–43（在其可公开访问的网站上，API 多次声称其负责对全球超过 25 个生物柴油加工车间的设计。所有这些车间都采用绿线的技术，由绿线设计。这些声明……构成故意使用虚假的原产地名称和错误的描述和陈述……）.

[185]　联邦法院命令将案件移交给美国阿肯色州东区法院，*Greenline Industries, Inc. v. Agri-Process Innovations, Inc.*, Case No. 08–cv–2438（N. D. Cal. Sept. 16, 2008）.

达成了和解。[186]

　　本章讨论的清洁技术公司之间的专利诉讼反映了所涉及的技术成熟度、市场渗透率和商业意义。它还表明，清洁技术专利权人愿意利用绿色专利通过昂贵的诉讼来积极保护其市场地位。下一章将审视绿色专利诉讼中的另一个趋势，也表明了某些清洁技术已经成熟。

---

[186] *See* Joint Stipulation of Dismissal with Prejudice Pursuant to Fed. R. Civ. P. 41（a）（1）（A）(ⅱ), *Agri-Process Innovations, Inc. v. Greenline Industries, LLC*, Case No. 08-cv-558（E. D. Ark. Mar. 6, 2009）; *see also* Order, *Agri-Process Innovations, Inc. v. Greenline Industries, LLC*, Case No. 08-cv-558（E. D. Ark. Mar. 9, 2009）（dismissing the case with prejudice）.

第六章

清洁技术非实施专利权人带来的风险

技术领域日趋成熟的一个明确迹象，是出现了非实施专利权人（NPP）针对侵权行为进行维权诉讼。这些个人、专利控股公司和其他非实施专利持有人经常被嘲笑为"专利流氓"，他们并不直接将其专利技术商业化，而是通过许可获得收入。寻找那些他们认为正在制造或销售其专利技术实施方案的公司进行谈判，并且通常在谈判中使用侵权诉讼作为威胁手段。法院和评论人士已经广泛讨论过与 NPP 有关的 5 个益处（和害处）。[1] 由于 NPP 的盛行，促使最高法院在 eBay 诉 MercExchange 案的意见书中达成了重要共识，其中安东尼·肯尼迪（Anthony Kennedy）大法官指出：

> 在已经获得发展的行业中，某些公司的专利不是用来作为生产和销售产品的基础，而主要是为了获得许可费。[2]

有一段时间，甚至有一个致力于涵盖 NPP 活动的法律博客。[3] NPP 已经出现在许多行业中，从宽带到商业方法，并且可能也出现在清洁技术行业中。

确实如此：清洁技术 NPP 已经出现了。主要的清洁技术实施者已经感受到他们的存在，特别是在混合动力汽车、发光二极管和其他节能照明产品等广泛的商业化产业中，并且开发和推出智能电网技术的大型电力单位

---

[1] *See*, *e. g.*, Daniel J. McFeely, *An Argument for Restricting the Patent Rights of Those Who Misuse the U. S. Patent System to Earn Money Through Litigation*, 40 ARIZ. ST. L. J. 289 (2008).

[2] eBay, Inc. v. MercExchange, L. L. C., 547 U. S. 388, 396 (2006).

[3] *See* The Patent Troll Tracker Blog, http://trolltracker.blogspot.com/.

和公司最近也感受到他们的存在。

NPP 在清洁技术领域兴起的同时，恰逢人们迫切需要此类技术应对气候变化，并提出了关于专利在清洁技术创新和实施中扮演何种角色的难题。例如，目前的专利体系允许没有实体业务的空壳公司购买并实施专利。这个专利体系也有利于那些无论是否将其专利商业化都能够购买数千项专利的大公司。正在研发、商业化和实施清洁技术的公司，往往担心数百万美元的诉讼、后果严重的禁令和高昂的许可费。这种专利系统是否促进了创新？清洁技术能否在这个系统中得到有效开发和部署？

另一方面，如果不具有实施其技术所必需的财力的真正创新者无法起诉侵权者从而为其发明获得公平报酬，那么清洁技术创新就可能会受到扼杀。此外，这些创新者有可能选择专利维权手段，这对于促使有效地将清洁技术转让给那些拥有实施这些技术资源的实体可能是重要的。

本章对于这些问题的讨论，聚焦于清洁技术 NPP 诉讼引发的一个具体关键问题：知识产权制度如何能够维护以被用于解决全球变暖问题的清洁技术？正如第十一章所说，至少已经有一项研究是关于知识产权对清洁技术的运用与实施的影响。然而，很少有研究关注知识产权制度对已经商业化的清洁技术的影响，而这在 NPP 诉讼中非常典型。

本章讨论了已经实现大量市场占有率并对环境产生积极影响的清洁技术。尽管 NPP 在清洁技术领域兴起，但专利法对这些技术减少碳排放仍然有效。具体而言，由 eBay 诉 MercExchange 案[4]带来的专利禁令法律中的程序纠正，以及在 Paice 诉丰田案[5]中法院所判予的支付持续使用费，表明专利法正在调和清洁技术 NPP 的影响。一些清洁技术 NPP 因此改变了策略并转向美国国际贸易委员会（ITC），在 ITC 不适用 eBay 判决并且可以采取进口禁令的救济措施。但是，在联邦法院的专利侵权诉讼中，在法律方面的这种转变正在削弱清洁技术 NPP 的影响。正如本章所述，这些判决为法院提供了重要的工具和更大的灵活性，可以处理 NPP 法律诉讼，并为潜在的诉讼当事人提供额外的激励措施，促使达成许可协议及避免

---

[4]　547 U. S. 388（2006）.

[5]　Paice LLC v. Toyota Motor Corp., 504 E. 3d1293, 1296-97（Fed. Cir. 2007）.

诉讼。

一、eBay 案判决及非实施专利权人

2006 年，在一项协调法案中，美国最高法院认为，关于永久性禁令传统的四因素公平测试适用于依据专利法起诉的案件。[6] eBay 诉 MercExchange 案的判决，推翻了长期以来联邦巡回上诉法院的专利侵权判决之后自动执行禁令的先前案例。[7] 在地方法院，eBay 被发现应该承担侵犯 MercExchange 专利的责任，但是地方法院没有强制执行禁令，因为该专利是一种商业方法，MercExchange 没有实施该专利技术，并且 MercExchange 已经表示它有意愿许可该专利。[8] 联邦巡回上诉法院驳回了地方法院的判决，并指示地方法院实施永久禁令，因为"法院如没有特殊情况将签发针对专利侵权的永久禁令"的先前案例。[9] 最高法院撤销了联邦巡回上诉法院的裁决并认为在专利案中必须适用永久禁令的四因素公平测试。[10]

肯尼迪大法官（John Paul Stevens、David Souter 和 Stephen Breyer 参与）撰写的一份重要意见书，指出 NPP 诉讼的最近趋势，并推断该趋势可能会改变永久禁令分析的计算方法。[11] 与肯尼迪大法官持相同意见的法官们注意到，在涉及 NPP 的诉讼案中，"对于专利持有人的经济职责的考虑与先前案例是不同的"。[12] 肯尼迪大法官得出结论认为，在 NPP 诉讼案中，依法赔偿可能已经足够，"禁令的威胁手段仅仅用于在谈判中起到加大杠杆的作用"。[13]

在 eBay 案之后，出现了一些涉及 NPP 的重大绿色专利诉讼。这些案

---

[6] See eBay, Inc. v. MercExchange, L. L. C., 547 U. S. 388, 391-92（2006）.

[7] See id. at 393-94.

[8] See MercExchange, L. L. C. v. eBay, Inc., 275 E. Supp. 2d 695, 713-14（E. D. Va. 2003），aff'd in part, rev'd in part, 401 F. 3d 1323（Fed. Cir. 2005），rev'd, 547 U. S. 388（2006）.

[9] See MercExchange, L. L. C. v. eBay, Inc., 401 F. 3d 1323, 1339（Fed. Cir. 2005），rev'd, 547 U. S. 388（2006）.

[10] eBay Inc., 547 U. S. at 391-92.

[11] See id. at 396（一个行业已经获得发展，其中某些公司的专利不是用于作为生产和销售产品的基础，而是主要为了获得许可费）.

[12] Id.

[13] Id. at 396-97.

件的庭内和庭外结果被 eBay 案中提出的新要求所影响。如本书所述，eBay 案使专利法产生了改变，允许重要的清洁技术留在市场而有助于应对气候变化。以下 3 个是混合动力汽车、节能照明技术（特别是发光二极管）和智能电网技术的案例。

二、Paice 诉丰田

1. 标志性侵权案

丰田（Toyota）是汽车行业公认的混合动力车领导者，并且丰田销售的普锐斯（Prius）比所有其他混合动力车的总和还要多。[14] 在 2006 年（eBay 案判决那一年），普锐斯占美国混合动力车销量的 40% 以上。2008 年 4 月，普锐斯获得铂金销量，全球销量超过 100 万辆。[15] 根据美国环境保护局 2008 年的一份报告，2009 款普锐斯是市场上可获得的最省油的汽车。[16] 截至 2009 年 9 月，丰田混合动力车的累计全球销量达到 200 万大关。[17] 丰田估计，由普锐斯主导的混合动力车销售的净效应已经使二氧化碳排放量减少了 1100 万吨。[18]

尽管现在处于领先地位，丰田并非最先研发混合气电汽车技术。在丰田之前进行研发的是 Dr. Alex J. Severinsky。如第一章所述，Dr. Severinsky 的创业公司 Paice 在 20 世纪 90 年代初期开始研发混合气电动车技术，[19]

---

[14] *See* Electric Drive Transportation Association, Hybrid Sales Figures/Tax Credits for Hybrids, *available at* http://www.electricdrive.org/index.php?ht=d/Articles/cat_id/5514/pid/2549.

[15] *See* Thursday Bram, *One Million Priuses Sold*, MATTER NETWORK, May 16, 2008, http://www.matternetwork.com/2008/5/one-million-toyotas-sold.cfm.

[16] *See* 2009 Most and Least Efficient Fuel Efficient Vehicles, *available at* http://www.fueleconomy.gov/feg/best/bestworstNF.shtml.

[17] Press Release, Toyota, Worldwide Sales of Toyota Motor Corp. Hybrids Top 2 Million Units (Sept. 4, 2009), http://media.toyota.ca/pr/tci/en/worldwide-sales-of-toyota-motor-101335.aspx.

[18] *See id.* （截至 2009 年 8 月 31 日，TMC 计算得出，自 1997 年以来，相比于具有相似尺寸和驾驶性能的汽油动力车，TMC 混合动力车已经减少大约 1100 万吨二氧化碳排放，而二氧化碳排放被认为是全球变暖的原因）（内部引文省略）。

[19] *See* Brief in Opposition for Paice LLC at 2, *Toyota Motor Corp. v. Paice*, *LLC*, No. 07-1120 (U.S. May 12, 2008)（Paice 的这项工作很早就开始了，涉诉专利是 1992 年提交申请的）。

并于 1992 年提交了第一件专利申请。[20] 该发明解决了混合动力车中气源和电源相结合的问题。在传统汽车中，车轮由扭矩（或旋转力）驱动，该扭矩（或旋转力）由内燃机（ICE）提供。在混合气电车中，扭矩由 ICE和电动机组合提供。混合传动系统必须能够将 ICE 的相对扭矩部分和电动机结合在一起并对它们进行控制。

Paice 的早期专利申请是关于混合电力车，其中传动系统使用微处理器和可控制的扭矩传递单元（CTTU），CTTU 接受来自 ICE 和电动机两者的扭矩输入。[21] 微处理器通过锁定或释放锥齿轮组件以及保持扭矩输入恒定来控制由 ICE 和电动机所提供的扭矩量。[22] 该申请于 1994 年被授权为第 5343970 号美国专利（'970 专利），其中一个主要权利要求限定，CTTU 将来自两个源（ICE 和电动机）的可控和可变量的扭矩提供到驱动轮。[23]

第二年，丰田启动它的第一个项目，即将混合动力车投入大规模生产的项目，1997 年在日本推出了第一代普锐斯（Prius I）。[24] 普锐斯于 2000年在美国上市后，Paice 邀请丰田参加关于它获得专利的混合动力车系统的演示。[25] 丰田代表参加了该演示，但没有理睬 Paice 随后提出的许可该技术的提议。[26] 尽管丰田承认 Paice "在混合动力领域取得了巨大进展"，但丰田拒绝接受许可，因为它 "无意开发 Paice 的技术"[27]。

2002 年，Paice 再次与丰田接洽，向丰田发送行业演示文稿并提出会

---

[20]　See id.

[21]　See Paice LLC v. Toyota Motor Corp., 504 F. 3d 1293, 1296-97 (Fed. Cir. 2007)［'970 专利中公开的传动系统采用微处理器和可控扭矩传递单元（CTTU），CTTU 接受来自 ICE 和电动机两者的扭矩输入]。

[22]　See id. at 1297.

[23]　See U. S. Patent No. 5343970 col. 23, l. 59-68 (filed Sept. 21, 1992).

[24]　See Brief in Opposition for Paice LLC at 3-4, Toyota Motor Corp. v. Paice, LLC, No. 07-1120 (U. S. May 12, 2008).

[25]　See id. at 4.

[26]　Id.

[27]　Id.

见请求。[28] 丰田再次承认 Paice 的系统表现出"卓越的性能",但拒绝会见。[29] 2003 年,丰田拒绝了 Paice 的再一次提议。[30] 丰田在 2003 年推出了第二代普锐斯(Prius II),随后一年,Paice 在得克萨斯州东区起诉丰田,指控第二代普锐斯、丰田汉兰达(Highlander)和雷克萨斯(Lexis)RX400h 运动型车侵犯 3 件 Paice 专利,包括′970 专利。[31]

与 Paice 的专利系统一样,被指控的丰田混合传动系统也是将来自 ICE 的扭矩与来自电动机的扭矩相结合。[32] 然而,丰田系统不是采用锥齿轮,而是具有"行星"齿轮单元,它具有中心"太阳"齿轮,"太阳"齿轮与若干行星齿轮相啮合,这些行星齿轮又与一个外围环形齿轮相啮合。[33] 来自 ICE 的输出轴连接到行星齿轮,但是来自电动机的输出轴连接到环形齿轮,而不是两个输出轴均连接到相同结构。[34] 上述技术上的区别导致了对侵权行为的分歧的裁决。2005 年 12 月,陪审团裁决被控车辆没有在字面上侵权 Paice 专利,但根据等同原则确实侵犯′970 专利的两项权利要求。[35] 陪审团裁决约 430 万美元的赔偿金和每辆侵权车需持续支付 25 美元专利使用费。[36]

2. 根据 eBay 案而拒绝禁令

在侵权案取得胜诉之后,Paice 提出了永久性禁令的动议。[37] 在禁令动议听证会后不到一个月(并且在地方法院裁定动议之前),最高法院宣

---

[28]　*See id.* at 5.

[29]　*Id.* at 5.

[30]　*Id.*

[31]　*See* Paice, 504 F. 3d at 1301.

[32]　*See id.* at 1299.

[33]　*Id.*

[34]　*See id.* at 1299-1300.

[35]　*See* Paice LLC v. Toyota Motor Corp., 2006 U. S. Dist. LEXIS 61600, ＊3 (E. D. Tex. Aug. 16, 2006).

[36]　*See* Paice, 504 F. 3d at 1302-03.

[37]　*See* Paice, 2006 U. S. Dist. LEXIS at ＊1.

布了 eBay 案判决。[38] 对于丰田来说非常偶然的是，该地方法院现在必须进行传统的四因素分析。为了获得永久性禁令，Paice 必须证明：

（1）其遭受了不可弥补的损害；（2）法律上的补救方式（如金钱赔偿）不足以弥补该损害；（3）权衡原告和被告双方的利害得失，对原告进行公平补救的必要性；以及（4）在永久性禁令的情况下，公共利益不会受到损害。[39]

关于第一个因素，地方法院认为 Paice 并未遭受不可弥补的损害，拒绝了缺乏禁令会妨碍其进行许可的论点。[40] 法院未发现有证据表明，没有禁令会导致 Paice 无法成功许可其技术。[41] 法院还指出，由于 Paice 的许可业务模式，Paice 不会与丰田在市场份额或品牌认知度方面产生竞争。[42]

关于第二个因素，法院引用了 eBay 案的主张，即单独侵犯专利权人的排他权利的行为不足以批准禁令救济，并发现金钱补救将会体现 Paice 专利权的价值。[43] 法院驳回了 Paice 所述被侵犯的权利要求涵盖"普锐斯的精髓所在"的论点。[44] 有点出乎意料的是，法院反而发现，与被控车辆的混合动力传输系统有关的被侵权的权利要求只构成整车的一个小的方面。[45] 在这一点上，法院依据的是陪审团的赔偿金和合理的使用费率，其表明被侵权的权利要求占整个车辆价值的很小一部分（25 美元，或普锐斯标价的 1% 的 1/8）。[46] 法院还指出，Paice 继续在庭审后的动议中向丰

---

　　[38]　*See id.* at ∗1–3（最近，最高法院在专利案件发现侵权后，重新审视了签发永久性禁令的适当性）。

　　[39]　*Id.* at ∗3–4（*citing eBay*, 547 U. S. at 391）。

　　[40]　*See id.* at ∗12–13.

　　[41]　*Id.*

　　[42]　*See id.* at ∗14.

　　[43]　*See id.* at ∗14–15.

　　[44]　*See id.* at ∗15（法院不同意原告关于被控车辆整体侵犯了 2 项权利要求的专利权的论点。被侵权的权利要求涉及被控车辆的混合动力传输系统，但其仅形成整体车辆的一个小的方面）。

　　[45]　*Id.*

　　[46]　*Id.*

田提供许可要约,这进一步表明 Paice 认为金钱补救是足够的。[47]

关于第三个因素,法院认为,由于可能对汽车制造商的业务和相关业务造成损害,所以权衡双方的利害得失的结果倾向于不禁止丰田。[48] 法院称,Paice 所声称的"如果没有禁令则 Paice 将面临绝境以及丰田被禁止只会遭受轻微的经济损失"的论点忽视了被控车辆相关的经济情况现状。[49] 具体而言,法院认定禁令可能会阻断丰田的业务以及经销商和供应商等相关业务。[50] 更宽泛而言,法院指出"新兴的混合动力市场"可能会受到禁令的扼杀,因为将这些相当新的产品线推向市场的研究和费用方面将遭到挫败。[51]

关于第四个因素,法院得出结论认为公共利益不倾向于任一方当事人。[52] 法院承认,长期以来公认维护专利权是有利于公共利益的,但法院注意到,这种利益是通过非禁令的救济方式来实现的,如金钱损害赔偿。[53] 有趣的是,法院明确拒绝了丰田的论点,即禁令将违背减少美国对外国石油依赖的公共利益。[54] 法院指出,丰田的混合动力车不是市场上唯一的,并且没有证据显示美国对混合动力车的需求是不能通过由其他汽车制造商生产的混合动力替代品来满足的。[55]

有趣的是,要注意法院并没有完全拒绝丰田的论点,即减少美国对外国石油依赖构成了令人信服的公共利益,这与授予禁令相抵触。但是法院认为这一论点是不成立的,因为市场上可以获得替代的混合动力汽车来满

---

[47] *See id.* at *16 (还有一点值得注意的是,原告在庭审后的动议中,已经向被告提出许可其技术的要约,该要约进一步证明了金钱救济对于原告来说是足够的)。

[48] *See id.* (在 2006 车型年中,被控车辆中的 2 款被引入市场,并且禁止它们的销售可能不仅会打断被告的业务,也会中断经销商和供应商等的相关业务)。

[49] *Id.*

[50] *Id.*

[51] *Id.*

[52] *See id.* at *17.

[53] *Id.*

[54] *See id.* (到当前为止,当被告认为禁令会违背减少对外国石油的依赖的公共利益时,法院认为这一论点是不成立的)。

[55] *Id.*

足消费者的需求。[56] 这就提出了这样的可能性，即如果市场上可获得的替代产品是有限的，则减少对外国石油的依赖或减少碳排放可能是在公共利益因素方面占上风的充足理由。如果侵犯专利权的产品处于不成熟的清洁技术领域且没有或仅存在有限的替代产品或其他替代物，则法院可能会拒绝禁令。

　　地方法院得出结论认为，这些因素整体上有利于丰田，因此拒绝了这一禁令。[57] 然而，法院下令对每辆侵权车征收 25 美元的持续使用费，而不是让各方继续谈判许可问题。[58] 法院命令在相关部分陈述如下：

　　　　在此命令被告，在′970专利的剩余期限内，被告必须向原告支付每辆侵权的普锐斯 II、丰田汉兰达或雷克萨斯 RX400H（侵权车辆）25 美元的持续使用费。[59]

3. 联邦巡回上诉法院支持持续使用费

　　双方都对侵权判决提起上诉。[60] 联邦巡回上诉法院维持了陪审团的没有任何字面侵权的裁决，因为丰田的产品缺少 Paice 专利权利要求的某些要素。[61] 至于在等同原则下的侵权行为，联邦巡回上诉法院发现有足够的证据证明丰田具有侵权的等同结构，其符合地方法院关于 CTTU 权利要求用语解释。[62] 具体而言，丰田的系统接受来自多个源的输入，即来自 ICE 输出轴的行星齿轮处的输入和来自电动机输出轴的环形齿轮处的输入，并且 CTTU 被控制以传递可变量的扭矩，即微处理器控制每个输入端

---

　　[56]　*See id.*（被告的混合动力车不是市场上唯一的混合动力车辆，并且没有证据表明这种替代品无法满足对混合动力车辆的需求）。

　　[57]　*See id.* at ＊18.

　　[58]　*See id.* at ＊19-20.

　　[59]　*Id.* at ＊19.

　　[60]　*See Paice LLC v. Toyota Motor Corp.*，504 E. 3d 1293，1296（Fed. Cir. 2007）（*cert denied*）.

　　[61]　*See id.* at 1313（丰田的设计中没有可以被称为"多输入"的单一的设备或部件）。

　　[62]　*See id.* at 1307（该反驳证词，连同每一方的主要案件中提供的证词，为陪审团提供了充分的依据，以评估 CTTU 限定与被控侵权结构之间的差异是否为实质性的）。

发送的扭矩量，并最终将该扭矩量输出到驱动轴。[63]

此外，Paice 对地方法院的持续使用费的安排提出上诉。[64] 在联邦巡回上诉法院，Paice 认为地方法院没有法定权力来决定持续使用费。[65] 联邦巡回上诉法院不同意，并认为在某些情况下对于专利侵权用判予持续使用费来代替禁令可能是适当的。[66] 然而，该观点提醒人们注意的是只有在必要的情况下才能提供这样的救济手段，而非用在"永久禁令不被法院采用"时。[67] 联邦巡回上诉法院建议，地方法院应该允许当事人自己谈判预期许可，只有在双方未能达成一致时才介入评估合理的使用费率。[68]

在一个脚注中，该意见将合议庭认可的持续使用费与合议庭所说的强制许可进行了区分，其中强制许可并不是该案问题所在。[69] 该合议庭称，"强制许可"允许任何符合某些标准的人使用被许可的作品或技术。[70] 而另一方面，持续使用费仅限于特定的一组被告（在该案中是那些被认为侵犯了 Paice 专利的被告）并且其他汽车制造商无法使用该许可。[71]

在其同意书中，Randall Rader 法官将多数人所说的区别称为是语义学上的区别，并称，"将强制许可称为'持续使用费'并不会使其不成为强

---

[63] *See id.* at 1299-1300 ［丰田的传动系统围绕"行星齿轮装置"（或动力分配装置）设计，具有与几个行星齿轮相啮合的中央"齿轮"……进而与外围环形齿轮相啮合……来自 ICE 的输出轴连接到行星托架（并因此连接到行星齿轮），而来自 MG2 的输出轴连接到环形齿轮……与丰田的传动系统相关联的微处理器能够控制 ICE 和 MG2 两者提供的扭矩量］。

[64] *See id.* at 1296.

[65] *See id.* at 1314（Paice 认为地方法院没有法定权力来签发该命令……）。

[66] Paice, 504 F. 3d at 1314（在某些情况下，对于专利侵权用颁予持续使用费来代替禁令可能是适当的）。

[67] *Id.* at 1314-15.

[68] *See id.* at 1314-15（如果地方法院确定永久性禁令是不必要的，地方法院可能希望在强制给予持续使用费之前允许当事人之间就其未来使用专利发明进行许可谈判。如果当事人未能达成协议，地方法院可以根据持续侵权行为，介入评估合理的使用费）。

[69] *See id.* at 1314 n. 13（我们使用持续使用费这个词来将这种公平救济措施与强制许可相区分）。

[70] *See id.* （"强制许可"这个词暗示符合某些标准的任何人都可以有国会授权来使用被许可的对象）。

[71] *See Paice*, 504 F. 3d at 1314 n. 13（相比之下，此处涉及的持续使用费命令仅限于特定的一组被告；法院命令中没有暗示任何其他汽车制造商也跟随丰田的脚步及使用法院认可的该专利发明）。

制许可"。[72] 也许真正的区别在于，开放的强制许可可供所有人使用，而受限的强制许可只有诉讼的侵权当事人才能使用。Rader 法官还表示，他会比大多数人的建议更进一步，即地方法院在介入纠纷之前可以允许当事人进行许可谈判。[73] 他要求地方法院将持续使用费的问题还给当事人协商或至少在设定持续使用费之前获得双方当事人的同意。[74]

关于每辆车 25 美元的数字，合议庭认为无法进行推断来支持在地方法院的命令中对于该数额的选择，并因此无法确定地方法院是否滥用其自由裁量权。[75] 因此，案件被退还到地方法院以重新评估持续使用费率。[76]

在案件退还期间，地方法院审议了有关损害赔偿的新证据，包括每个当事人的损害赔偿专家的专家报告。[77] 法院命令将每个侵权车辆的费率提高到大约 98 美元，或每辆普锐斯为 0.48% 的使用费、每辆丰田汉兰达为 0.32% 的使用费以及每辆雷克萨斯 RX400h 为 0.26% 的使用费。[78] 法院的最终计算是基于将 25% 的"经验法则"应用于丰田的 9% 的利润率，得到的最初数字为 2.25%。[79] 鉴于陪审团之前裁定的损害赔偿，以及因为丰田在混合动力车上的利润低于它的非混合动力车，法院随后将该数字减少了 1/3 至 1.5%。[80] 最后，法院将 ICE 的价值从使用费中排除，因为它不是 Paice 发明的核心部分。[81] 取 6500 美元（混合动力传动系统的价值减去 ICE，如案件中的一位损害赔偿专家所确定的那样）的 1.5%，法院得

---

[72] Paice，504 F. 3d at 1316（Rader，J.，concurring）.

[73] See id.（本法院应该做的不仅仅是建议地方法院在强制给予持续使用费之前，可以允许当事人之间进行许可谈判……）。

[74] See id.［本法院应要求（将重点与案例匹配）地方法院将该问题还给当事人协商，或者在法院设定持续使用费率之前获得双方当事人的同意］。

[75] See id. at 1315.

[76] Id.

[77] 在介入进行重新设置持续使用费率之前，法院允许当事人通过调解并竭尽全力自行设定费率。See Paice LLC v. Toyota Motor Corp.，609 F. Supp. 2d 620，623（E. D. Tex. 2009）（法院已给予当事人充分和公平的机会来设定自己的持续使用费率……不幸的是，当事人无法达成协议）。

[78] See Paice，609 F. Supp. 2d at 630-31.

[79] Id. at 630.

[80] Id.

[81] Id.

到每辆车的持续使用费为 98 美元。[82]

法院决定提高费率有几个原因。首先，丰田当时是被判定侵权的侵权人，该裁定和判决导致当事人法律地位的变化，改变了当事人在判决后的谈判地位，因而影响了损害赔偿的计算。[83] 其次，法院指出，丰田在判决之后的继续侵权行为是故意的，并且任何新的诉讼都可能导致对汽车制造商强制施加 3 倍赔偿。[84] 法院进一步指出，较高的石油和天然气价格使 Paice 的混合动力技术更具价值，并且增加了丰田的混合动力车的销量。[85] 最后，丰田的混合动力车有助于满足提高的美国燃油效率标准，[86] 并且这些侵权车辆的普及已经提高了丰田作为绿色公司的声誉。[87]

尽管丰田公司直到 2011 年'970 专利到期之前都背负着持续的使用费，尽管这一费率最终被提高到 4 倍，但对于汽车制造商和清洁技术来说，这仍然是一个好的结果。它防止了丰田的业务可能被严重中断，并允许当前流行的混合动力车继续在道路上川流不息，以及减少我们的碳排放。同时，它使 Paice 获得可靠的收入来源，作为对其创新的奖励。该技术公司可以利用这笔收入为其混合动力车系统的研发提供资金。这些持续创新有可能被丰田和其他混合动力车实施者通过许可而使用。

该结果是通过四因素永久禁令测试和地方法院关于持续使用费的可选处置权而实现的。eBay 和 Paice 先例无疑将继续对丰田的混合动力车起重要作用，因为这家汽车制造商再次在得克萨斯州东区法院被 Paice 作为诉讼目标，以及被另一家利用混合动力车专利作为武器的非实施专利权人作

---

[82]　*Id.*

[83]　*See Paice*，609 F. Supp. 2d at 630（法律必须确保自愿选择继续其侵权行为的被判定侵权的侵权人必须因为使用专利持有人的财产而对专利持有人进行充分的补偿……。法院……考虑到自第一次假设谈判以来发生的已经改变的法律和事实情况）；*see also id.* at 624（一旦已经进入有效性和侵权判断……计算标准准明显不同，因为涉及不同的经济因素）。

[84]　*See id.* at 626（footnote omitted）（丰田从未考虑过这一事实，即其持续的侵权行为是故意的，并且 Paice 发起的新诉讼可能会导致 3 倍赔偿，并可能被视为例外情况）。

[85]　*See id.* at 628（citations omitted）（Paice 争辩说，并且法院同意，更高的石油和天然气价格使 Paice 技术的燃油效率优势更有价值。汽油价格的上涨显著增加了丰田的混合动力车的销量）。

[86]　*See id.* at 629（毫无疑问，丰田提供的混合动力车有助于它符合 CAFE 标准）。

[87]　*See Paice*，609 F. Supp. 2d at 629（citation omitted）（丰田在混合动力车行业中的主导地位以及其侵权车辆的普及增强了丰田作为"绿色"公司的声誉）。

为诉讼目标。

2007 年 7 月，虽然最初的诉讼仍在审理中，但 Paice 针对丰田提起了第二个诉讼，指控丰田侵犯 3 项专利，其中包括'970 专利。在该诉讼中，Paice 声称丰田凯美瑞（Camry）混合动力车侵犯了'970 专利，并且第二代普锐斯、汉兰达 SUV、雷克萨斯 RX400h SUV、凯美瑞混合动力车和其他两款雷克萨斯车型侵犯'970 专利、第 7104347 号美国专利和第 7237634 号美国专利。[88] 2009 年 7 月，Paice 提交了第二次修改的诉状，该诉状放弃指控这两款雷克萨斯车型侵犯'970 专利。根据修改的诉状，Paice 签订了一份合约，不会指控雷克萨斯 GS450h 和雷克萨斯 LS600h 侵犯'970 专利。[89]

美国专利第 7392871 号（'871 专利）证书的油墨几乎未干，Paice 就再次指控丰田侵权。[90] '871 专利于 2008 年 7 月 1 日获得授权；同一天 Paice 就在得克萨斯州东区提起诉讼。'871 专利属于一个最新出现的专利包，该专利包涵盖了 Paice 的'970 专利的改进内容。'871 专利权利要求主张了一种混合动力车，具有 3 个交流电动机，每个电动机都带有一个交流-直流转换器。[91] '871 专利说明了，提供 3 个电动机（一个启动电动机和两个牵引电机）带来了机械和效率优势，例如无需前后驱动轴，并允许通过微处理器集中完成牵引力控制。[92] Paice 的诉状，指控丰田由于制造和销售汉兰达混合动力 SUV 和雷克萨斯 RX400h 混合动力 SUV 而直接侵犯'871 专利，以及丰田通过鼓励其他人操纵车辆来诱导和促使侵权。[93] Paice 再一次向法院请求禁令。[94]

个体发明人 Conrad O. Gardner 最近对丰田提起了另一项侵权诉讼。

---

[88]　See First Am. Complaint at 4-5, *Paice LLC v. Toyota Motor Corp.*, Case No. 07-cv-180-DF（July 3, 2007）.

[89]　See Second Am. Complaint at 4, *Paice LLC v. Toyota Motor Corp.*, Case No. 07-cv-180-DF（July 22, 2009）.

[90]　See generally Complaint at 3, *Paice LLC v. Toyota Motor Corp.*, Case No. 2：08-cv-261（July 1, 2008）.

[91]　See U. S. Patent No. 7392871 col. 56 l. 42-67（filed May 8, 2006）.

[92]　See id. col. 51 l. 11-23.

[93]　See Complaint, *supra* note 90, at 3.

[94]　See id. at 4.

Gardner 是华盛顿州的工程师和专利律师，并且被列为 8 件专利的发明人，其中有几件专利涉及混合动力车技术。Gardner 最近在华盛顿西区法院起诉丰田，指控该汽车制造商由于制造和销售第二代普锐斯、凯美瑞和汉兰达，侵犯美国专利第 7290627 号（'627专利），其名称为"具有环境污染物处理功能的扩展范围机动车辆"。[95]

'627专利，涉及一种混合动力车辆控制系统，该系统通过感测车辆的速度并相应地传递驱动力分量，控制来自内燃机和电动机的驱动力的相对分配。[96] Gardner 第二次修改的诉状指出，'627专利是基于 1992 年 4 月提交的母案申请，因此享有优先权日，比丰田开始研发商用混合动力汽车的日期提早超过两年。[97]

Gardner 指控丰田早在 1994 年 1 月就已经了解他的专利技术。[98] 具体来说，诉状声称，在丰田的一件混合动力车技术专利申请的审查期间，美国专利商标局引用了 Gardner 的专利来反驳丰田的专利申请。[99]

丰田在对抗 Gardner 侵权指控方面取得了一些初步进展，并最终在地方法院获胜。2009 年 11 月，法院批准了丰田的部分简易判决的动议，即根据第 112 条第二款，'627专利的独立权利要求 6 因为不明确而无效。[100] 该条款规定，专利的权利要求必须"具体指出'本发明的主题'并且明确地要求保护'本发明的主题'"。[101] 权利要求 6 描述了一种以"高速"为车辆供电的发动机和以"较低速度"给电池充电的充电路径。[102] 该权利要求在后面使用了"所述速度要求"。法院认为该权利要求是不明确的，

---

[95]　*See* Complaint for Patent Infringement, at 5, Gardner v. Toyota Motor Corp., Case No. 08 - 0632（Apr. 23, 2008）.

[96]　*See* U. S. Patent No. 7290627 col. 2 l. 54-col. 3 l. 28（filed June 23, 1997）.

[97]　*See* Complaint for Patent Infringement, *supra* note 95, at 4-5.

[98]　*See id.* at 3. 9.

[99]　*Id.*

[100]　*See* Order, *Gardner v. Toyota Motor Corp.*, Case No. 08-cv-632-RAJ（W. D. Wash. Nov. 19, 2009）.

[101]　35 U. S. C. § 112, 2（2010）.

[102]　美国专利第 7290627 号，第 12 栏第 24-35 行（申请日为 1997 年 6 月 23 日）。

因为不清楚先前描述的速度中哪一个是"所述速度要求"的在先基础。[103]

2010年9月，法院批准了丰田关于不侵犯′627专利的其余涉诉权利要求的简易判决的动议。[104] 法院此前已经解释了该专利的权利要求的两个用语，"电动机产生的驱动力传递装置"和"发动机产生的驱动力传递装置"是意味着发动机驱动一组车轮而电动机驱动另一组车轮。[105] 第一个用语的解释还要求（1）驱动轴、离合器、传输机构和轴的组合，或（2）电机直接驱动器和轴的组合。[106]

法院认为，普锐斯、凯美瑞和两轮驱动的汉兰达并未侵犯′627专利，因为在那些车辆中，发动机和电动机都驱动同一组车轮，特别是前轮。[107] 四轮驱动的汉兰达被认为是非侵权的，因为驱动后轮的独立的电动机没有通过离合器连接到车轮上，也没有构成直接驱动。[108] 法院随后颁布了命令，拒绝了Gardner要求针对丰田的不公平反诉进行部分简易判决的动议和要求针对丰田的无效意见进行部分简易判决的动议。[109] 截至本书撰写之日，Gardner已对两项简易判决均提出上诉。[110]

普锐斯的市场渗透，使得在减排技术的商业化和普及化方面取得了重要的早期成功。如果eBay案没有发生，那么针对丰田的这套地方法院专利

---

[103]　*See* Gardner, *supra* note 100, at 11（"所述速度要求"缺乏明确或隐含的在先基础，并且所提出的多种竞争性解释使得该权利要求含义模糊……，法院认定′627专利的权利要求6不明确因而无效）。

[104]　*See generally* Order, *Gardner v. Toyota Motor Corp.*, Case No. 08 – cv – 632 – RAJ（W. D. Wash. Sept. 10, 2010）.

[105]　*Id.* at 3.

[106]　*Id.* at 4.

[107]　*See id.* at 3–4［丰田引用了Gardner先生本人的承认："原告承认普锐斯和两轮驱动凯美瑞的（内燃机）和电动机都驱动同一对车轮。"……在口头辩论中，他的律师承认被指控的普锐斯、凯美瑞和两轮驱动的汉兰达不会侵犯′627专利的权利要求1，因为它们不满足本法院所解释的"电动机产生的驱动力传递装置"和"发动机产生的驱动力传递装置"的权利要求限制。因此，基于该承认，法院对丰田的动议所保留的唯一问题是，四轮驱动的汉兰达是否侵犯了′627专利的权利要求1］。

[108]　*Id.* at 4.

[109]　*See generally* Order, *Gardner v. Toyota Motor Corp.*, Case No. 08 – cv – 632 – RAJ（W. D. Wash. Sept. 20, 2010）.

[110]　*See* Notice of Appeal, *Gardner v. Toyota Motor Corp.*, Case No. 08 – cv – 632 – RAJ（W. D. Wash. Sept. 30, 2010）.

侵权诉讼，会严重威胁到普锐斯对环境保护产生的积极影响。最高法院关于专利禁令的判决，为法院提供了必要的灵活性，用以平衡 NPP 的利益与公共利益。

地方法院拒绝禁令救济 Paice 案例判决，诠释了这种新的灵活的专利禁令判定方法。在制定适当的补救措施时，法院能够考虑当事人所关注的问题，如 Paice 的许可努力和丰田的研发费用。法院还权衡了关于侵权涉及的权利要求所涵盖的部件占车辆中的比例的损害赔偿问题。既要考虑大局，也要求公平。例如，法院考虑了禁令将对丰田的经销商和供应商等相关业务产生影响，甚至如减少美国对外国石油依赖等政策问题也被纳入分析之中。在 eBay 案背景下，清洁技术的实施者有理由让法院听取他们所关注的问题，并且至少提出与气候变化有关的公共利益论点。考虑到各方面的因素，当事人所关注的问题可以被充分听取，法院可以权衡更多的信息并且能够更好地获得正确的结果。

此外，联邦巡回上诉法院 Paice 案判决之后可能被允许的判予持续使用费，是地方法院可以自行处置用于替代禁令的一种额外补救手段。凭借这种公平的自由裁量权，地方法院可以维持事实上的技术转让安排，在当事人可能不愿意或无法达成协议的情况下，通过设定合理的价格条款，从而允许有益的清洁技术的调配。

eBay 案和 Paice 案不仅改善了诉讼结果，它们实际上还可以通过鼓励当事人达成许可协议来减少 NPP 带来的侵权诉讼数量或者促使这些诉讼提早结束。从 NPP 的角度来看，诉讼可能是一个不那么有吸引力的选择；永久禁令的可能性大大降低，NPP 的最大威胁手段已被消除。此外，法院判予持续使用费的可能性，可能为清洁技术实施者和 NPP 两者都提供了额外的激励，促使他们将更多的时间和精力用于谈判他们自己的许可条款。法院有可能确定使用费率并将其自由裁量的使用费率强加给诉讼当事人，这会为当事人庭外和解提供强有力的激励。

4. 另一种诉讼途径的兴起：Paice 和其他清洁技术 NPP 诉诸边境贸易管理机制

然而，对于法院这个积极的趋势，至少有一个重要的例外，即清洁技术 NPP 正在寻求美国国际贸易委员会[111]（ITC）的排除令。eBay 案的判决，使得 ITC 成为对 NPP 特别有吸引力的诉讼途径，因为由 eBay 案带来的新的专利禁令法不适用于 ITC 诉讼。[112] 因此，ITC 可以以排除令的形式强制执行禁令救济，即禁止将产品进口到美国，而无需分析公平禁令因素。[113] 因此，在地方法院失去禁令这个武器之后，一些 NPP 正在转向 ITC，以便通过排除令的威胁来重新获得这种禁令。

事实上，Paice 试图通过这个诉讼途径来逃避 eBay 案的影响。在被地方法院否决禁令后以及在联邦巡回上诉法院确认法院强制执行的持续使用费之后，Paice 将注意力转向了 ITC。2008 年 9 月，Paice 向 ITC 提交了诉状，要求 ITC 调查丰田进口第三代普锐斯、凯美瑞混合动力车、雷克萨斯 HS250h 和 RX450h（被控产品）的行为是否侵犯′970专利。Paice 请求永久性限制排除令，以阻止将被控产品进口到美国。[114] 这一策略证明是成功的，因为丰田最终同意接受 Paice 的整个专利技术组合的许可。[115]

根据 ITC 诉状，丰田在先前地方法院诉讼中以证据开示回应和规定的形式作出司法承认，即被控产品的传动系统与被发现侵犯′970专利的那些系统实质上相同。[116] 此外，Paice 声称，应该排除丰田挑战′970专利的侵犯、有效性和可执行性的资格，因为那些问题在地方法院的诉讼中是"完

---

[111]　美国国际贸易委员会是一个联邦机构，负责调查贸易出口和进口问题，包括根据 19 U. S. C. §1337 进行关于涉嫌侵犯知识产权的准司法程序。

[112]　*See In re* Certain Hybrid Electric Vehicles and Components Thereof，337‐TA‐688，Order No. 12 at 11（U. S. I. T. C，May 21，2010）[*citing Certain Baseband Processors*，337‐TA‐543，2007 LEXIS 621 at *102，note 230（June 19，2007）（委员会已声明，不需要遵循最高法院在 eBay Inc. 诉 Mercexchange LLC 案中的判决）]。

[113]　*See id.* 9‐10（1930 年的关税法第 337 条规定的补救措施是旨在保护国内产业免受不公平进口行为的贸易补救措施，而专利法第 283 条规定的禁令救济是基于该法条下的专利权人的权利的公平补救办法）。

[114]　*See id.* at 54.

[115]　*See* Joann Muller，*Toyota Settles Hybrid Patent Case*，FORBES. COM，*available at* http://www.forbes.com/2010/07/19/toyota‐prius‐paice‐severinsky‐business‐autos‐hybrid.html（July 19，2010）（和解协议条款没有披露，但 Paice 的董事长 Frances M. Keenan 表示，丰田已同意接受所有 23 件 Paice 专利的许可，而不仅仅是在 ITC 主张权利的那件专利）。

[116]　*See* Compl. at 25，*In re Certain Hybrid Electric Vehicles and Components Thereof*，USITC Inv. No. 337‐TA‐688（Sept. 2，2009）。

全和最终针对丰田的"，从而会产生禁止反悔问题。[117] Paice 进一步主张既判案件应该可以排除丰田挑战′970专利的有效性和可执行性的资格，因为被控产品与在地方法院案件中被发现侵权的车辆实质上相同。[118]

在 ITC 诉讼中，Paice 似乎事事如愿。2010 年 3 月，主持案件的行政法官（ALJ）批准了 Paice 关于被控产品侵犯′970专利的简易判决的动议。[119] 同一个判决否定了丰田基于请求排除规则而要求终止调查的动议，[120] 尽管随后允许丰田继续该动议。[121] 此后不久，ALJ 还批准了 Paice 的动议，Paice 的动议要求简易判决根据争点排除规则禁止丰田挑战′970专利的有效性。[122] ALJ 驳回了丰田关于其能够挑战′970专利的有效性的论点，因为最高法院 KSR 诉 Teleflex 案的关于显而易见性的法律分析的判决构成了法律的变化，引发了关于争点排除的例外情形。[123]

最后，有可能是压垮骆驼的最后一根稻草，ALJ 拒绝了丰田的重新提出的动议，丰田的动议要求简易判决由于请求排除规则而禁止 ITC 调查。[124] 请求排除规则阻止对先前主张的重新审理，包括在之前已经判决

---

[117]　*See id.* at 48-53.

[118]　*See id.*

[119]　*See In re* Certain Hybrid Electric Vehicles and Components Thereof, USITC Inv. No. 337-TA-688, Order No. 6: Initial Determination Granting Complainant's Motion for Summary Determination Regarding Infringement, Validity and Unenforceability; and Denying Respondents' Cross motion for Summary Determination Terminating This Investigation for Claim Preclusion (Mar. 3, 2010).

[120]　*Id.*

[121]　*See In re* Certain Hybrid Electric Vehicles and Components Thereof, USITC Inv. No. 337-TA-688, Order No. 12: Denying Toyota's Renewed Motion for Summary Determination on Claim Preclusion at 2 (May 21, 2010) (2010 年 4 月 6 日，ALJ 与当事人举行电话会议，讨论委员会的意见，以及除其他外，丰田是否可以再次提出基于请求排除而简易判定终止该调查的动议。同一天，ALJ 通过电子邮件通知当事人他将允许丰田再次提出其动议)。

[122]　*See In re* Certain Hybrid Electric Vehicles and Components Thereof, USITC Inv. No. 337-TA-688, Order No. 11: Initial Determination Granting Complainant's Motion for Summary Determination Regarding Validity Based on Issue Preclusion at 9 (May 21, 2010) (ALJ 批准 Paice 的关于简易判决的动议，即′970专利是有效的，因为根据争点排除规则丰田被禁止重新对′970专利的有效性提起诉讼)。

[123]　*See id.* at 7-8 (最高法院没有改变关于显而易见的法律，而是强调该法律并不需要特定的 TSM 测试，该法律从 Graham 案之后没有改变)。

[124]　*See supra* note 112, at 13 (ALJ 认为 Paice 的请求不被排除，因为在本次调查中适用于请求排除的例外情况。丰田的要求简易判决而终止本次调查的动议因此被拒绝)。

的诉讼中提出或可能提出的问题，除非适用该规则的例外情况。[125] 丰田声称，ITC 调查涉及当事人之间在之前的地方法院诉讼中的相同的主张，并且不适用请求排除规则的例外情况。[126] 该动议提出这样的问题，即 Paice 是否在地方法院诉讼中无法 "寻求某种补救措施或某种形式的救济"，而该补救措施或救济是在 ITC 可获得的。[127] 如果适用此例外情况，那么 ITC 的调查就不能通过请求排除规则来禁止。

ALJ 认为，Paice 并未被排除在寻求 ITC 调查的可能性，因为在该实例中与可用补救措施相关的例外情况是适用的。[128] ALJ 发现 ITC 中的排除令所提供的救济与 Paice 可在地方法院诉讼中获得的永久禁令之间存在明显的差异。[129] 特别是，两种补救措施的出发点差别很大。排除令，是一种旨在保护美国工业不受不公平进口行为损害的商业补救措施，并且是针对侵权产品的；禁令救济，则源于专利权人的排除侵权方实施专利的权利并且是针对侵权方的。[130] ALJ 还注意到，美国贸易法规考虑了 ITC 调查会给专利所有人提供除专利法所提供的补救措施之外的救济。[131]

---

[125] See id. at 8（根据既判判决理论或请求排除规则，对诉讼案情的最终判决，排除当事人或其所有人对已经或可能在诉讼中提出的问题再次进行诉讼……如果存在关于该规则的例外情况，则请求排除将不适用于终止整个请求）（内部引文省略）。

[126] See id. at 4（丰田辩称，所有当事人都承认，即时调查涉及与先前地方法院诉讼的同一请求，因为没有争议的是，被控产品，即丰田普锐斯 II、丰田凯美瑞混合动力车、雷克萨斯 RX450h 和雷克萨斯 HS250h 与被控产品 "本质上是相同的"，它们之间的差异仅仅是可着色的。因此，由于诉讼请求是相同的，除非适用于请求例外的情况，否则 Paice 将被排除在本调查之外）（内部引文省略）。

[127] See id. at 9（疑问的重点是，是否排除令所提供的救济是在地方法院无法获得的某种补救措施或某种形式的救济）。

[128] See id.（ALJ 发现，虽然 Paice 在即时调查中的主张是基于 Paice I 中的相同主张，但并不排除 Paice 进行即时调查，因为请求排除的一般规则的例外情况适用于本次调查，即 Paice 无法在地方法院寻求某种补救措施或某种形式救济）。

[129] See id.（排除令提供的救济和永久禁令的救济的意义不同）。

[130] See id. at 9-11（这些补救措施的出发点有很大不同：根据 1930 年关税法第 337 条提供的补救措施是旨在保护国内产业免受不公平进口行为的贸易补救措施，而根据专利法第 283 条的禁令救济是基于专利权人根据该法享有的权利的公平补救措施……ITC 发布的排除令针对的是侵权产品，无论当事人是否寻求进口这些货物。相形之下，地区法院发布的禁令是针对诉讼中的特定当事人）。

[131] See id. at 10［引用 19 U. S. C. § 1337（a）（1），337 调查专门旨在为专利持有人在根据专利法所提供的救济之外提供救济］。

有趣的是，eBay 案间接地为这样的主张提供了额外的推动力，即 ITC 排除令和根据专利法的永久禁令是实质上不同的补救措施。在 eBay 案之后的 2007 年 ITC 意见中，ITC 表示其不受最高法院判决的约束。[132] ALJ 引用了该意见，并从其解释中得到了额外的支持，即专利禁令分析与排除令不同。[133] 因此，虽然 eBay 案判决缓和了 NPP 诉讼在联邦法院的效力，但是由于强调专利禁令分析，它可能间接地加强了那些未能在法庭上获得禁令救济从而寻求 ITC 排除令的 NPP 的权利。

在 ALJ 拒绝丰田关于请求排除规则的动议并且允许 Paice 寻求 ITC 调查几个月后，丰田认为已经受够了。2010 年 7 月，当事人宣布他们的专利纠纷已经达成和解。[134] 虽然协议的条款是保密的，但是有关人员的报告和陈述揭示了这笔交易两块有趣的内容。首先，当事人发布的措辞谨慎声明一方面小心翼翼地提到丰田侵犯'970专利，另一方面提到丰田独立开发了该技术：

> 当事人同意，尽管已发现某些丰田车采用了类似 Paice 专利，作为丰田悠久创新历史的一部分，独立于 Severinsky 博士和 Paice 的任何发明，丰田发明、设计和开发了普锐斯和丰田的混合动力车技术。[135]

其次，更重要的是，丰田公司获得了 Paice 整个专利组合的许可。Paice 的董事会主席 Frances M. Keenan 表示，"丰田已经同意接受所有 23

---

[132] *See id.* at 11 [*citing Certain Baseband Processors*, 337-TA-543, 2007 LEXIS 621 at * 102, note 230 (June 19, 2007) (委员会已声明不需要遵循最高法院在 eBay Inc. 诉 Mercexchange LLC 案中的判决)].

[133] *See id.* [（某些宽带处理器中）委员会解释了关于专利权人是否有权获得禁令的分析与确定专利权人是否有权获得排除令有所不同。因此，根据第 33 条规定的救济与地方法院中的禁令救济是不同的] （内部引文省略）。

[134] *Toyota and Paice Reach Settlement of Patent Disputes*, PR Newswire (July 19, 2010).

[135] *Id.*

件 Paice 专利的许可，而不仅仅是在 ITC 主张的那件专利"[136]。被许可的最后一件专利将于 2019 年到期。[137]

通过这次 ITC 诉讼，Paice 成功地加大了对丰田的压力，使丰田在许可协议上签字。尽管清洁技术 NPP 带来了新一轮的 ITC 诉讼，eBay 案和 Paice 案都会有助于越来越多的庭外和解以及有助于另一个清洁技术细分领域（发光二极管）中的许可安排。

三、提起诉讼的 LED 教授：Gertrude Neumark Rothschild 的专利维权诉讼

另一个在联邦法院和 ITC 都有重大 NPP 诉讼的清洁技术细分领域是节能照明产品，特别是发光二极管。无处不在的 LED 可能是其中一个原因。作为标准白炽灯的节能替代品，数十亿的 LED 被广泛用于交通灯和手机等各种应用中。因此，有不同细分领域的数量巨大以及种类繁多的产品被控侵权。

与白炽灯泡相比，LED 具有许多优点，包括卓越的能效。LED 的效率显著高于白炽灯，因为它们比标准灯泡产生更多的每瓦特光，并且辐射的热量非常少，而白炽灯所浪费能量的主要来源就是热量辐射。[138] 另一个效率优势来自 LED 能够在不使用彩色滤光片的前提下发射某一特定颜色的光，而这些彩色滤光片是传统照明光源发出彩色光所必需的并且会影响效率。[139]

---

[136] *See* Joann Muller, *Toyota Settles Hybrid Patent Case*, FORBES. COM, *available at* http://www.forbes. com/2010/07/19/toyota - prius - paice - severinsky - business - autos - hybrid. html（July 19, 2010）（虽然没有透露和解条款，但 Paice 的董事长 Frances M. Keenan 表示，丰田已经同意接受所有 23 件 Paice 专利的许可，而不仅仅是 ITC 主张的那件专利）。

[137] *See* Hilary Russ, *Toyota*, *Paice Resolve Patent Battle over Hybrids*, LAW360, July 19, 2010, http://ip.law360.com/articles/181844（根据原告的发言人所述，该交易包含适用于 23 件国内和国外的与混合动力车技术有关的 Paice 专利的许可组合，其中最后一件专利在 2019 年到期）。

[138] *See* U. S. Dept. of Energy, *Solid-State Lighting*：*Using Light-Emitting Diodes*, http://www1. eere.energy.gov/buildings/ssl/using _leds.html（last visited July 25, 2010）.

[139] Wikipedia, *Light-emitting diode*, http://en.wikipedia.org/wiki/Led-Advantages（last visited July 25, 2010）.

该领域最具诉讼性的 NPP 是哥伦比亚大学退休教授 Gertrude Neumark Rothschild。Rothschild 教授是真正的 LED 创新者，也是美国专利第 4904618 号（'618专利）和美国专利第 5252499 号（'499专利）被列出的唯一发明人，这些专利涉及使 LED 能够发射较短波长（绿色或蓝色）光的方法。Rothschild 的专利解决了"掺杂"[140] 宽带隙半导体材料的问题，这是使材料产生足够的电导从而起到 LED 作用的重要步骤。[141] 在 LED 中，在带有正电荷（或 p 型）的半导体和带有负电荷（或 n 型）的半导体之间形成连接。[142] LED 中的电子被限制于材料中被称为带[143]的某些空间，并且可以使这些电子通过间隙从一个带移动到另一个带。[144] 电压被施加在该连接上以导致电子从负电性材料向正电性材料移动。[145] 当电子从"导带"移动到"价带"时，它们失去的能量以光的形式释放。[146] 光的波长或颜色取决于带隙的宽度。[147]

---

[140]　*See* U. S. Patent No. 4904618 col. 1 l. 9 – 17（filed Aug. 22, 1988）；*See generally* Wikipedia, *Doping*（*semiconductor*）, http://en.wikipedia.org/wiki/Doping_（semiconductor）（last visited July 25, 2010）.

[141]　*See id.* col. 1 l. 15-17（掺杂剂有助于产生空穴和电子电荷载流子，它们负责晶体的有用的电子特性）.

[142]　*See Using Light-Emitting Diodes—How LEDs Work*, U. S. Department of Energy, Energy Efficiency and Renewable Energy web site, http://www1.eere.energy.gov/build-ings/ssl/how.html ［LED 由经处理形成被称为 p-n（正-负）结的结构的半导体材料芯片组成］.

[143]　*See* Rachel Casiday & Regina Frey, *Bonds, Bands and Doping: How Do LEDs Work?*, Department of Chemistry, Washington University, *available at* http://www.chemistry.wustl.edu/~courses/genchem/Tutorials/LED/bands_06.htm ［较低的能带由填充的轨道（即包含电子的轨道）组成，并被称为价带；较高的能带由未填充的轨道组成，并被称为导带］（原文强调）.

[144]　*See id.* ［回想一下，这些带由大的带隙隔开。因此，需要大量的输入能量来促使电子从填充的较低能量（价）带移动到未填充的较高能量（导）带］（原文强调）.

[145]　*See Using Light-Emitting Diodes—How LEDs Work*, U. S. Department of Energy, Energy Efficiency and Renewable Energy web site, http://www1.eere.energy.gov/buildings/ssl/how.html（当连接到电源时，电流从 p 侧或阳极流出到 n 侧或阴极，但不是相反方向）.

[146]　*See id.* ［当电子遇到一个空穴时，它会落入一个较低的能量水平，并以光子（光）的形式释放能量］.

[147]　*See* Rachel Casiday & Regina Frey, *Bonds, Bands and Doping: How Do LEDs Work?*, Department of Chemistry, Washington University, *available at* http://www.chemistry.wustl.edu/~courses/genchem/Tutorials/LED/bands_06.htm（发出的光的颜色取决于带隙的大小）.

具有宽带隙的半导体更难以掺杂，因为它们更有可能被"补偿"[148]，意味着不接受增加的电荷载流子并且半导体电阻率增加。Rothschild 的专利，通过利用额外的补偿物质引入额外浓度的掺杂剂来减少这种补偿，并且随后去除该补偿物质。[149] 这种技术在宿主晶体中留下了更高浓度的掺杂剂，导致高导电率。[150] Rothschild 的技术通过更经济可行的方式生产绿色、蓝色和其他短波长 LED 而对 LED 产生了重大影响。

Rothschild 于 2005 年开始在联邦法院开始她的专利维权活动，这些维权活动针对的是制造和销售 LED 以及含 LED 产品的大公司。2005 年，Rothschild 在纽约南区法院针对 LED 制造商飞利浦亮锐（Philips Lumileds）[151]、科锐（Cree）[152] 和欧司朗（Osram）[153] 提起 3 项单独的专利侵权诉讼，指控被告侵犯′618专利和′499专利。

Rothschild 教授也在 ITC 进行诉讼。2008 年 2 月，她向 ITC 提交诉状，指控包括日立（Hitachi）、LG 电子（LG Electronics）、松下（Matsushita）、摩托罗拉（Motorola）、诺基亚（Nokia）、三星（Samsung）、索尼（Sony）和东芝（Toshiba）等电子巨头的超过 25 个被告侵犯了′499专利的专利权。2009 年 3 月，她向 ITC 提交了第 2 个诉状，指控位于中国大陆和

---

[148]　*See* U. S. Patent No. 5252499 col. 1 l. 41 – 43（filed Aug. 15, 1988）（具有宽带隙的 p 型或 n 型半导体中的高电阻率是由于补偿作用所导致的）。

[149]　*See* U. S. Patent No. 4904618 col. 2 l. 28-39（filed Aug. 22, 1988）（在我的新技术中，将所需的主要掺杂物质引入感兴趣的半导体中，同时具有合适的浓度。次级补偿物质……，补偿物质的作用是增加所需掺杂剂的溶解度，使得所需掺杂剂引入的浓度可能大于没有补偿物质时的平衡值。随后，更多的移动补偿物质优先删除）。

[150]　*See id.* col. 2 l. 43-48（在移除所选择的移动补偿物质之后，留在宿主晶体中的掺杂剂将主要仅是所需的掺杂剂，由此该材料可具有由所需掺杂剂所赋予类型的高导电性）。

[151]　Compl., *Rothschild v. Philips Lumileds Lighting Company*, No. 05 - CV - 5940（S. D. N. Y. June 27, 2005）.

[152]　Compl., *Rothschild v. Cree, Inc.*, No. 05-CV-5939（S. D. N. Y. June 27, 2005）.

[153]　Compl., *Rothschild v. Osram Gmbh*, No. 05-CV-5941（S. D. N. Y. June 27, 2005）.

中国台湾的另外 6 个电子公司侵犯'499专利。①

　　Rothschild 教授在获得被控侵权者接受许可方面取得了巨大成功。[154]
其中一些成功无疑是由于她的专利所保护的开拓性创新以及她在法院取得
的一些有利裁决。然而，尤为要注意，尽管在 eBay 案之后禁令的威胁被实
质性削弱，很多类似 Rothschild 教授这样的许可活动已经到来。或许，一
些从 Rothschild 教授那里获得许可的被控侵权者（其中一些被控者在 Paice
的判决下达并且法院强制执行的持续使用费被批准之后不久就接受了许
可）之所以这样做，是因为他们倾向于自行谈判许可价格条款而不是让法
院来为他们做这件事。

　　在这方面，与欧司朗、飞利浦和晶元的和解因其发生在这个时间节点
而引人注目。2006 年 10 月，[155] 欧司朗和 Rothschild 就其诉讼达成和解，
时间在得克萨斯州东区法院命令丰田向 Paice 支付每辆侵权车 25 美元的持
续使用费之后仅仅 3 个月。类似地，2008 年 3 月，[156] 飞利浦与 Rothschild
达成协议，时间在联邦巡回上诉法院维持下级法院在 Paice 案中的判决并

---

　　① 2008 年 2 月 20 日，美国哥伦比亚大学退休教授 Rothschild 以专利侵权为由，向 ITC 提起
"337 调查" 申请（案卷号为 337-TA-640），要求对包括 6 家中国公司在内的全球 34 家公司发起
"337 调查"，禁止这些公司向美国进口 LED 产品。其中，中国内地的 6 家公司分别为：深圳市渊
明电子有限公司（原名深圳洲磊）、广州市鸿利光电子有限公司、深圳佳光电子有限公司、深圳超
毅光电子有限公司、深圳凯信光电有限公司、深圳市雅佳誉电子有限公司，被申请的这 6 家中国
公司均是 LED 下游企业。

　　此次诉讼，ITC 最终确定 31 家企业为被调查对象。其中，深圳凯信光电有限公司和深圳市雅
佳誉电子有限公司未被列入调查名单；深圳超毅光电子、深圳佳光电子选择不应诉直接赔偿并和
解；广州鸿利光电、深圳洲磊电子选择应诉。2008 年 8 月中旬，中国内地的洲磊与鸿利与申请人
就和解协议达成一致。鸿利光电成为中国内地唯一取得美国授权的 LED 封装企业，洲磊电子获得
一项应用授权。和解协议同意中国企业继续对美出口涉案的 LED 产品，中国企业对原告进行赔偿。

　　根据她的律师所述，Rothschild 已经与超过 40 家公司达成和解或许可协议，获得超过 2700 万
美元。——译者注

　　[154] See Peter Clarke, *Mitsubishi Deal Brings Professor's LED Patent Haul to \$ 27 Million*, EET-
imes. com, *available at* http://www. eetimes. com/showArticle. jhtml? articleID = 221600592（Nov. 6,
2009）.

　　[155] See Rothschild v. Osram GmbH, No. 05-CV-5941, Stipulation and Order of Dismissal with
Prejudice（Oct. 18, 2006）.

　　[156] See Press Release, Sidley Austin, Sidley Announces Settlement of Patent Infringement Claims
Against LED Manufacturer（Mar. 10, 2008）, http://www. sidley. com/newsresources/newsandpress/
Detail. aspx? news = 3511.

批准其强制执行持续使用费之后不到 5 个月。2008 年 5 月，中国台湾 LED 制造商晶元与 Rothschild 达成协议而没有发生诉讼。根据协议条款，Rothschild 授予晶元使用'618专利和'499专利中的技术的全球许可。[157]

　　飞利浦可能会由于一个不利的权利要求解释判决而被进一步推向谈判桌。在法院判决部分批准 Rothschild 的动议之后达成了和解，Rothschild 的动议是要求重新考虑其权利要求解释意见。在法院原始的权利要求解释意见中，法院解释用语"用……原子氢掺杂……"的意思是"并入不是由环境气体分解产生的原子氢"。[158] 然而，在重新考虑时，法院根据专利权人在专利申请过程中的陈述，发现其先前对用语的限制性解释是错误的，并将其修改为意思是"使用（来自任何源的）原子氢掺杂"。[159] 这个对权利要求用语的扩大解释可能有助于 Rothschild 的侵权案件并促使飞利浦同意和解。

　　在联邦法院诉讼案的被告中，科锐的对抗时间最长。Rothschild 指控这家位于北卡罗来纳州的 LED 制造商生产氮化镓 LED 和氮化铝镓 LED 的方法侵犯'618专利和'499专利。对于这个被告，法院拒绝了科锐的要求简易判决科锐没有侵权 Rothschild 的其中一件专利的动议，因为法院确定所主张的专利权利要求的前序部分不应成为侵权分析的组成部分。[160]

　　权利要求 10（即'499专利所唯一主张的独立权利要求）的前序部分，要求保护一种"从宽带隙半导体衬底形成低电阻率半导体的方法，该半导体衬底在被掺杂时具有被补偿的趋势，该方法包括……"[161] 科锐试图通过辩称该前序部分应该是侵权分析的组成部分来使'499专利接受简易判决，

---

　　[157]　*See* Press Release, Epistar, Epistar Obtained a Worldwide License from Professor Gertrude Neumark Rothschild（May 8, 2008），http://www.epistar.com.tw/ptreport/2008 - 05 - 08% 20press% 20release.pdf.

　　[158]　Rothschild v. Cree, Inc., 2007 U.S. Dist. LEXIS 33134, at ∗45（S.D.N.Y. May 3, 2007）.

　　[159]　Rothschild v. Cree, Inc., 2007 U.S. Dist. LEXIS 48127, at ∗14（S.D.N.Y. July 2, 2007）.

　　[160]　*See* Rothschild v. Cree, Inc., 567 E. Supp. 2d 572, 578（S.D.N.Y. 2008）.

　　[161]　*Id.* at 574-75.

并且其被控侵权的生产过程不包括前序部分中的要素因而不侵犯专利权。[162]

科锐还争辩说，Rothschild 放弃了她在侵权分析中提出排除前序部分问题的权利，因为她未能在案件的早些时候提出这一论点，尤其是，她在法院的权利要求解释程序中对此保持沉默。[163] 法庭不同意，注意到此类放弃缺乏先例，并且剥夺 Rothschild 的辩论权利会导致对她的实质性影响，可能会破坏她针对科锐的侵权主张。[164]

一般而言，如果权利要求的前序部分描述了本发明的基本特征，则该权利要求的前序成为侵权分析的组成部分（即前序部分是"限制性的"）。[165] 另一方面，如果权利要求的主体部分叙述了结构上完整的发明，则该前序部分对于侵权的确定是不必要的。[166] 法院认为，权利要求10 的主体部分充分描述了一个完整过程，并且不需要参考前序部分来补充任何缺失的步骤或使权利要求的主体部分易于理解。[167] 相反，法院确定前序部分仅仅阐述了权利要求主体部分中所述的过程所期望达到的结果，即由宽间隙半导体衬底形成低电阻率半导体。[168] 因此，法院认为前序部分不是侵权分析的组成部分。[169] 因为科锐的不侵权争辩取决于前序部分

---

[162]　*See id.* at 575-76（争辩说其 LED 制造方法不符合′499专利的权利要求 10 的前序部分中所述的"从宽带隙半导体衬底形成低电阻率半导体"的限定）。

[163]　*See id.*（科锐进一步辩称，由于她长期拖延提出"前序部分限制影响"的问题，原告已放弃了这样做的权利）。

[164]　*See id.* at 576-77（剥夺原告的关于′499专利的权利要求 10 的范围不受其前序部分的限制的辩论权利，可能会给她针对科锐的侵权主张带来致命的影响……对于程序错误而言，这将是一种不合情理的严厉惩罚，而这种程序错误只是给科锐造成了轻微不便而已……法院裁定原告没有放弃她的关于……前序部分不限制权利要求……的范围的辩论权利）。

[165]　*See Rothschild*, 567 F. Supp. 2d 572, 577 [*citing Bicon*, *Inc. v. Straumann Co.*, 441 F. 3d 945, 952-53（Fed. Cir. 2006）].

[166]　*See id.* at 578（*citing Poly-America*, *L. P. v. GSE Lining Tech.*, *Inc.*, 383 F. 3d 1303, 1310（Fed. Cir. 2004）（专利权人在权利要求主体部分中限定了结构上完整的发明并且仅使用前序部分来陈述本发明的目的或预期用途的情况下，前序部分并不是限制性的）。

[167]　*Id.*（权利要求 10 的主体部分充分描述了一个完整的过程；没有必要参考前序部分来提供缺失的步骤或使其易于理解并实现任何所述的步骤）。

[168]　*Id.*（前序部分仅仅阐明了权利要求的主体部分中描述的过程所取得的期望结果）。

[169]　*Id.*

的内容，法院拒绝了简易判决的动议。[170]

该案件后来被移交给马萨诸塞州区法院，[171] 并且在最近的一项判决中，Rothschild 成功击退了科锐试图使′618专利和′499专利无效的行动，[172] 但无法解决该专利没有列出一个共同发明人的指控。[173] 2010 年 6 月，[174] 科锐最终与 Rothschild 达成和解，该案被撤回。[175]

Rothschild 的 ITC 诉讼也促成了一连串的和解。不断扩大的被告及被许可者的名单包括东芝、松下、索尼爱立信、LG 电子、摩托罗拉、三星、三洋、夏普、飞利浦电子、Xiamen①、Tekcore、Tyntek、Arima、Lucky Light 和 Exceed Perseverance。2009 年 11 月，三菱在没有发生诉讼的情况下从 Rothschild 获得了许可。

因此，与丰田的混合动力车一样，节能型 LED 仍然可以继续使用并继续减少利用 LED 产品的碳排放。这是因为 Rothschild 所针对的大多数 LED 和电子制造商已经获得许可，允许他们继续制造和出售他们的商品。当然，很难确定 eBay 案和 Paice 案在激励 Rothschild 和她的对手谈判和解方面发挥了多少作用。但这些判决的新现状，建立了许多 Rothschild 和解协议的背景，并且在 eBay 案和 Paice 案背景下的美国专利法律的现状是鼓励此类协议的。

---

[170]　*Rothschild*，567 E. Supp. 2d 572，578-79。

[171]　*See* Rothschild v. Cree, Inc., 2010 U. S. Dist. LEXIS 47223 at ＊12（D. Mass. May 13, 2010）（本法院批准了该动议，并且根据 2010 年 1 月 19 日的命令，该案件已移交给美国马萨诸塞州地方法院）。

[172]　*See id.* at ＊65（由于科锐不满足这一要求，其要求简易判决′618专利因缺乏实施性而无效的动议被拒绝……法院也拒绝了科锐要求简易判决′499专利无效的动议）。

[173]　*See id.* at ＊123［Rothschild 的要求对科锐的 35 美国法典第 102（f）节辩护……进行部分简易判决的动议被拒绝］。

[174]　*See* Notice of Motion and Joint Motion for Entry of Stipulation of Dismissal with Prejudice，*Rothschild v. Cree, Inc.*，Case No. 10-cv-10133（D. Mass. June 18, 2010）（On June 15, 2010, settlement of the captioned action was consummated）。

[175]　Stipulation of Dismissal with Prejudice；Order，*Rothschild v. Cree, Inc.*，Case No. 10-cv-10133（D. Mass. June 29, 2010）。

①　2009 年 4 月 6 日，Rothschild 再次向 ITC 申请发起"337 调查"（案卷号为 337-TA-674），调查对象包括中国台湾地区 5 家企业和中国大陆 1 家企业（即厦门三安光电股份有限公司）。——译者注

四、SIPCo 和 Intus：智能电网 NPP 们失败了

随着美国主要电力公司越来越多地部署智能电网技术来监控和减少客户的能源消耗，NPP 侵权诉讼已开始出现在这个清洁技术细分领域。推出智能电网系统的两家电力公司和智能电网系统及部件（如智能电表）的开发者，都已成为这些诉讼案件中所针对的目标。很快，几乎像这些案件的迅速出现一样，至少有一个案件已经失败，另一个案件有望达成和解导致对关键被告的指控被撤回。

Thomas David Petite 在超过 25 件与无线通信技术相关的美国专利中被列为发明人。这些专利中，多件涉及能源应用。Petite 创立了 SIPCo 和 IPCo，以 IntusIQ（Intus）的身份开展业务，他的许多专利归其中一家实体所有。SIPCo 和 Intus 还负责管理其他发明人在该领域的许多无线通信专利。

SIPCo 和 Intus 都是技术许可公司，它们寻求将专利许可给为能源和非能源应用开发或实施无线技术的公司。SIPCo 和 Intus 在能源和智能电网领域尤其活跃。根据这些公司的网站，Intus 运行"无线网状网"或 EWM 项目，旨在为使用 EWM 专利和技术的被许可人"提供支持以便成功进入市场"。[176]

尽管 SIPCo 和 Intus 已经在最近的 3 项诉讼中向法院起诉，针对 2 家主要电力公司和一大批智能电网技术公司要求（像 Paice 和 Rothschild 那样）进行专利维权，但他们对清洁技术实施的影响也因和解而受到削弱。2009 年 1 月，Intus 起诉了 10 家参与开发和实施智能计量技术的公司。该诉状在得克萨斯州东区法院提交，指控侵犯了关于无线网络技术的 2 件相关专利。[177] 美国专利第 6249516 号和美国专利第 7054271 号，其名称为"无线网络网关及其提供方法"，该专利针对无线网络系统及其服务器以优

---

[176]　Intus IQ, Essential Wireless Mesh EWM, *available at* http://www.myhousepli - ance.com/ (last visited Nov. 10, 2010).

[177]　*See* Compl., *IP Co. v. Oncor Elec. Delivery Co.*, Case No. 09 - cv - 37 (E. D. Tex. Jan. 29, 2009).

化每个客户端和服务器之间的路由。

被指控的被告包括得克萨斯州电力公司 Reliant Energy（简称 Reliant）、得克萨斯州电力分配和传输公司 Oncor 电力输送公司（Oncor Electric Delivery Company，简称 Oncor）以及许多智能电表和软件公司，如 Comverge、Sensus Metering Systems、Tantalus Systems、Tendril Networks 和 Trilliant Networks。截至本书撰写之日，一些被告已经与 Intus 达成和解。2009 年 5 月，法院签署一项命令，撤回了针对 Oncor 的诉讼主张。[178] 2 个月后，签署了类似命令，撤回了 Intus 与被告 Reliant 和 Comverge 之间的诉讼主张。[179] 其他被告随后也达成和解，包括于 2010 年 6 月达成和解的 Trilliant。[180]

由 SIPCo 发起的第二起诉讼，在当事人达成和解之前仅持续了 5 个月。2009 年 7 月，SIPCo 在佛罗里达州南区的美国地方法院起诉佛罗里达电力照明（Florida Power & Light）和 FPL Group（统称为 FPL），指控电力公司智能电网系统中的无线网络技术侵权 SIPCo 的三件关于智能电网技术的专利。[181] 根据诉状所述，涉嫌侵权的技术被用作"节能迈阿密"计划的一部分，用于在迈阿密戴德县（Miami-Dade County）实施智能电网技术。[182] SIPCo 后来提交了一份修改的诉状，其中增加了智能电网解决方案提供商 Silver Spring Network 作为被告。[183]

诉讼所涉及的专利族包括美国专利第 6437692 号、美国专利第 7053767 号和美国专利第 7468661 号，每个专利的名称为"用于监视和控制远程设备的系统和方法"（统称为 SIPCo 专利）。Petite 是各专利所列的

---

[178]　See Order on Joint Motion to Dismiss, *IP Co. v. Oncor Elec. Delivery Co.*, Case No. 09-cv-37（May 26, 2009）.

[179]　See Order, *IP Co. v. Oncor Elec. Delivery Co.*, Case No. 09-cv-37（July 22, 2009）; *see also* Order, *IP Co. v. Oncor Elec. Delivery Co.*, Case No. 09-cv-37（July 22, 2009）.

[180]　See Order, *IP Co. v. Oncor Elec. Delivery Co.*, Case No. 09-cv-37（June 15, 2010）.

[181]　See Compl., *Sipco, LLC v. Florida Power & Light Co.*, Case No. 09--2209-FAM（S. D. Fla. July 27, 2009）.

[182]　See id. at 16, 20.

[183]　Amended Compl., *Sipco, LLC v. Florida Power & Light Co.*, Case No. 09-cv-22209-FAM（S. D. Fla. Sep. 4, 2009）.

共同发明人。SIPCo 专利针对用于采集、格式化和监控来自远程设备的数据的经济有效的方法和系统。[184] 根据 SIPCo 专利说明书所述，所公开的系统避免了像先前在分布式系统控制系统解决方案中安装和连接传感器、执行器及控制器的本地网络的费用。[185] 该系统通过将本地网关与广域网（或称 WAN）集成来实现这一点，WAN 允许服务器托管特定应用的软件，以前必须将其托管于特定应用的本地控制器。[186] SIPCo 专利的解释如下：

> 本发明的数据监视和控制设备不需要被设置在固定位置，只要它们保持在系统兼容收发器的信号范围内，该收发器随后处于通过一个或多个网络与服务器互连的本地网关的信号范围内。[187]

在第三次诉讼中，SIPCo 针对的是德国企业集团西门子和其他技术公司，包括 Control4、Digi International、Home Automation 和施耐德电气公司（Schneider Electric）。[188] 诉状提交于得克萨斯州东区法院，指控侵犯美国专利第 7103511 号、美国专利第 7468661 号和美国专利第 7697492 号，每件专利都与无线网络技术相关。[189] 在该诉讼中，SIPCo 针对特定产品，如西门子的 Apogee 系统、[190] Digi 的 XBee 和 XBee Pro ZB 产品、[191]

---

[184] See, e. g., U. S. Patent No. 7468661 col. 2 l. 50–52 (filed Mar. 31, 2006)（为了实现这些优点和新颖性特征，本发明一般涉及一种监视和控制远程设备的成本有效的方法）。

[185] See id. col. 2 l. 23–38（将控制系统技术的使用扩展到分布式系统的一个问题是，与该系统内的监测和控制功能所需的传感器–执行器基础设施相关的成本。典型的实施控制系统技术的方法是，安装本地网络的硬连线传感器和执行器以及本地控制器。不仅有开发和安装适当的传感器和执行器的费用，而且还有将功能传感器和控制器与本地控制器相连接的额外费用。将控制系统技术应用于分布式系统所带来的另一个令人望而却步的成本是与本地控制器相关的安装和运营费用。因此，需要一种克服现有技术缺点的将监视和控制系统应用于分布式系统的可替代的解决方案）。

[186] See id. col. 2 l. 52–57（更具体地说，本发明涉及一种计算机化系统，用于通过将信息信号发送到 WAN 网关接口来监视、报告和控制远程系统和系统信息传输，并使用连接的服务器上的应用程序来处理该信息）。

[187] Id. col. 7 l. 36–41.

[188] See Compl., Sipco, LLC v. Control4 Corp., Case No. 10–cv–249（E. D. Tex. May 11, 2010）.

[189] See id.

[190] See id. at 31, 41, and 51.

[191] See id. at 28, 38, and 48.

Home Automation 的 Smart Grid Solutions 系列产品、[192] Schneider 的 Andover Continuum Wireless Solution 产品[193]和 Control4 的家庭自动化产品和部件。[194]

截至 2010 年 1 月，针对 FPL 的案件已经结束。当事人于 2009 年 12 月底提交联合撤回，表明当事人已签订保密和解协议，并且法院于 2010 年 1 月 5 日发出最终撤回令。[195] 1 月初，SIPCo 宣布 Silver Spring 已经"获得了 SIPCO 的无线网状网专利组合许可"。[196] 虽然有几名被告仍处于第一次诉讼中，但两个案件中的快速和解和撤回，均在很大程度上避免了对智能电网技术推出的影响，并且对于未来继续部署这些技术是个好兆头。在最近的诉讼中，1 名被告（Home Automation）已经被排除。[197] 在后 eBay 案和后 Paice 案的世界中，SIPCo 和 Intus 几乎没有影响力，而这些 NPP 及其对手有强大的动力来自行谈判他们的许可协议。

五、小结

随着部署清洁技术以应对气候变化的紧迫性日益增加，我们看到由非实施清洁技术专利权人提出的专利侵权诉讼主张数量有所增加。通常，这些纠纷涉及市场占有率很高的产品。最高法院的 eBay 案判决（恢复了专利案件中传统的永久禁令测试）以及联邦巡回上诉法院的 Paice 案判决（在侵权判决之后支持法院强制执行持续使用费），为法院提供了处理这些清洁技术 NPP 诉讼的重要工具。

禁令的威胁减少以及法院强制执行的持续使用费的新风险，可能会通过鼓励当事人自行进行谈判并在法庭外达成许可协议，从而在诉讼启动之

---

[192]　*See id.* at 29，39，and 49.

[193]　*See id.* at 30，40，and 50.

[194]　*See id.* at 27，37，and 47.

[195]　*See* Final Order of Dismissal and Order Denying All Pending Motions as Moots，*Sipco，LLC v. Florida Power & Light Co.*，Case No. 09-cv-22209-FAM（S. D. Fla. Jan. 5，2010）.

[196]　*SIPCO LIC Executes Patent License Agreement with Silver Spring Networks*，Sipco News and Events web page，Jan. 3，2010，http://sipcollc.com/newsandevents.html（Sipco 公司很高兴地宣布 Silver Spring Networks 股份有限公司已获得 Sipco 授予的无线网状网专利组合的许可）.

[197]　*See* Order，*Sipco，LLC v. Control4 Corp.*，Case No. 10-cv-249-LED（E. D. Tex. Aug. 2，2010）（批准 SIPCo 的撤回对 Home Automation 的起诉的动议）.

前阻止这类诉讼；或者，如果当事人诉诸法院，法院现在可以灵活地权衡所有相关因素，包括当事人所关注的问题和与气候变化有关的公共政策考虑因素。

这些进展，也可以促使清洁技术 NPP 在美国国际贸易委员会提起诉讼，在那里可以获得排除令的补救措施。此类案件可能对已实施的清洁技术产生不利影响。但总的来说，这些趋势和工具可能会减少在联邦法院提起清洁技术 NPP 诉讼的案例，在诉讼确实出现时帮助法院作出正确的判断，并因此可能会持续部署清洁技术以应对气候变化。

庭审中的清洁技术后记：绿色专利诉讼的将来

虽然没有人可以预测未来，但基于对清洁技术的研究和开发、专利和商业化的观察，有可能对下一波绿色专利诉讼进行有根据的推测。基于本节讨论的原因，我们可能会在风电技术、LED 和混合动力电动车领域看到更多的专利侵权诉讼。

在不久的将来，插电式混合动力电动车（PHEV）可能会加入混合动力电动车中作为专利诉讼中的热点纠纷技术。2010 年底看到有至少两家大型汽车公司将 PHEV 引入美国市场。通用电气公司推出雪佛兰沃蓝达（Chevrolet Volt），这是一款由锂离子电池组供电的插电式轿车，充电后可行驶 40 英里。日本汽车制造商日产汽车公司（Nissan Motors）推出了一款竞争性的插电式轿车，被称为 LEAF，也于 2010 年底上市。最后，丰田有望在 2011 年推出插电式混合动力车普锐斯。[1]

此外，涉及电动车（EV）的专利诉讼可能并不遥远。特斯拉汽车公司（Tesla Motors，下文简称特斯拉）和菲斯克汽车公司（Fisker Automotive，下文简称菲斯克）之间的竞争非常激烈，这两家加州电动汽车初创公司之间的紧张局势已经蔓延到法院。在加利福尼亚州法院的简短诉讼中，特斯拉指控菲斯克窃取其商业机密，包括电动轿车的机密设计理念。[2] 虽然案

---

[1] See John Voelcker, *Toyota Prius Plug-in Hybrid on Sale in 2011, Less Than ＄10K More*, GREENCARREPORTS. COM, Dec. 14, 2009, http://www.greencarreports.com/blog/1040132_toyota-prius-plug-in-hybrid-on-sale-in-2011-less-than-10k-more.

[2] See John Markoff, *Tesla Motors Files Suit Against Competitor over Design Ideas*, N. Y. TIMES, Apr. 15, 2008, *available at* http://www.nytimes.com/2008/04/15/technology/15tesla.html?_r=3&th=&adxnnl=1&oref=slogin&adxnnlx=1210734562-Jf+sYxt3Ts+P1jjDHZyU+Q（硅谷的电动跑车制造商特斯拉汽车公司周一在圣马特奥高等法院对 1 家竞争公司及其 2 名员工提起诉讼，声称他们偷走了特斯拉的设计理念和商业秘密）。

件已经进入仲裁，而且菲斯克已被洗清了不法行为的嫌疑。[3] 该纠纷可能标志着制衡的开始，但是该制衡也可能被专利战所中断。

在美国和世界各地，其他公司正在加紧制造和销售电动汽车。比亚迪①是一家中国公司，它最近宣布将在洛杉矶开设一家美国总部②，该公司

---

[3] *See generally* Press Release, Fisker, Arbitrator's Interim Award Completely Vindicates Fisker Coachbuild, LLC & Fisker Automotive, Inc. in Tesla Lawsuit (Nov. 3, 2008), http://www.fiskerautomotive.com/images/uploads/Fisker%20Arbitration%20 Results%2011%203%2008.pdf.

① 2002 年 9 月底，三洋在美国加利福尼亚州南部美国地方法院起诉比亚迪侵犯三洋的两项有关锂离子电池的专利。涉及"锂二次电池（第 5686138 号美国专利）"和"确保保护电路可靠性的电池（第 5976729 号美国专利）"两项专利，要求禁止比亚迪向美国出口及在美国销售比亚迪公司的锂离子充电电池，并且赔偿损失。

2003 年 7 月，索尼株式会社向东京地方法院（日本东京地方裁判所）起诉比亚迪股份有限公司在 2001 年、2002 年日本 CEATEC 展览会上展出的两款锂离子电池（LP053450A、LP063048A）侵犯其特许第 2646657 号日本锂离子充电电池专利，请求禁止比亚迪向日本进口、销售最主要的 6 种型号的锂离子充电电池。

比亚迪在美国及日本同时应诉并反诉，经历了两三年的法庭较量，2005 年 3 月，三洋在美国撤诉，比亚迪也同时撤回反诉。2005 年 11 月，日本知识产权高等裁判所作出判决："驳回原告索尼的请求。诉讼费用由原告索尼承担"。1 个月后，索尼向东京地方裁判所递交撤诉请求书，撤销所有对比亚迪的指控。——译者注

② 比亚迪年报显示，比亚迪在美国市场的投入不断增大。2015 年，比亚迪在美国的汽车业务相关资产占净资产的比重还只有 0.51%，2016 年比重增大到 2.96%，2017 年进一步增长到了 3.97%。然而，比亚迪在美国市场的营收却在不断下降。2015 年，比亚迪在美国的营收达到了 29 亿元，但到了 2016 年，则减少至 27 亿元，2017 年，更是进一步下滑至 17 亿元，同比减少了 37%。

比亚迪在美国市场的发展历程概述如下：

2014 年 9 月，比亚迪中标美国长滩的电动巴士招标，获得 60 台电动大巴订单，创下美国最大纯电动大巴订单记录。

2015 年 8 月，拿下美国科罗拉多州 36 台纯电动大巴订单。同年 9 月，成为华盛顿州交通局 800 台电动大巴采购清单的最大供应商。

2016 年 2 月，获得加州羚羊谷运输局的 85 辆电动巴士订单，刷新全美大巴订单记录。Facebook、斯坦福大学、加州大学旧金山分校等，也都是比亚迪纯电动巴士的客户。

据报道，截至 2018 年底，比亚迪在美国的市场份额已经达到了 50% 以上。

但比亚迪在美国市场也遭遇了不少问题：

2014 年，比亚迪被状告违反劳动法，其在美国的工厂和办公大楼被劳工局查处。此外，比亚迪还被指责，没有通过美国联邦交通管理局的测试，并且不符合"对弱势企业扶持计划"及"60%美国制造"的要求。

2018 年 11 月 13 日，美国阿尔伯克基市首次在其官方网站上公布了关于向比亚迪采购的 15 辆纯电动巴士存在的问题。11 月 28 日，阿尔伯克基市在官网宣布，把这批纯电动巴士全部退货。——译者注

准备在美国分销其电动车。[4] 电动车的实施蓝图中起主要作用的是充电站，该基础设施正在缓慢进行中，Better Place、Coulomb 和 ECOtality 等公司开始在全球各地提供电池充电或更换站点的网络。[5] 如果电动车制造商获得足够的市场份额而获利，他们可能会积极地捍卫自己的地位，这将会包括维护他们的专利权。

最近的成功如果有任何引导作用的话，太阳能热电技术的市场渗透可能使这个领域发展成熟，以至于在不久的将来发生专利诉讼。尽管传统太阳能电池或光伏（PV）的电力仍然昂贵，并且光伏企业仍然依赖补贴来使其具有竞争力，太阳能热电技术已经具备高效性和可扩展性。[6] 太阳能热电不是像光伏技术那样将光转换为电能，而是使用反射镜来集中太阳光线，并以各种方式利用该高温，通常产生蒸汽并驱动涡轮机。过去几年，美国和世界各地的太阳能热电公司已经达成了一系列交易，其中一些交易范围非常大。

加利福尼亚初创公司 eSolar（它使用定日镜阵列将太阳光聚焦在中央塔楼上）与印度和中国的开发商合作建造太阳能热电厂，将分别产生 1 千

---

[4] *See Los Angeles Selected as BYD's North American Headquarters*, BUSINESS WIRE, Apr. 30, 2010, http://www.businesswire.com/portal/site/home/permalink/? ndmViewId = news _ view&newsId = 20100430005263&newsLang=en（据比亚迪主席王传福说，在洛杉矶设置美国总部为我们在美国的产品分销做好了准备，并为我们的全电动跨界车的发布奠定了基础）。

[5] *See* Jim Motavali, *Wiring Wars*: *The Race to Charge the World's EVs*, BNET, Apr. 2, 2009, http://industry.bnet.com/auto/10001091/wiring-wars-the-race-to-charge-the-worlds-evs/ [世界头条新闻充斥着……有更多的地方签署协议，加拿大、丹麦、澳大利亚、加利福尼亚和夏威夷等地安装电动车（EV）充电站……已经出现其他同等积极的参与者，包括 Coulomb 和 Project Get Ready……还有电子运输工程公司（eTec）的母公司 ECOtality，该公司已经就电池车辆充电交易与温哥华、不列颠哥伦比亚省和亚利桑那州图森市（以及爱尔兰）签约]。

[6] *See Growing Pains*, THE ECONOMIST, Apr. 15, 2010, *available at* http://www.economist.com/business-finance/displaystory.cfm?story_id=15911021 [根据国际能源署最近的计算，光伏系统（太阳能电池）发电每兆瓦小时花费 200～600 美元，取决于设施的效率和将来输出所适用的贴现率……高效的太阳能热电厂原则上可以被建造为与燃气发电站相同的规模，一次几百兆瓦]。

兆瓦和 2 千兆瓦的功率。[7] 同样位于加利福尼亚州的公司 Brightsource Energy，最近接受了美国政府为莫哈韦（Mojave）沙漠大型太阳能热电项目提供的贷款担保。[8] 在中东以外，总部位于阿拉伯联合酋长国的创业公司 Mulk Renewable Energy，最近签署了第一份商业合同，将在印度班加罗尔建立一个大型太阳能热电厂。[9] 随着这些和其他价值数百万美元的设施开始产生收入，技术公司、项目开发商和工厂运营商可能值得花费资金维护其专利权。

最后，如果再发生另一波生物技术专利诉讼，则很可能是先进的生物燃料。在第二代纤维素乙醇方面若干公司进行了大量的研究和开发。不同于与人类食物供应存在竞争的第一代乙醇，纤维素乙醇来自生物物质的非食物成分，如农业残留物、木本植物和城市固体废物。已成立的如 Novoyzmes 和 Genencor 等生物技术公司，以及大量如 Synthetic Genomics 和 BlueFire Ethanol 等初创公司，正在使用酶迅速改进纤维素乙醇生产工艺，所述酶将多糖从生物质原料和微生物中释放出来，在其释放后使糖类发酵。大型石油公司也开始参与到这个游戏中。英国石油巨头 BP 与 Verenium 合作以开发和商业化纤维素乙醇。[10] 这家名为 Vercipia 的合资企业的产品即将商品化。[11] 最近，BP 的生物燃料部门收

［7］ *See* Press Release, eSolar, eSolar Partners with Penglai on Landmark Solar Thermal Agreement for China（Jan. 8, 2010）, http://www.esolar.com/news/press/2010_01_08; *see also* Press Release, eSolar, eSolar Signs Exclusive License with ACME to Construct 1 Gigawatt of Solar Power Plants in India（Mar. 3, 2009）, http://www.esolar.com/news/press/2009_03_03.

［8］ *See* Steven Mufson, *Solar Power Project in Mojave Desert Gets* ＄1.4 *Billion Boost from Stimulus Funds*, WASHINGTON POST, Feb. 23, 2010, *available at* http://www.washingtonpost.com/wp-dyn/content/article/2010/02/22/AR2010022204891.html（能源部周一宣布"有条件"的 14 亿美元贷款担保于莫哈韦沙漠的太阳能热电枢纽工程，该工程最终将产生多达 392 兆瓦的电力）。

［9］ *See* UAE Solar Start-up Mulk Bags ＄545m Contract for Indian Project, RECHARGENEWS, Apr. 9, 2010, http://www.rechargenews.com/energy/solar/article211532.ece ［总部位于阿拉伯联合酋长国的太阳能初创公司 Mulk Renewable Energy 签署了它的第一份商业合同；价值据说是 20 亿迪拉姆（5.45 亿美元），用于在印度班加罗尔附近建造一座大型太阳能热电厂］。

［10］ *See* Joshua Kagan, *Transitioning from 1st Generation to Advanced Biofuels*, Enterprise Florida and GTM Research White Paper, at 6, Feb. 2010, *available at* http://www.eflorida.com/Intelligence-Center/Reports/CE_Biofuels_WP.pdf（作为 Verenium 与 BP 各占 50％ 而成立的合资企业，Vercipia 很快将在位于佛罗里达州 Highlands County 破土动工，规模为 3600 万加仑的商业设施）。

［11］ *See id.*

购了 Verenium 的纤维素生物燃料业务。[12] 总的来说，纤维素乙醇正处于商业化的风口；数个商业生产设施应在 2011 年投入运营。[13] 这可能成为该领域专利维权的起跳板。

　　[12]　Press Release, Verenium, BP and Verenium Announce Pivotal Biofuels Agreement (July 15, 2010), http://www.verenium.com/pdf/BPVereniumPressRelease.pdf.

　　[13]　*See id.* at 7（我们预计 2011 年将成为纤维素乙醇的真正转折年，因为许多计划中的商业设施将投入运营）。

— 第三部分 —

绿色品牌、漂绿和生态标记执法

在本部分中，我们避开绿色专利和清洁技术话题，转而讨论绿色营销、品牌、商标和消费相关话题。随着全球变暖问题日益严重，绿色产品和绿色服务将会迎来更广阔的市场。所以，第三部分从绿色品牌所有者的角度和消费者保护的角度，聚焦讨论"生态标记"[1]和环保产品及服务营销的主题。

事实上，我们将迎来生态标记时代的曙光，绿色品牌、广告、环保产品和服务以及可持续商业实践的时代将到来，并具有广阔的市场前景。目前，问题不再是企业是否会关注其可持续发展前景以及营销环保产品和服务，而是他们将如何这样做？跨行业企业正在培育其绿色品牌和环保标志，以吸引越来越多重视环保意识并要求提供绿色产品和服务的消费者。

第七章首先概述了生态标记时代的特征，并讨论了如何在美国保护其生态标记和绿色品牌的策略。特别是，本章详细介绍了注册生态标记的常

---

[1] 本书的"生态标记"概念是指商标、服务标志和认证标志，旨在传达产品、服务或商业的环保特性。

见障碍，即禁止对"描述性"标记进行保护，并提出了一些克服它的策略。

第八章讨论聚焦在"漂绿"主题。随着绿色品牌的兴起，市场上出现了"漂绿"的诱惑，对所谓的环保产品、服务或业务提出了虚假或误导性的主张。"漂绿"的案例似乎也在增加，并且可能已经是一个普遍存在的问题。幸运的是，因为所有国家都会对这种行为的违法者采取行动并追究他们的责任，反漂绿活动正变得越来越普遍和有效。

第九章通过定义术语并列出其一些常见行为来介绍"漂绿"的概念。接下来，本章将简要介绍绿色消费者的特征和重要性。然后，转而介绍反漂绿活动，分析如何进行有效的执法行动和对虚假或误导性绿色宣传实施打击策略，这些策略包括公共和个人行为。

此外，绿色品牌所有者已开始保护和实施其生态标记策略。因此，绿色品牌和生态标记的普及将导致清洁技术公司和绿色组织之间的商标诉讼激增。第九章调查了生态标记诉讼的一些重要案例，并特别关注绿色消费者如何受到此类诉讼纠纷的影响。

第七章

保护生态标记和绿色品牌

2007 年，至少有一个调查标志着生态标记时代的开始，即绿色营销、绿色品牌、广告环保产品和服务以及实施可持续商业实践的时代真正起步。每年，Dechert 律师事务所都会对美国商标申请情况进行调查，并研究有关新生品牌的趋势。2008 年的 Dechert 研究显示，在美国专利商标局（USPTO）提交的商标申请数量，从 2006 年的 1100 个增加到 2007 年的 2400 个，[1] 仅仅 1 年内增加了 1 倍以上。"清洁""生态"和"环境"这几个术语的商标申请数在 2007 年也大幅上升。[2] Dechert 的 2009 年报告显示，2008 年生态标记呈现上升趋势。[3] 从 2007 年到 2008 年包含"绿色"的商标申请量增加了 32%，超过 3200 件，其他常见的生态标记关键词如"清洁""生态"和"环保"的申请数也大幅增加。[4]

生态标记的申请数在相对较短的时间内急剧增加，这表明企业已经开始大量投资绿色品牌。对电视、平面广告和互联网广告的随机调查也证实了这一点。这就不足为奇了，跨行业企业正在创建自己的绿色品牌，以吸引具有环保意识的消费者。环保产品和服务市场总量估计约为 2300 亿美元。[5] 2009 年，某绿色营销顾问估计，到 2015 年具备可持续发展性质的

［1］ See 2008 Dechert LLP Annual Report on Trends in Trademarks, at 2, available at http://www.dechert.com/library/Trends_in_Trademarks_2008.pdf.

［2］ See id.

［3］ See 2009 Dechert LLP Annual Report on Trends in Trademarks, at 4, available at http://www.dechert.com/library/Trends_in_Trademarks_2009.pdf.

［4］ See id.

［5］ See Heidi Tolliver-Nigro, Green Market to Grow 267 Percent by 2015, MATTERNETWORK, June 29, 2009, http://www.matternetwork.com/2009/6/green-market-grow-267-percent.cfm（绿色消费者需求的产品和服务的市场规模目前估计为 2300 亿美元）。

产品和服务市场规模将增加 3 倍以上。[6] 因此，生态标记申请活动的增加是对可持续产品需求不断增长的回应。

在生态标记时代，保护绿色品牌的策略各不相同，主要包括 3 种策略，分别是在 USPTO 主注册簿上注册生态标记，在 USPTO 补充注册簿上进行登记以及使用认证标志。每个绿色企业的最佳策略依据具体情况会有所不同。一个重要的考虑因素是环保标志是否包含和符合所销售产品或服务的特征。如果违背这项因素，品牌所有者可能会遭到 USPTO 对描述性商标注册申请的驳回。有一些方法可以规避这种驳回，如在商标中添加非描述性元素，将商标中的不协调元素组合在一起，或者证明商标的获得的独特性。此外，对绿色商业营销领域的可行替代方案是产品或服务使用认证标志，即对企业的产品或服务进行某些绿色标准认证并取得认证标识。通过案例研究和对美国商标法相关资料的查阅，本章将阐述寻求保护其绿色品牌的企业主所需的各种考虑因素。

一、注册生态标记：像 PNC 一样容易吗？

随着"清洁"和"绿色"这样的术语逐渐普及，这些术语描述的环境友好型产品、服务或商业实践的新概念已经在我们的词汇库中的重要性得到了强化。这点对美国商标法也产生了影响，该商标法禁止商品或服务注册仅仅具备描述性质的商标。[7] 理由是，一方面，此类商标的排他性会限制竞争者传达其商品或服务的特性。另一方面，可以注册"暗示性"商品或服务类型的商标。但描述性标记和暗示性标记之间的模糊界限会使得生态标记的注册过程变得复杂和昂贵。

就像互联网热潮中的"i""@"和"dot-com"一样，"清洁""绿色"和"生态"这些关键词越来越被视为申请人不能申请的描述性或通用性术语，原先已申请成功者也不能声称其拥有这些关键词的专有权。以法

---

[6] *See id.*（根据 Collette Chandler 市场研究报告，绿色产品和服务的市场规模估计为 2300 亿元，预测在 2015 年，其规模将增长到 8450 亿元）。

[7] *See* 15 U. S. C. 1052（e）（1）（2010）[除非申请人的商品与其他商品有无明显的区分，否则不得因其性质而拒绝其在主要登记簿上登记……（e）由以下商标组成：（1）当在申请人的商品上使用或与申请人的商品有关时，是描述性或欺骗性地误导]。

国能源公司 Addax 为例，该公司申请美国注册商标"GREEN JOURNEY"，用于三类商品和服务，主要涉及电动汽车和混合动力汽车业务。[8] 美国专利商标局要求 Addax 放弃"GREEN"标记专有权利，因为它已经阻止其他电动汽车和混合动力汽车的申请人描述其产品有益于环境的特性。[9]

商标审判和上诉委员会（Board）是美国专利商标局的行政机构，在审理绿色为主题的标记 GREEN-KEY 案例过程发现"GREEN"是一个通用术语。[10] 申请人 Cenveo Corporation 申请注册由环保材料制成的纸板钥匙卡有关的商标（如图7-1所示）。[11]

图7-1

因为该商标是所属商品类别的通用名称，因此审查员拒绝为其注册，Cenveo 向委员会提出上诉。[12] 委员会肯定了审查员的拒绝理由，认为"GREEN"和"KEY"在环保材料制成的钥匙卡领域是通用术语。[13] 委员会进一步发现，除了商标的关键词之外，GREEN-KEY 标记中的术语没有其他含义，并且整个标记是通用的。[14]

---

[8]　See U. S. Application Serial No. 79/048,401（filed Feb. 7，2008）（此外，申请注册"vehi-cles"，即汽车、自行车、电动汽车、混合动力汽车、卡车、摩托车、小型自行车、赛车、陆地运动设备，特别是第12类陆地车辆）。

[9]　Office Action（Feb. 22，2008）（issued 79/048,401 发布）。

[10]　See In re Cenveo Corp.，2009 TTAB LEXIS 615（T. T. A. B. Sept. 30，2009）（非先发性意见）。

[11]　Id.，at * 1.

[12]　Id.

[13]　See id.，at * 15（我们发现术语"绿色"和"关键"在本书中确定的商品类型中是通用的，即由环境友好材料制成的钥匙卡）。

[14]　See id（我们进一步发现，除了组成词之外，"green-key"这个组合术语没有任何不同的含义。因为它们已被加入到合成词"green-key"中，也就是说，"green and key"这个词没有额外的含义）。

尽管商标注册时经常出现描述性障碍，但由于其提供的权利[15]和可采取的补救措施[16]，联邦环境商标注册仍是保护绿色品牌的主要手段。对于面临描述性拒绝的商标申请人而言，唯一可采用的追索方式是争辩所申请的商标仅仅暗示商品或服务的特性。这是 PNC 银行坚持并最终成功申请的方法。截至 2007 年 11 月，PNC 拥有大量由美国绿色建筑委员会认证的环保建筑，其环保建筑的拥有量在美国居首。[17] PNC 最近为其银行分行获得了 GREEN BRANCH 的商标注册，将银行的绿色特性转变为品牌。PNC 的最大障碍是该商标是 "仅仅描述" PNC 所提供的服务特性，这里特指在环保设施中提供金融服务。

事实上，PNC 不得不与 USPTO 进行为期三年半的交锋，以获得 GREEN BRANCH 的商标注册。美国专利商标局两次拒绝了 PNC 的商标申请，理由是该术语仅仅描述了在环保设施中提供金融服务。[18] 在 PNC 最终取得其环保标志注册之前，该公司不断向上诉委员会提出上诉。委员会认为，PNC 不能注册 GREEN BRANCH 商标，因为金融服务通常与环保特性无关。[19] 具体而言，委员会推断绿色设施和其核心的银行业务无关，并且金融服务过程中也没有表现出绿色特性，因此商标和 PNC 服务之间的

---

[15] *See*, e. g., 15 U. S. C. § 1115 (a) (2010) (据 1988 年 3 月 3 日法令或 1905 年 2 月 20 日法令，或本章规定的并由诉讼一方拥有的主要登记簿登记的商标，发出的任何登记均应可以接受为证据，并且应当是初步证据。在注册中指明的商品或服务上或与之相关的商业活动，须遵守其中所述的任何条件或限制)。

[16] *See*, e. g., 15 U. S. C. § 1114, 1116, 1118 (2010) (分别讨论单一损害赔偿，禁令救济和破坏侵权物品的补救措施)。

[17] See News Release, PNC, PNC Bank Extends Leadership in Eco – friendlyDevelopment with Trademark of "Green Branch" Term (Nov. 13, 2007), https://www.pnc.com/webapp/unsec/Requester? resource =/wps/wcm/connect/7de30f804e5c7157913597fc6d630ad7/GreenBranchTrademark _ Rls. pdf? MOD = AJPERES&CACHEID = 7de30f804e5c7157913597fc6d630ad7 [PNC 拥有的美国绿色建筑委员会 (USGBC) 认证的建筑物数量是行业领先的]。

[18] *See* Office Action (May 5, 2005) (与 US ApplicationNo. 78/492,942 一起发布) (申请人服务的一个特点似乎是金融服务，例如在美国各地的分支机构提供的具有环保特征的银行服务。术语 GREEN BRANCH 仅传达服务的这种特性仅仅是描述性的); see also Office Action (Nov. 10, 2005) (与美国申请 No. 78/92,942 有关)。

[19] *See* In re PNC Bank, Serial No. 78492942, at 7 (T. T. A. B. Jan. 16, 2007) (Applicant 的标记 GREENBRANCH 并未产生与金融和银行服务的直接关联，因为此类服务通常不能作为与环境或生态相关联有效特征)。

关联比较牵强。[20]

PNC 案例引发了关于生态标记诉讼的思考：即品牌所有者的绿色属性是否应该与核心业务有关。该裁决表明，对于核心业务与绿色无关的公司而言，可能难以获得包含描述性元素（如绿色）的生态标记注册。另一方面，在提供的商品或服务与绿色特性相关的业务中，建议可以采用以下理由来回复在商标申请中遇到的驳回，即它可以强调其生态标记不仅仅是对其商品或服务特征的描述，而且其绿色商标申请成功有助于提升企业在产品生产或服务方面的表现。

由于这个原因，难以获得生态标记注册的行业是干洗业。一家著名的纽约干洗企业使用减少环境污染的专用设备和溶剂取代了传统的设备和化学品。[21] 与金融服务不同，清洁剂的环保特性与其核心业务相关。因其仅仅描述了环保清洁服务，USPTO 拒绝了这家干洗企业申请绿色干洗服务商标（如 GREEN CLEANERS）。而事实证明，这家纽约干洗店可以通过在其商标中加入非描述性元素，设法避免所遇到的描述性拒绝。

如果所需申请商标包含生态描述性术语，例如"绿色""清洁"或"生态"，则在商标中添加非描述性或任意性元素可以提高申请人获得联邦注册的机会。当商标包含多个术语时，USPTO 将检查术语组合以进行描述性判定。[22] GREEN APPLE CLEANERS 是由同名的环保型纽约干洗企业所拥有的生态标记，通过 USPTO 注册仅用了 8 个月（见图 7-2）。

---

[20] See id. at 7-8（他在环保型建筑设施中提供此类服务没有改变金融和银行业务本质，申请人的金融和银行服务不会有本质的变化，这与他们是否采用环保建筑无关）。

[21] See Thursday Bram, Green Apple Grows, MATTER NETWORK, June 10, 08, http://www.matternetwork.com/2008/6/green-apple-grows.cfm（Green Apple Cleaners 是依赖 Solvair 绿色清洁系统的干洗店，Solvair 清洁系统使用 CO 液体和可生物降解的清洁剂来清洁衣物，系统具有最小化碳排放量）。

[22] See Trademark Manual of Examining Procedure，§1209.01（c）（i）（6th ed. 2009）（如果商标是一个短语，审查员不能简单地引用商标各个组成部分的定义和一般用途，但必须提供证据。复合标记应作为一个整体的含义）。

图 7-2

添加"苹果"这个词可能会淡化其他两个术语的描述性质，从而整个商标将不会被视为描述性的。

同样，Clorox 的环保清洁新品牌以 GREEN WORKS 为标志进行销售（见图 7-3）。

图 7-3

由于"WORKS"并未描述产品，因此 Clorox 的商标申请并未受到描述性拒绝。然而，正如 Addax 的 GREEN JOURNEY 申请情形，Clorox 不得不在完整的标记中放弃拥有"GREEN"的独家权利。[23]

上述策略的变化是组合不协调的元素以创建生态标记，其中标记中的词语彼此具有某种关系但是不属于一类。这种方法比简单地添加随机元素更加微妙，可聪明地向消费者传达其生态特性信息，因此这种方式更有利于提出权利要求。生态标记申请中采用的这种策略的一个很好的例子是生物燃料新兴企业 LS9 所申请的 RENEWABLE PETROLEUM 标志。

LS9 的注册商标 RENEWABLE PETROLEUM 与工业化学品和燃料相关

---

[23] *See* U. S. Registration No. 3690558（registered Sept. 29，2009）（无法取得使用"绿色"的独家权利）。

的商标申请被审查员拒绝的理由是，"仅仅描述"所识别的商品。[24] 在向委员会提出上诉时，LS9 认为该商标至多具有启发性，因为其产品成分不是从石油中提取的，而是由可再生产品制成。[25] 此外，申请人指出，没有可再生石油类似产品。[26] 委员会同意 LS9 的说法并允许注册生态标记，因为证据不足以证明它是以描述性方式使用。[27]

值得注意的是，委员会发现两个元素之间的不协调性增加了商标辨识复杂性，消费者需要通过一些思考或想象来辨别 LS9 的商品。[28] 在此审查中，委员会表示"确实不存在可再生石油类似产品，即石油本身似乎不可再生"。[29] 从这一观察结果来看，此标志不仅仅是描述性的，而是暗示性的：

> 因此，它需要一些想象力和思考步骤来对可再生石油含义得出结论，申请人的工业化学品和燃料是由可再生产品生产的石油替代品。因此，RENEWABLE PETROLEUM 标志具备启发性而非仅仅是描述性的。[30]

另一项生态标记检控策略是，在商标阐述中尽可能省略对商品或服务环境特性方面的任何提及。USPTO 判定商标是否是描述性的标准，主要取决于申请人在提交的申请中对商品或服务的阐述和说明。如用于注册商标 GREEN CLEANERS 的申请程序中的服务阐述可以是清洁服务，即为衣服、

---

[24] *See* In re LS9, Inc., 2009 TTAB LEXIS 613 at＊1-2（T. T. A. B. Sept. 30, 2009）（非验意见）[LS9, Inc. 提交注册商标 RENEWABLE PETROLEUM 的申请（标准字符）国际一级中的化学品，即工业化学品以及"国际一级"中的"燃料"；商标审查员根据"商标法"第 2（e）（1）条拒绝注册，理由是申请人的商标仅仅是对已识别商品的描述性标识]。

[25] *Id.*, at ＊3

[26] *Id.*

[27] *See id.* at ＊6（记录的证据并未证明可再生石油标记仅仅是对已识别商品的描述在与可再生产品制造的石油替代品有关的行业中，我们不能从记录证据中说"可再生石油"通常以描述性方式使用）。

[28] *See id.* at ＊7（需要一些想象从可再生石油中得出结论，申请人的工业化学品和燃料是由可再生产品制造的石油替代品）。

[29] *Id.*

[30] *Id.*

亚麻布、床上用品等提供干洗和洗衣服务。此阐述准确描述了服务，并未提及业务所使用的环保设备和化学品。虽然 USPTO 的商标审查员可以在商品或服务说明之外审视商标使用特性，但精心准备的商品阐述和说明可能会降低描述性拒绝的可能性。

如果上面讨论的策略不能避免描述性拒绝，则可采用"获得的独特性"的商标法概念为注册生态标记提供替代手段。获得的独特性，虽然是二级含义，意味着商标虽然可能不具有足够的商标保护特征（如因为它仅仅是描述性的），但可以通过充分独特性，让消费者认同它是商品或服务的来源性标识符。[31] 获得的独特性论证通常需要证据支持。申请人可以通过间接证据证明获得的独特性，如广告支出和在媒体展示与公司有关的商标，此外也可以通过直接证据来证明，包括消费者声明认同其商标为原始标识。[32] 与 USPTO 确定获得的独特性相关的一些因素是商标在商业中长期使用、[33] 广告的大规模支出、使用商品或服务的消费者[34]声明承认或宣称商标作为原始标识、[35] 和与商标有关的调查证据以及市场研究和消费者的反馈研究。[36]

我（笔者）关于清洁技术知识产权领域的绿色专利博客商标申请案例阐述了如何在生态标记申请中提升和证明获得的独特性。申请注册绿色专利博客的商标因涉及"清洁技术和可再生能源行业"的知识产权法律问题被驳回，理由是商标只是提供描述绿色技术的信息。[37] 具体来说，审查

---

[31] *See* 15 U. S. C. § 1052（f）（2010）［除非明确排除在（a），（b），（c），（d），（e）（3）和（e）（5）小节中在本条中，任何内容均不得阻止申请人使用的商标的注册，该商标已成为申请人商业商品的特征］；参见 1212 号审查程序商标手册（如果提议的商标本身并不具有独特性，只有在获得的独特性或"次要含义"的证据上才可以在 Principal Register 上注册，即证明它已经变得与申请人的商品或服务紧密关联）。

[32] *See* Trademark Manual of Examining Procedure at § 1212. 06（b）-（d）（6th ed. 2009）（讨论广告支出，宣誓书或声明确认商标作为来源指标，调查证据，市场研究和消费者等证据）。

[33] *Id.* at § 1212. 06（a）.

[34] *Id.* at § 1212. 06（b）.

[35] *Id.* at § 51212. 06（c）.

[36] *Id.* at § 1212. 06（d）.

[37] *See* Office Action（July 10, 2008）［与申请序列号 77/394,276 一起发布（审查员拒绝在主要注册簿上登记，因为拟议的商标仅仅描述了服务"绿色专利博客"］。

员注意到BLOG是博客服务的通用名称，绿色专利定义了博客的主题。[38] USPTO 指出 GREEN 描述涉及清洁技术或可再生能源主题，而 PATENT 是一种知识产权的通用术语。[39][40]

我的回答采取了商标获得独特性或二级含义的立场。[41] 具体来说，回应认为绿色专利博客的读者已经认同该标记是我博客的标识符。[42] 该回复纳入了间接证据，如其他博客和媒体提及我作为绿色专利的博客作者，以及来自读者的电子邮件的直接证据，表明他们认为我是清洁技术知识产权博客信息的原创来源。[43] 幸运的是，审查员被获得的独特性论证说服了，USPTO 最终批准注册我的 GREEN PATENT BLOG 生态标记。[44]

二、在主注册簿上注册的替代方案

美国有两个联邦商标注册簿，分别是主注册簿和补充注册簿。前者提供更强大的保护能力，但具有更严格的注册条件要求，而后者赋予更少的权利和补救措施，但注册标准要求较低。生态标记背景中的重点是，如果美国专利商标局判定商标是描述性的情况下，可以在补充注册簿上注册商标。因此，如果他们的商标被拒绝仅仅因为是描述性的，生态标记所有者可以考虑在补充注册簿上注册作为应急方案。

将商标申请从主注册簿转换为补充注册簿，或"修改补充注册"只需在美国专利商标局网站上的在线回复表格中选择该选项。如果该商标在一

---

[38] *See id.*（根据服务描述，"BLOG"是博客服务通用表述。"绿色"描述了博客的主题）。

[39] *See id.*（Green 是一种常见的、描述性的、涉及清洁技术和可再生能源的主题措辞。Patent描述了博客的主题，因为专利是一种知识产权）。

[40] 我的第一个错误是没有遵循我自己的生态标记提示，即起草中立的商品或服务清单。回想起来，我应该省略"知识产权"并简单地说在清洁技术领域博客涵盖"法律问题"。

[41] *See* Request for Reconsideration after Final Action ［与申请序列号 No. 77/394,276 一起提交作为替代方案，并且不承认商标绿色专利博客仅仅是描述性的而不是固有的独特性，申请人恭敬地提出该商标已获得独特性或次要性意义，因此可根据第2（f）节进行注册］。

[42] *See id.*（申请人恭敬地提出有关商标绿色专利博客的独立性的陈述，以及其他网站和绿色专利博客的媒体认可作为申请人的博客服务的来源标识符的证据……确定绿色专利博客服务的标志申请人服务的来源指标）。

[43] *Id.*

[44] U. S. Registration No. 3563461（registered Jan. 20, 2009）.

段时间内仍在使用，生态标记所有者可以由此获得在联邦商标主注册簿商标，因为 USPTO 可以接受商业使用 5 年作为获得独特性的直接证据。[45] 在补充注册 5 年后，环保标记所有者只需在主注册簿重新提交新的商标申请，并指出该商标已经使用并注册了 5 年。这是保护生态标记的一个很好策略，否则由于商标是描述性的，最初可能在主注册簿上是无法注册的。

绿色企业的另一个好策略是使用认证标志。如果公司的核心业务具备绿色特征，或涉及环保产品，流程或服务，使用认证标志可能是传达公司绿色方式的良好策略。认证标志不是表达产品或服务的商业本质，而是旨在传达商品或服务符合某些质量或制造标准。认证标志不是由企业所拥有，而是由设定标准的组织所拥有。申请 USPTO 联邦注册认证标志的是认证机构，而非最终的企业用户。

如果企业想要使用认证标志，则企业要和认证组织联系以请求评估其商品，服务或生产流程。认证机构只有在企业满足适当标准时才允许其使用认证标志。认证组织可以自由地为其认证标志设定标准，美国专利商标局不具有控制认证机构使用具体标准的权利。认证标志的可靠性和有效性取决于认证机构。有兴趣使用认证标志销售其商品或服务的企业，应在相关消费者中研究和辨别认证标志和认证机构的信誉，以判定使用该认证标志是否对其业务有利。

著名的绿色认证标志的两个例子是美国环境保护署（EPA）能源之星认证（见图 7 - 4）和美国绿色建筑委员会能源和环境设计领导（LEED）认证（见图 7-5）。EPA 拥有能源之星 ENERGY STAR 设计的联邦认证标志注册，[46] 并与美国能源部和制造商合作，为符合特定节能标准的产品颁发 ENERGY STAR 认证。从电池充电器到投影电视，洗碗机以及新房和办公楼等产品均可申请该认证。

---

[45] *See* 15 U. S. C. § 1052（f）（2009）（在提出独特性声明之前的 5 年内，申请人在商业中作为商标实质上排他性和连续使用的证明可以作为该商标具有独特性的表面证据。与申请人的商业或商业服务一起使用）；*See also* 37 C. F. R § 2. 41（b）；Trademark Manual of Examing Procedure，§ 1212. 05（6th ed. 2009）.

[46] U. S. Registration No. 2817628（registered Feb. 24，2004）.

图 7-4

同样，美国绿色建筑委员会申请并获得了 LEED 认证标志的联邦认证标志注册。[47]

图 7-5

该认证已成为环保和节能建筑的国家标准。对于 ENERGY STAR 和 LEED 认证，企业向认证组织申请审查其产品或服务，如果企业符合组织的标准，则颁发认证。

除了 ENERGY STAR 和 LEED 之外，还有越来越多的认证标志，几乎所有相关市场的企业都可以申请并用于向消费者传达特定的绿色产品、服务。加州伯克利的非营利组织 Build It Green 提供绿点 Green Point 绿色建筑认证，作为 LEED 认证的替代方案（见图 7-6）。

图 7-6

---

[47] *See* U. S. Registration No. 3775137（registered Apr. 13，2010）.

旧金山最近的绿色建筑法要求新的小型住宅建筑必须获得 GreenPoint 评级系统的某些评级或获得 LEED 认证。[48] 食品服务 Warehouse.com 为商业厨房提供绿色认证计划（见图 7-7）。

图 7-7

MeetGreen 认证计划旨在评估会议主办方（如会议中心和酒店）的会议管理活动，以确保消费者最大限度地减少对会议场地的环境影响（见图 7-8）。

CO2Stats 为网站提供绿色认证网站碳抵消计划。CO2Stats 计划的网站可以插入一段 HTML 代码，用于计算其网站的碳排放量（见图 7-9）。

图 7-8   图 7-9

计算包括用于运行网站的电耗和访问者访问网站所使用的电耗。[49] 根据碳排放计算，CO2Stats 为这些网站购买可再生能源证书，以抵消其网站的碳消耗。[50]

对于许多企业来说，认证标志是一个不错的选择，尤其是那些希望传

---

[48] *See San Francisco Homes to be Certified by GreenPoints Rating System*, GREENPATENT BLOG, Oct. 9, 2008, http://greenpatentblog.com/2008/10/09/san-francisco-homes-to-be-certified-by-greenpoints-rating-system/.

[49] *See CO2Stats web site*, http://www.co2stats.com/（last visited Nov. 11, 2010）[一旦你注册，你将得到一个简短的代码片段插入你的网站，代码自动监控您网站的端到端碳足迹，不仅仅限于服务器，还有网站访问者的计算机（当他们在您的网站浏览以及连接它们的网络）]。

[50] *See id.*（我们随后购买作为您订阅的一部分，无需支付额外费用。EPA 认可的证书显示您使用风能和太阳能等可再生能源有效地为自己农场供电）。

达与其核心业务相关的绿色产品或服务的企业。如果生态标记得到广泛认可和信任，消费者更有可能根据环境因素作出购买决策。当然，公司也可以同时使用私有的环保商标标志和公共的认证标志。除了 GREEN BRANCH 标志外，PNC 的 42 座建筑（包括 15 家银行分行）都获得了 LEED 认证。[51] 同样，Clorox 的 Green Works 系列清洁产品已通过环境保护局的环境设计的认证计划，[52] 验证产品"符合严格的人类和环境健康标准"。[53] 这是 PNC 和 Clorox 两个案例中的最佳做法，因为消费者内心可能会将受信任的第三方生态标记与公司自己的绿色品牌联系起来。

三、小结

对于建立绿色品牌的企业来说，重要的是要记住上面的相关策略，正如 PNC、Green Apple Cleaners 和 LS9 在他们的商标申请中的做法。企业需要作出的一个重要的决策是寻求自己的绿色商标注册还是采用认证标志，以促进企业的绿色品牌推广工作。而这个决策是与其他诸多因素相关联的，包括商品或服务所涉及类别以及行业特点。如果公司的核心业务涉及环保产品、流程、服务，认证标志方式可能更加可行。一个声誉良好的绿色认证标志可以提供重要的营销优势，因为它通过中立的第三方传播公司可持续产品或服务的可信度和认可度。

另一方面，如果绿色实践不影响业务的基本原则，公司可以尝试申请自己的生态标志注册。其他应该遵循的策略，如仔细起草商品或服务列

---

[51] *See* News Release, PNC, PNC Bank Extends Leadership in Eco - friendlyDevelopment with Trademark of "Green Branch" Term（Nov. 13, 2007），https://www.pnc.com/webapp/unsec/Requester? resource =/wps/wcm/connect/7de30f804e5c7157913597fc6d630ad7/GreenBranchTrademark _ Rls. pdf? MOD = AJPERES&CACHEID = 7de30f804e5c7157913597fc6d630ad7 [PNC 拥有经美国绿色建筑委员会（USGBC）认证不分行业的绿色建筑，包括 15 个分支机构最近同时通过 USGBC 的 LEED 认证]。

[52] *See*, e. g., Clorox's Green Works（R）Concentrates Help Businesses Improve the Work-place for Tenants and Employees Through Use of Natural Cleaning Products, PR NEWSWIRE, Apr. 20, 2010, http://www.prnewswire.com/news-releases/cloroxsgreen-worksr-concentrates-help-businesses-improve-the-workplace-for-tenants-and-employees-through-use-of-natural-cleaning-products-91614469.html（Green Works 产品是经过环保组织认可和认证，包括绿色印章和环境设计，环境保护局合作伙伴）。

[53] *See* Design for the Environment web site, http://www.epa.gov/dfe/（last visited Nov. 11, 2010）.

表、添加非描述性生态标志的元素、争取获得的独特性，或利用补充登记等。这些策略提供商业绿色品牌申请、登记生态标记、描述性问题争议的替代路线。

本章讨论的策略提供了不同的保护途径，因此企业可以利用绿色品牌来满足消费者对可持续产品，服务和商业实践日益增长的需求。随着我们进入生态标志时代，越来越多的企业和组织会趋向于满足这种需求，而消费者将会遇到越来越多的生态标志和绿色品牌。虽然这为绿色企业创造了巨大的机会，但正如我们将要看到的，其也导致了生态标志诉讼和滥用的增加。

第八章

漂绿和生态标记滥用

随着绿色品牌的兴起，出现了"漂绿"的诱惑，即"绿色"和"漂白"的手段的混融。漂绿是指对环保产品、服务或工艺提出虚假或误导性声明。随着公众对气候变化的危险愈加重视，并且环保产品和可持续实践的消费者数量持续增长，更多的品牌所有者变得倾向于作出混淆的，未经证实的绿色声明。更糟糕的是，一些企业可能会试图欺骗绿色消费者或以其他形式滥用生态标记，并从绿色市场中获利。

一、漂绿的兴起

漂绿的案例似乎在增加，一些报告表明它已经是一个普遍存在的问题。[1] Terra Choice 是一家环境营销机构，发表了一份最初被称为漂绿的六宗罪的报告。后来更新为七宗罪。[2] 最初的 Terra Choice 报告发现，在审查了超过 1000 种自我宣称的"绿色"产品中，除了一种外，其他所有产品都犯下其中至少一种罪行，而显示出具备某种形式的漂绿。[3] 设定商品或服务类型的广告标准的英国政府机构称：如果公司的核心业务涉及环保产品，流程或服务，则认证标志方式可能更为可行。因为它可以传达中立的第三方对公司可持续产品或服务的可信度和认可，声誉良好的绿色

---

　　[1]　*See* TERRACHOICE, ENVIRONMENTAL MARKETING, THE SEVEN SINS OFGREEN-WASHING: ENVIRONMENTAL CLAIMS IN CONSUMER MARKETS（Apr. 2009）, *available at* http://sinsofgreenwashing.org/findings/greenwashing-report-2009/.

　　[2]　*Id.*

　　[3]　*See* TERRACHOICE ENVIRONMENTAL MARKETING, THE SIX SINS OF GREENWASHING: A STUDY OF ENVIRONMENTAL CLAIMS IN NORTH AMERICAN CONSUMER MARKETS（Nov. 2007）, *available at* http://sinsofgreenwashing.org/find-ings/greenwashing-report-2007/.

认证标志可以提供更强的营销优势。管理机构（ASA）在近 1 年的时间内发现有关英国广告起诉使与环境有关的索赔案数量几乎翻了 2 番。[4]

由于诸多原因，这是一个令人不安的趋势。要理解漂绿和生态标记滥用可能产生的危害，我们必须记住商标法的首要目的。商标法是消费者保护法的一个法律子集，正如其名称所示，其宗旨在于保护消费者。商标法通过确保消费者始终能够购买到合格的商品来保护消费者。无论消费者是出于特定的质量水平、某些产品特征和安全问题，还是仅仅希望使用与他所有朋友相同的手机，商标法保证消费者所选择的产品或服务源于正规生产厂家，而不是由模仿者提供的便宜仿制品。

在生态标记氛围中，消费者的动机是消费者负责任地消费，保护环境，并将我们星球的福祉考虑在购买决策中。这是一个特别重要的市场，因为绿色消费者不会因为渴望享受某些产品功能过度关注商标和品牌，或者希望成为最新产品尝鲜者。相反，绿色消费者体现了一种生活方式。根据一位绿色营销专家的说法，绿色消费者不是一个虚拟图表趋势，而是一种生活方式，是价值观和情感欲望推动购买决策的心理模型。[5] 营销人员甚至创造这个市场的首字母缩略词 LOHAS 的消费者，代表着健康和可持续发展的生活方式。

因此，绿色品牌不应仅仅是让人们购买产品的最新营销策略。越来越多的绿色消费者的集体购买决策对我们的地球产生了越来越大的影响。丰田普锐斯是这种效果的有力例证，其自身也是一个非常成功的绿色品牌和产品。截至 2009 年 9 月，丰田在全球累计销售了 200 万辆混合动力汽车，[6] 其中许多都是普锐斯汽车。据丰田公司估计，跑在路上的 200 万辆

[4] *See* ADVERTISING STANDARDS AUTHORITY, COMPLIANCE REPORT: ENVIRONMEN-TAL CLAIMS SURVEY 2008 at 5, *available at* http://www.asa.org.uk/Resource-Centre/Reports-and-surveys.aspx（2006 年 ASA 收到 117 个投诉约 83 个广告提出环境有益主张。在 2007 年，我们收到了 561 个投诉，涉及大约 410 个广告，截至 6 月底，ASA 收到 218 个投诉，2008 年约有 160 个投诉）。

[5] *See* RICHARD SEIREENI, THE GORT CLOUD: THE INVISIBLE FORCE POWERINGODAY'S MOST VISIBLE GREEN BRANDS 288-89（Chelsea Green Publishing Company 2008）（描述了如何将绿色消费者从人口统计分析转变为心理分析）。

[6] Press Release, Toyota, Worldwide Sales of Toyota Motor Corp. Hybrids Top 2 Million Units（Sept. 4, 2009）, http://media.toyota.ca/pr/tci/en/worldwide-sales-of-toyota-motor-101335.aspx.

混合动力车减少了 1100 万吨的二氧化碳排放量。[7] 这种消费者转向更环保的产品趋势有可能将环境效益扩展到个人消费者。因此，绿色消费者对保护环境起到关键作用，试图欺骗绿色消费者和颠覆消费者保护法的做法同样会影响我们每一个人。

但是"漂绿"到底是什么？Terra Choice 等消费者团体在市场上看到的是什么，以及与哪些产品相关？漂绿的案例通常涉及能效或燃料消耗等差异化的产品。其中包括能源消耗的家用电器、笔记本电池、耗油汽车和汽车轮胎等产品。另一个受漂绿影响的领域是许多消费者所担心含有危险化学品或毒素的产品，如家用清洁产品，油漆或个人护理用品。

Terra Choice 报告提供了漂绿"罪恶"的定义，以及漂绿的常见形式目录。从广义上讲，犯罪包括提出一种"明显错误"或"误导性"的环境主张。该报告将罪分为几类：

（1）隐藏罪，（2）无证据罪，（3）模糊的环境主张罪，（4）虚假标签罪，（5）无关环境主张罪，（6）避重就轻罪，以及（7）撒谎罪。[8]

隐藏罪包括推广产品的一个特定绿色属性，同时忽略产品或其生命周期的其他方面，这些方面可能无法使环境受益，或者实际上可能对环境造成伤害。[9] 无证据罪是提供无证据的模糊环境主张，[10] 其主张要么定义不明确、要么过于宽泛以至于消费者无法理解其含义，如"天然"或"非化学"产品。[11] 无关紧要罪的环境声明可能属实，但是不重要或无益，如声称产品不含氯氟烃，这已经在 30 年前就被禁止。[12] 避重就轻罪是绿色声明可能属实，但是额外涉及另外一类对环境有不利属性的产品，[13]

---

[7] See id. [截至 2009 年 8 月 31 日，自 1997 年以来，TMC 混合动力汽车已经减少大约 1100 万吨的二氧化碳排放（这被认为是全球变暖的主要原因），而不是由类似驾驶性能的汽油动力车辆所减少的]（内部引文省略）。

[8] See TERRACHOICE ENVIRONMENTAL MARKETING, THE SEVEN SINS OF GREEN-WASHING: ENVIRONMENTAL CLAIMS IN CONSUMER MARKETS（Apr. 2009），at 3, available at http://sinsofgreenwashing.org/findings/greenwashing-report-2009/.

[9] See id. at 3.

[10] See id. at 3.

[11] See id. at 3.

[12] See id. at 3.

[13] See id. at 3.

例如有机香烟或"绿色"杀虫剂。撒谎罪意味着主张是虚假的并且无法确认的。[14] 新增的虚假标签罪指的是提供虚假或误导性的印象,即产品已获得中立第三方的环境认可。事实上,并没有这样的认可。[15]

美国联邦贸易委员会(FTC)编写并出版了《绿色指南》,[16] 这对于品牌所有者和消费者在评估环境效益需求方面具有指导意义。《绿色指南》规定,此类声明"应以产品、产品包装,产品服务,包装或服务的明确环保主张方式呈现"。[17] 无论是明示还是暗示,声明不应夸大环境增益。[18] 相对特异性或概括性是判定环境主张欺骗性的一个关键因素,而对于环境效益认定绿色指南则警告如下:

> 直接或通过暗示产品、包装或服务提供普通环境增益行为是欺骗性的……环境利益的声明难以解释,可能会向消费者传达宽泛和模糊的含义,在许多情况下,此类声明可能表明产品、包装或服务具有特定且深远的环境效益(而情况并非如此)。[19]

二、打击"漂绿"者

最近反"漂绿"力量的崛起引发了大量对绿色标志的质疑,并使反漂绿活动成果日益显著和有效。除了 Terra Choice 报告和 FTC《绿色指南》之外,关于可持续产品、服务和商业实践的其他详细信息越来越多地向公众开放。消费者可以使用许多资源来研究和验证相关的绿色声明。ecolabelling. org 等网站提供绿色标识和标签的第三方验证和分析,旨在传达产品符合环境标准的相关消息和信息。

此外,反漂绿力量具有消息灵通、高度动员和发声强烈的特点。值得关注的违规行为和虚假声明通过绿色博客圈立即传递给数百万有关消费

---

[14] *See id.* at 3.

[15] *See id.* at 4.

[16] *See* Guides for the Use of Environmental Marketing Claims, 16 C. E. R. S260. 1 (2010).

[17] 16 C. F. R. § 260. 6 (b).

[18] 16 C. F. R. § 260. 6 (c).

[19] 16 C. F. R. § 260. 7 (a).

者。绿色营销专家 Richard Seireeni 为这一现象创造了一个术语，这一点反映在他最近出版的书 *The Gort Cloud* 的标题中。在书中，Seireeni 描述了"无组织但相互关联的网络"，它形成了一个志同道合并且环保知识丰富的个人和组织的社区。[20] 该社区包括，如绿色产品和服务提供者、政府机构、非政府组织、认证机构、绿色新闻机构、绿色搜索引擎、社交网络，以及如 Tree Hugger、倡导团体、博主和绿色生活方式运动等 trend potter 网站。[21] Gort Cloud 可以成就或摧毁公司的绿色品牌努力，通过网络传播的信息可能会给那些从事漂绿的公司带来公共关系噩梦，并对违法者施加持久的耻辱感。

在法律领域，公共实体和公民都可能参与漂绿犯罪，参与这种行为的公司越来越多地被绿色公民消费者的代表和政府所追究责任。美国联邦贸易委员会使用其《绿色指南》来判定关于绿色产品的营销声明是否有效或被视为虚假广告，并可能追究违法者。世界各地的政府机构正在利用调查权力和执法权力来揭露和惩罚漂绿行为。此外，一些政府机构开展环境或能效认证计划并对其进行监管，以确保参与计划的企业能够持续满足其标准。

法庭更加注意到"漂绿"犯罪，并鼓励以违法者为目标的私人诉讼持续进行。在法庭上，关于虚假广告的诉讼是最合适的分类。"漂绿"索赔包括根据 Lanham 法案的联邦诉讼，如根据第 43（a）条提出的不正当竞争索赔，特别是第 43（a）（1）（B）条虚假广告索赔。[22] 漂绿也在州内被起诉（根据消费者保护法规、不公平竞争以及不公平的商业行为法，以及违反保证和不公正的索赔）。通常，这些案例是消费者集体诉讼，其中集体成员因为观看涉嫌虚假或误导性环境利益广告而购买产品。消费者漂

---

[20] *See* RICHARD SEIREENI, THE GORT CLOUD: THE INVISIBLE FORCE POWERINGTODAY's MOST VISIBLE GREEN BRANDS 20–31（Chelsea Green Publishing Company2008）（详细介绍反漂绿力量）。

[21] *Id.*

[22] *See* 15 U. S. C. § 1125（a）（2009）[（1）任何人在任何货物或服务或货物集装箱上，在商业中使用任何文字、用语、名称、符号或设备或其任何组合，或任何虚假的原产地名称，虚假或误导性的事实描述，或虚假或误导性的事实陈述，（2）在商业广告或促销中，歪曲性质、特征、品质或地理他或她或他人的商品，服务或商业活动的来源，应由任何认为他或她可能因此行为而受损的人在民事诉讼中承担责任]。

绿案件的被告是主要被指责在正常经营条件下无法实现所宣传的业绩水平或环境效益。另一个共同点是，品牌所有者将自己私有的绿色认证混淆为独立客观的第三方认证。

1. 公共选择

政府机构更加关注绿色广告宣传。例如，美国的 FTC，英国的 ASA 以及澳大利亚竞争和消费者委员会（ACCC）。这些消费者监管机构通过制定指南（如 FTC 的《绿色指南》）提供有价值的规则，广告商可以查看随时了解广告合规信息，并调整其广告信息以保持合规。这些消费者监管机构也服务于调查和执法功能，像这样的机构已经追诉了许多广告商，并且对几个据称是绿色的广告进行了监管。

特别是 ASA 近年来作出了一些值得关注的裁决。2007 年，英国消费者监管机构要求汽车制造商雷克萨斯撤回其混合动力 SUV 的广告宣称"世界上第一款高性能混合动力 SUV，具有领先的低二氧化碳排放量"。[23] 该广告还包括"高性能""低排放""零故障"等词语。[24] ASA 发现该广告具有误导性，因为它错误地暗示"该车对环境造成的损害很小或与其他车辆比较没有二氧化碳（CO2）排放"。[25] ASA 还发现消费者无法了解该广告的细则。[26] 这一公共执法行动是雷克萨斯消费者和其他考虑购买雷克萨斯混合动力 SUV 消费者的胜利，裁决禁止其广告宣称的环境友好特性。

类似地，ACCC 调查迫使固特异（Good year）承认其 Eagle LS2000 轮胎不具备其澳大利亚公司网站上所声明的特性，即轮胎"对环境影响最小"，提高燃油经济性，并减少二氧化碳排放。[27] 作为调查的结果，固特

---

[23]　*See* Advertising Standards Authority, ASA Adjudication on Lexus （GB） Ltd （May 23, 2007）, http://www.asa.org.uk/asa/adjudications/Public/TF_ADJ_42574.htm.

[24]　*See id.*

[25]　*See id.*

[26]　*See id.*

[27]　*See* Press Release, Australian Competition and Consumer Commission, GoodyearTyres Apologises, Offers Compensation for Unsubstantiated Environmental Claims （June 26, 2008）, http://www.accc.gov.au/content/index.phtml?itemld=833219.

异承认它无法证实这些特性，ACCC 认为这些特性是虚假和误导性的。[28]
该公司对在宣传期间购买该产品的消费者，提供了部分退款。[29]

在美国，联邦政府和 LG 电子（LG）之间达成的协议是另一个反漂绿的
成功案例，也是认证标志应如何为消费者服务的一个很好的例子。[30] 此案
涉及美国政府的能源之星（ENERGY STAR）认证，该认证旨在通过提供节
能信息，以帮助消费者比较绿色产品和投资者投资节能产品。[31] 该认证通
过 ENERGY STAR 认证标志向消费者传达产品的节能特性，如图 8-1 所示。

美国环境保护署（EPA）为其 ENERGY STAR 设计[32] 申请了美国认证
标志注册，并与美国能源部（DOE）和制造商合作，向符合特定节能标准的
产品颁发 ENERGY STAR 认证。

图 8-1

LG 的许多冰箱型号都通过了 ENERGY STAR 认证。然而，获得 EN-
ERGY STAR 认证的 10 个型号在其标签上列出了错误的能源使用测量值。
事实证明，冰箱耗能比宣传地更多，并且实际上并没有达到获得认证所需

[28] See id.（固特异轮胎承认所声称的环境效益无法得到证实，并已撤回带有相关陈述的
材料）。

[29] See id.

[30] See LG Electronics U. S. A., Inc., v. U. S. Dep't of Energy, No. 09-2297（JDB），2010 WL
151983, *5, *15（D. D. C. Jan. 18, 2010）. A certification mark is different from an ordinary
trademark or service mark, See generally CRAIG ALLEN NARD ET AL., THE LAW OF INTELLECTUAL
PROPERTY 122（2d ed. 2008）（解释说，认证标志不是指示产品或服务的商业来源，而是表明商
品或服务符合某些质量或制造标准）。认证标志不是由个体企业拥有，而是由组织拥有设定标准。
反过来，如果企业想要使用认证标志，企业需联系认证机构，要求评估其商品，服务或实践。认
证机构允许企业仅在满足适当标准时才使用认证标志。

[31] See About ENERGY STAR, http://www.energystar.gov/index.cfm? c = about. ab_index（last
visited Mar. 18, 2010）.

[32] U. S. Registration No. 2817628（registered Feb. 24, 2004）.

的能效标准。显然，消费者补救措施在有序地进行。DOE 和 LG 达成和解协议以采取适当的补救措施。[33] 作为初步措施，LG 自愿从 ENERGY STAR 认证中撤出。[34] 此外，根据协议条款，LG 必须为已购买其产品的消费者提供免费家庭改装，以提高产品的能源效率。[35] LG 还要向消费者提供一次性赔偿，以弥补实际能耗和产品标签上注明能耗之间的能源成本差异。[36] 最后，由于对冰箱改装不会使它们达到 ENERGY STAR 的效率水平，因此在产品的预期寿命内 LG 将每年向消费者支付改装后的能源使用数值与原始标签上列出数值之间的差异费用。[37]

这是一个保护消费者和打击漂绿认证项目的一个很好的例子。在该案例中，认证机构就是美国政府，其积极监管使用该商标的公司，并在这些公司的产品不符合要求时，强制违规公司采取补救措施。由于政府机构拥有关闭和改变违规活动的权力和资源，因此能够公开调查和强制打击漂绿，其中滥用认证标志只是其中的一部分。

2. 针对漂绿者的私人诉讼

打击"漂绿"的另一个途径是私人法庭诉讼。这些诉讼有时是个人起诉，但更多时候采取集体诉讼的形式，即购买特定产品或服务的消费者寻求追回经济损失的诉讼。在"漂绿"环境中，这些损害是由欺骗性宣传产品的环境利益所导致的。因此，"漂绿"合法要求是广告的一个特定字集，上述广告出现在各种州和联邦消费者保护法规，不公平竞争和商业行为法（如传统的赔偿理论和不当得利）之下。

针对本田思域（Honda Civic Hybrid）混合动力公司，个人诉讼和联邦集体诉讼的两起诉讼在打击涉嫌欺骗性的广告并迫使厂商采取补救措施方

---

[33] Agreement Between the U. S. Dep't of Energy and LG Electronics, U. S. Dep't ofEnergy-LG E-lectronics U. S. A., Inc.. Jan. 14, 2008, *available at* http://www.energystar.gov/ia/partners/manuf_res/DOE_LG_SettlementAgreement.pdf.

[34] *Id.* at 3.

[35] *Id.*

[36] *Id.* at 4.

[37] *Id.*

面取得了一些成功。这两个案例，都聚焦在百公里油耗估计的汽车里程数据与实际行驶数据之间的差异，并提出了车主是否可以调整驾驶习惯以缩小差距的问题。

目前正在加利福尼亚州法院提起的这起诉讼涉及本田思域混合动力的虚假广告和欺骗性主张，上级法院推翻了初审法院撤销并驳回案件的判决之后，原告 Gaetano Paduano 于 2004 年在圣地亚哥高等法院起诉，他对 2004 年思域混合动力车的百公里油耗感到失望。[38] 具体来说，Paduano 声称其车辆在高速公路上行驶里程达不到本田思域在其广告中声称的 48 英里/加仑的一半。

在回答他的询问时，一名本田员工告诉他，他必须以特殊方式驾驶车辆以提高每加仑里程数。[39] 然而，该员工说，"在高速公路上也很难以特殊方式驾驶，并进一步表明特殊驾驶方式会造成安全危险"。[40] Paduano 还被告知"以正常方式驾驶无法达到广告所宣称的百公里油耗"。"正常方式驾驶"是指随着车流正常进行车辆的加速和停止的驾驶方式。[41] 记录表明，一名本田员工得出的结论是"按正常方式驾驶无法达到声明中的油耗值"。[42]

Paduano 就加利福尼亚州关于本田思域混合动力手册中的陈述的欺诈声明向州和联邦保修索赔，这些声明与 Paduano 实际驾驶中的燃油效率大相径庭。这本小册子告诉司机，他们不必做任何"特别的事情"就可以获得"极好的汽油里程"，[43] 并暗示他们像传统汽车一样驾驶混合动力汽车就可节省燃料费用。[44]

2006 年，初审法院作出本田公司胜诉的判决，并驳回 Paduano 所有的

---

[38]　*See* Paduano v. Am. Honda Motor Co., 169 Cal. App. 4th, 1461（Cal. Ct. App. 2009）.

[39]　*Id.* at 1471.

[40]　*Id.* at 1460.

[41]　*Id.* at 1472.

[42]　*Id.*

[43]　*Id.* at 1472.

[44]　*Id.* at 1471.

诉讼请求。[45] 然而，加利福尼亚州第四地方上诉法院部分地修改了初审判决，裁定 Paduano 可以继续进行对欺骗行为和误导性广告进行诉讼，[46][47] 上诉法院认为，Paduano 提出了足够的证据（本田没有提供相反的证据），陪审团可以在本田手册中找到误导消费者的陈述。[48]

法院发现记录的证据与宣传册中的说法相矛盾，即驾驶员正常驾驶就可以获得优异的汽油里程。法院关注本田代表对 Paduano 的陈述，特别是那些不能 "以正常方式" 驾驶以获得百公里油耗的汽油里程的解释和说法。据法院称：

> 因此有证据表明 "获得极佳的汽油里程" 可能不像本田在其
> 宣传册中向消费者所宣称的那样容易实现。[49]

法院认定，本田宣传手册中的说法是虚假或具有误导性的。因此，初审法院被要求重新审理案件，以重新审理 Paduano 根据加州消费者法律救济法和加利福尼亚反不正当竞争法提出的索赔，这是与欺骗性广告有关的两个诉讼案件。

截至笔者写作时，Paduano 案件正在审理中，因此其打击涉嫌漂绿的有效性仍有待观察。然而，上诉法院对绿色消费者的裁决是令人鼓舞的。通过重审发布虚假的广告诉讼案件——核心漂绿声明——上诉法院暂时阻止了本田逃避责任行为，并进一步阻止了其对未来潜在购买者的误导行为。更重要的是，随着案件的推进，针对所谓误导性广告的纠正措施仍然在继续进行。也许 Paduano 案的州法院诉讼将针对本田所谓的欺骗性声明，

---

[45] *See* Paduano v. American Honda Motor Co., Case No. GIC 842441, Judgmentat 2（Cal. Sup. Ct. San Diego Cty. Oct. 31, 2006）（充分考虑证据，以及当事人提交的书面和口头陈述，法院认为，没有重大事实证明本田公司违约，被告美国本田汽车公司有权根据法律条款作出自己的判断）。

[46] See Paduano, 169 Cal. App. 4th at 1487（我们得出的结论是，关于本田的广告声明是否表明消费者能够以与传统车辆相同的方式驾驶思域混合动力车，是否存在真正的重大安全问题。在美国环保署的估算中，实现优异的燃油经济性，具有欺骗性和/或误导性）。

[47] The court affirmed the portion of the summary judgment ruling regardingPaduano's breach of warranty claims. Id. at 1467-68.

[48] *See id.* at 1470（调查者可以确定本田其手册中构成虚假陈述或误导公众）。

[49] *Id.* at 1472.

宣传思域混合动力车的燃油经济性，实施具体的禁令。这样的结果将填补联邦法院针对本田的类似案件中的集体诉讼和解留下的空白。

2007 年，John True 在加利福尼亚中区的美国地方法院对本田提起集体诉讼，声称本田对思域混合动力车的燃油效率作出了虚假和误导性陈述。[50] 具体而言，True 声称本田明知道或应该知道车辆的实际性能比广告燃油效率低 53% 时，仍然继续宣称思域混合动力车的总燃油效率达到每加仑汽油 49～50 英里。[51] 首次修订后的投诉引用了 2005 年消费者报告进行的道路测试，表明思域混合动力车在城市驾驶中每加仑只能行驶 26 英里。[52] 相关具有欺骗性的特定广告用语包括：

> 每一箱汽油都可以行驶 650 英里，这是美国的燃料经济奇迹。[53]
>
> 美国最省油的汽车是 2006 年款的思域混合动力型车。[54]
>
> 你会在加油时感受到思域混合动力车的好处。[55]

该诉讼还质疑本田所宣称的节油情况以及消费者驾驶思域混合动力车所带来的成本节约。根据第一次修改后的投诉，本田的网站邀请潜在购买者使用燃料计算器来"计算燃料节省量"，消费者可以通过用思域混合动力车取代他或她的当前汽车所获得的节省量。[56] 燃料计算器提供精确的美元数字，而没有任何提醒或免责声明。

最后，True 指控本田改变联邦政府规定的关于燃油效率估算的免责声明，该估算贴在新车上的标签上。根据第一次修订后的投诉，本田将免责声明从"实际里程数"改为"实际里程数可能会变化"，并且在某些情况

---

[50]　First Am. Complaint 3-6, True v. Am. Honda Motor Co., Case No. 07-cv-00287-VAP-OP (C. D. Cal. Nov. 19, 2007).

[51]　*See id.* at 4.

[52]　*See id.* at 4.

[53]　*Id.* at 20. a.

[54]　*Id.*

[55]　*id.* at 20. b.

[56]　*id* at 20. c.

下完全去除了该宣传语。[57] 第一次修订后的投诉包含4项指控，违反加利福尼亚州不正当竞争法，加利福尼亚州公平广告法和加州消费者法律救济法以及不当得利的行为。[58]

在一年之内，法院进行了调解，双方原则上达成了和解。[59] 2009 年 8月，法院发布了和解条款的初步批准令。[60] 和解涉及 2003 年至 2008 年在美国购买或租赁过一款新的本田思域混合动力车型的所有人。[61] 根据协议条款，本田必须自费制作并向所有用户发放演示 DVD。DVD 内容包括：如何保养和维护思域混合动力以实现"最大化"燃油经济性。[62] 此外，每个本田思域的购买用户可以选择三种货币补偿方式之一：1000 美元现金补偿；为保留其思域混合动力车的消费者提供 500 美元的现金补偿；或者为书面投诉或者到本田公司以及其经销商处投诉的客户支付 100 美元现金。[63]

和解协议还包括针对有争议的广告采取纠正形式的禁令措施。具体而言，本田同意及时审查思域混合动力车的所有燃油经济性广告，并修改有争议的免责声明。该协议要求本田公司至少将语言从"实际里程可能变化"改为"实际里程将有所不同"，并且至少在两年内使用避免混淆的语言。[64] 本田公司进一步同意支付 295 万美元的律师费和诉讼费。作为交换，原告将放弃对本田公司所有与思域混合动力车的燃油经济性广告或营销相关的索赔和潜在索赔要求。[65]

从绿色消费者的角度来看，这项和解协议取得了一定的成功。本田公

---

[57] *Id.* at 19.

[58] *See id.* at 33–51.

[59] *See* Class Action Settlement Agreement and Release at 1, True v. Am. Honda Motor Co., No. 07-cv-00287-VAP-OP（C. D. Cal. Mar. 2, 2009）.

[60] *See* 2d Revised Prelim. Approval Order, True v. Am. Honda Motor Co., No. 07-cv-00287-VAP-OP（C. D. Cal. Aug. 27, 2009）.

[61] *See* Class Action Settlement Agreement and Release at 9, True v. Am. HondaMotor Co., No. 07-cv-00287-VAP-OP（C. D. Cal. Mar. 2, 2009）.

[62] *Id.* at 5.

[63] *See id.* at 11–13.

[64] *See id.* at 14.

[65] *See id.* at 6–8, 26.

司所需的纠正措施在某种程度上可以更好地辅助消费者购买和使用思域混合动力车所进行的决策。希望继续使用本田思域混合动力车，并优化其燃油经济性能的消费者可以观看 DVD 并相应地调整他们的驾驶习惯。未来的思域混合动力购买者将不会成为欺骗性免责声明的受害者。

　　然而，和解协议本来可以更有利于消费者。[66] 一个改进就是要求本田公司将性能优化的 DVD 纳入到随后出售的每辆思域混合动力车的材料中，这样不仅是解决过去买家的困惑，而且对所有未来的购买者都可以享受到车辆的全部潜力。对于其他一些具有欺骗性的广告用语，即强调思域混合动力车的燃油经济性，本来就应被纳入强制性禁令。要求本田公司在其燃料计算器中应该包含实际油耗和理想油耗差距的声明的做法可能会使绿色消费者受益。总的来说，这一集体行动略微改善了已购买和潜在的消费者希望通过购买和驾驶思域混合动力车来减少对环境影响的不利处境。

　　从汽车转向清洁用品，另一项绿色消费者集体诉讼针对的是经典家用清洁剂 Windex，其涉嫌欺骗性广告。2009 年 3 月，Wayne Koh 在美国加利福尼亚州北区地方法院对庄臣（SC Johnson）提起联邦集体诉讼，指控 Windex 的制造商误导消费者关于清洁产品的 "环境安全性和稳健性"。[67] 该诉状涉及加利福尼亚州的几项法律关于不正当竞争、虚假广告、非法商业行为和违反消费者保护的诉讼。

---

　　[66] 一些当事方（包括得克萨斯州政府和 Paduano）在案件中提交了文件，并表达了对和解条款的关注。具体而言，因为获得补偿的前提是从本田购买新车，州政府认为这种货币补偿方式是有问题的，适合的补偿方式应该和本田该款车未来的利润挂钩。*See* True v. American Honda Motor Co., Case No. 07-CV-287, State of Texas's Response to PL.'s Supp. Mot. ISO Prelim. Approval Order at 2 (CDCal. June26, 2009). 美国还指出，本田公司这种追加送 DVD 方法并没有解决其虚假广告的核心问题，而本田只是认为燃油效率不佳是购买者缺乏对本田车的驾驶和使用方式的了解。*See id.* At 3（美国仍然关注这种解决方案是否起到应有的效果。这个案件的核心不是燃油效率问题，而是本田的错误和故意作出误导性宣传问题）。帕多诺同意州政府对此和解的条款的观点，并指出，在确定案件的优点和缺点时，双方没有把上诉法院的裁决告知加利福尼亚州，上级法院推翻了加利福尼亚州法院对本田简易判决。*See* True v. American Honda Motor Co., Case No. 07-CV-287, Mem. Gaetano Paduano in Responseto Supp. Mot. Preliminary Approval.

　　[67] *See* Compl., Koh v. SC Johnson&Son, Inc., Case No. 09-CV-00927 (N. D. Cal. Mar. 2, 2009).

有争议的是该公司使用 GREENLIST 标识，[68] 特别是将标识标放在
Windex 产品标签上。GREENLIST 标识的正面和背面如图 8-2 所示。

图 8-2

标识背面写着：GREENLIST 是包含环保绿色成分的认证标识。[69]

该诉讼声称，GREENLIST 标识及随附的声明错误地暗示了 GREENLIST 是
由指定的中立第三方所管理，事实上，它由庄臣公司所拥有。[70] Koh 表示
使用 "GREENLIST" 一词环保组织指定环保产品和计划表明庄臣选择该术
语的目的是为了传达第三方的批准的信息。[71] 此外，庄臣表示，Windex
是用天然和环境安全的成分制成的，投诉中陈述，该公司没有改变清洁产
品的成分。[72] 根据投诉，这些成分包括乙二醇正己醚，"如果被野生动物

---

[68]　SC Johnson 拥有美国两个注册商标和两个待批准的申请，分别为 GREENLIST 和 GREEN-
LIST 设计商标，用于各种清洁产品。它们是注册号 3518048 和 3522370 以及申请序列号 77/039858
和 77/142889。没有注册申请是针对认证标志的。

[69]　*See id.* at 4.

[70]　*See id.* at 6-7（通过在 Windex 包装上作出这些陈述，庄臣公司向原告和其他消费者传
达了 Windex 已经受到中立的第三方认证，该认证已经确定 Windex 是环保的，而事实上，Greenlist
的批准印章不是中立的第三方认证，而是被告人庄臣公司所属认证）（重点在于原版的）。

[71]　*See id.* at 24（使用 Greenlist 一词也意味着该产品已获得非营利环保组织或其他中立第
三方的认证。事实上，一些环保组织使用 Greenlist 一词用来描述无害环境的产品工艺或人）。

[72]　*See id.* at 8（构成 Windex 的成分不是对环境无害，也不是天然的，而是对环境构成真
正的风险。尽管声称 Windex 含有 Greenlist 成分，但被告认为 Windex 并没有去除所有对环境有害
成分）。

和儿童摄入，非天然成分可造成严重危险，包括死亡"。[73] 起诉[74]进一步声称，作为没有标签的庄臣产品，带有 GREENLIST 标志的产品含有和其他品牌产品相同的成分，即对环境和动物有害非天然有毒化学品。[75]

庄臣是否真正将其清洁产品漂绿还有待观察。2009 年 7 月，该公司提出动议，反诉原告的第一次修订投诉，以及未能提供足以证明欺诈的事实。[76] 法院于 2010 年 1 月驳回了该动议，认为关于 GREENLIST 标签具有欺骗性已经有证据支持。[77] 法院认为消费者质疑 GREENLIST 标签来自第三方是合理的。[78]

然而，就产品标签上 Greenlist 的简要解释而言，GREENLIST 确实是一个促进大众使用环保成分产品的"评级系统"。恰好，评级系统是由产品制造商而不是政府或第三方组织开发和实施的。事实上，庄臣的 GREENLIST 网页显示，庄臣开发了评级系统，公司本身正在筛选其成分。[79] 如果案件进入审判阶段，关键问题可能是这些成分是否真正"对环境负责"。如果不是，GREENLIST 标签可能构成漂绿。

最近的诉讼，指责英特尔使用欺骗性做法夸大其笔记本电脑的电池使用寿命，这是涉及产品绿色指标造假和绿色标识造假的案例，与思域混合动力案件以及 Windex 案件的关键指控十分相似。2009 年 6 月，英特尔公司（英特尔）在加利福尼亚州北区的美国地方法院被提起诉讼，指控其计

---

　　[73]　*Id.*

　　[74]　Koh 随后提交了一份修改后的投诉，其中添加了去污剂作为第二种产品，该产品带有据称误导的 GREENLIST 标记和标签。第一次修订 Compl. at 5，Koh v. SC Johnson & Son，Case No. 09-CV-927（N. D. Cal. May 1，2009）。第一次修订后的投诉还试图通过简要讨论来支持原告的案件。漂绿的罪行报告和 FTC 绿色指南。*See id.* at 118.

　　[75]　*See id.* at 39.

　　[76]　*See* Mot. Dismiss First Amended Compl. or，in the Alternative，to Stay or Transfer，Mem. P&A ISO Mot. Dismiss，Koh v. SC Johnson&Son，Inc.，Case No. 09-cv-927（N. D. Cal. July 7，2009）.

　　[77]　*See* Order Denying Defendant's Motion to Dismiss First Amended Complaint，or in the Alternative to Stay or Transfer，Koh v. SC Johnson&Son，Inc.，Case No. 09-cv-927（N. D. Cal. Jan. 6，2010）.

　　[78]　*Id.* at 4.

　　[79]　S. C. Johnson，Greenlist™ Fact Sheet，http：//www. scjohnson. com/en/press - room/fact - sheets/09-10-2009/Greenlist-Fact-Sheet.aspx（last visited Mar. 15，2010）.

算机和芯片制造商提高笔记本电脑电池寿命测量值。[80] 类似于思域混合动力车未能以普通方式实现广告燃油效率案例，原告 Esmeralda Mendez 声称英特尔的电池寿命低于公司在正常使用笔记本电脑时所声称的测量结果。[81] 此外，与庄臣的 GREENLIST 标签一样，Mendez 起诉声称，英特尔的 Mobile Mark 2007 程序错误地暗示中立的第三方电池寿命评估。[82]

根据该起诉，英特尔设计了一项名为 MobileMark 2007 的认证标识，该认证采用有缺陷的测试方法来延长电池寿命测量。Mendez 声称该程序测试笔记本电脑的电池续航时间与人们实际使用计算机的方式有所不同，从而产生人为抬高电池寿命测量结果。[83] 具体而言，英特尔据称测量电池寿命，是在处理器运行容量约为 7.5%，屏幕调暗至约 20%，无线网卡关闭的前提条件下才可能达到。[84] 由于这些人为的条件，Mendez 声称 MobileMark 2007 测量她的笔记本电脑的电池续航时间约为 2 小时 45 分钟。而正常使用时间不到 1 个小时。[85]

Mendez 还指责英特尔歪曲 MobileMark 2007 认证是客观的。特别是，诉讼还指控英特尔正在使用一个名为 Business Application Performance Corporation（BAPCo.）的实体作为英特尔开发的基准程序的"前端"。[86] 根据投诉，英特尔隐瞒其开发移动标记的事实。2007 年，通过给 BAPCo. 捐款，将其作为一个客观的独立计划公开发布。[87] 事实上，对美国专利商

---

[80]　*See* Compl., Mendez v. Intel Corp., Case No. 09-cv-2889 (N. D. Cal. June 26, 2009).

[81]　*See id.* at 11（MobileMark 2007 产生的电池寿命测量值明显高于消费者在合理的真实条件下可获得的实际电池寿命）。

[82]　*See id.* at 2（被告英特尔公司错误地向公众暗示 MobileMark 2007，作为 BAPCo 的所谓独立实体开发的电池寿命的客观衡量标准）。

[83]　*See id.* at 10（MobileMark 2007 由英特尔设计，用于为采用英特尔处理器的笔记本电脑提供充足的电池寿命测量。英特尔通过设计 MobileMark 2007 以测试笔记本电脑的电池寿命等方式实现了这一结果。在人为的条件下，与消费者实际使用电脑的实际结果具有明显不同）。

[84]　*Id.* at 10.

[85]　*See id.* at 16-17.

[86]　*See id.* at 2，3，and 13［英特尔通过将其定位为由商业应用性能公司（Business Applications Performance Corporation）或 BAPCo. Intel 长期采用类似的独立实体开发的用于测量电池寿命的客观程序，隐藏了其对 MobileMark 2007 的捐款。开发旨在使其产品表现优异性能的程序，然后将它们"捐赠"给 BAPCO 以供公开发布］。

[87]　*Id.*

标局商标数据库的搜索显示了 BAPCo. 是第 9 类中 "［c］测量便携式计算机的速度，性能和/或电池寿命的计算机程序" 的 MOBILEMARK 商标的注册号 2733482 美国商标记录的所有者。[88]

Mendez 要求禁止英特尔使用 BAPCo. 等第三方的认证。作为英特尔开发的程序的 "前端"。[89] 投诉要求英特尔返还和上缴通过非法手段取得的利润。截至 2010 年 8 月，该案件仍在审理中。但现在评估诉讼是否能取得胜诉，以及评估补救措施是否能对绿色消费者信心有所挽回还为时过早。但是，如果指控属实，则应要求英特尔采用补救措施，以改变 MobileMark 2007 程序的计算运行方式，从而使程序给出电池待机时间符合实际使用情况。与本田依靠油耗计算器进行百公里油耗评估的情况有所不同，英特尔似乎有能力使实际电池使用寿命达到广告中所宣称的值。此外，英特尔通过对其捐款，操纵 BAPCo 成为第三方认证机构。这种做法比庄臣更糟糕，庄臣至少在其网站上还能直接看到绿色认证的具体情况介绍。

三、小结

虽然随着生态标记时代的绿色品牌数量正在激增，但不断增长的具备环保意识消费群体却需要面对充斥于市场中的虚假绿色环保声明。不幸的是，许多绿色声明具有欺骗性、误导性或全完背离事实，相关公司却通过这种绿色声明提高了其产品的销售量。

绿色消费者目前逐渐倾向于购买具备环保特性的产品和服务，这一点对解决全球气候变化至关重要。因此，对漂绿行为的各种反击措施是令人鼓舞的，这些措施包括具备完备生态环保知识的个人和组织所构成的非组织型网络（Gort Cloud），Terra Choice 环保产品信息披露网站，以及由政府机构和消费者对于漂绿行为所构成的公诉和私人诉讼活动。

针对被控漂绿者的法律诉讼取得了不同的结果。一方面，公共执法在打击漂绿者方面非常有效。政府机构等公共消费者监管机构已开始调查涉嫌误导的绿色认证标志的广告索赔，正如 ASA 雷克萨斯案，ACCC 对固特

---

［88］ U. S. Registration No. 2733482（registered July 1, 2003）.

［89］ *See id.* at 3 and page 7.

异的调查以及美国政府与 LG 达成的和解等案件所证明的那样，这些公开行动往往成功地让漂绿公司撤回其虚假广告，更进一步促使违法公司对消费者进行经济方面的补偿。然而，在生态标记时代的早期阶段，为绿色消费者争取长期和有利的结果方面，个体消费者采取单独行动的方式有待商榷。在绿色消费者的集体行动的 True 案例中，和解协议只解决了部分关键问题，可以说并没有以最有利的方式为绿色消费者弥补因本田公司的欺骗性广告宣传所造成的损失。绿色消费者的个人和集体在起诉漂绿者方面取得的一些进展，但要全面评估这些案件的影响还为时尚早。

第九章

生态标记诉讼

正如第八章所讨论的那样，参与漂绿的公司可能会受到消费者和代表消费者的政府的挑战和追责。虽然商标（尤其是生态标记）的原始和核心目的是保护消费者，但它们对于拥有商标并建立有价值品牌的公司和组织来说是非常重要的。因此，生态标记时代的绿色品牌的兴起，引发涉及清洁技术公司、环保组织和其他绿色品牌所有者商标诉讼的同步增长也就不足为奇了。虽然名义上是两个公司或机构之间的诉讼，但绿色消费者仍然受到此类纠纷的影响。

一、尚德（Suntech）与生态标记不法分子的斗争

Suntech Power Holding（尚德电力控股公司，下文简称尚德）是一家专注于生产一体化光伏发电设备的中国太阳能组件制造商。以太阳能电池组件的产量计算，尚德是世界领先的光伏模块制造商。[1] 尚德在美国市场拥有重要业务，并通过其美国子公司尚德美国向美国消费者销售产品。2007 年，尚德的产品销售额达到约 1.25 亿美元，公司 2006 年和 2007 年的促销费用超过 30 万美元。[2] 尚德拥有注册号 3111705 美国商标（'705）的注册权，用于其 SUNTECH 设计标志（如图 9-1 所示）。[3]

---

[1] *See Suntech Selected to Power Taiwan's Largest Solar Power Plant*, PR NEWSIRE, Mar. 17, 2010, http://www.prnewswire.com/news-releases/suntech-selected-to-power-taiwans-largest-solar-power-plant-88016707.html（尚德电力控股有限公司是世界领先的太阳能公司，以晶体硅太阳能电池组件的产量计算）（内部引文省略）。

[2] *See* Order Granting Plaintiffs' Mot. for Prelim. Inj. at 2-3, Suntech Power Holdings Co. v. Shenzen Xintian Solar Tech. Co., No. 08-cv-1582 H (NLS)（S. D. Cal. Oct. 6, 2008）.

[3] U. S. Registration No. 3111705 (filed June 6, 2005)（registered July4, 2006）.

图 9-1

注：'705 号将 SUNTECH 设计标志下销售的商品列为：太阳能电池；车用蓄电池；蓄电池箱；电池盒；电池板；照明电池；电池；电池充电器；电池。

2008 年 8 月，尚德在圣地亚哥联邦法院起诉其竞争对手深圳新天太阳能科技有限公司（Shenzhen Xintian Solar Tecnology Co.）及其子公司 Sun Tech Solar，统称为 Sun Tech Solar，涉嫌侵犯'705 号注册及其尚未注册的 SUNTECH 文字商标。[4] 在提交起诉后一天，尚德于 2008 年 8 月 29 日提交了 SUNTECH 文字商标注册申请。[5] 尚德还在与其他太阳能产品相关的 SUNTECH 文字商标中拥有普通法商标权。

根据起诉，Sun Tech Solar 的侵权行为包括使用令人困惑的类似商标 SUN TECH 和 SUN TECH SOLAR 销售与尚德产品类似的太阳能组件。[6] 此外，Sun Tech Solar 还运营着一个网站，地址为 http://www.solarsuntech.com，尚德声称该网站与其网站（http://www.suntech-power.com）非常相似。[7] 根据尚德的法庭文件，当尚德的总裁开始接到消费者打来的电话，询问关于非尚德出售的 "Sun Tech" 品牌产品的信息，该公司就意识到了 Sun Tech Solar 的侵权行为。[8] 在其要求停止和终止侵权行为无效的情况下，尚德提起了诉讼。

---

[4] *See* Compl. 12, 15, Suntech Power Holdings Co. v. Shenzhen Xintian SolarTech. Co., No. 08-cv-1582 H NLS（S. D. Cal. Aug. 28, 2008）. See also U. S. Trademark No. 3662906（maturing from U. S. Trademark Application No. 77/559,361, filed August 29, 2008, one day after the complaint was filed）. The first use in commerce on the application was listed as 2004. Id. The mark subsequently registered August 4, 2009 as U. S. Trademark and Service Mark Registration No. 3662906. *Id.*

[5] U. S. Application Ser. No. 77/559,361（filed Aug. 29, 2008）.

[6] *See* Compl. 15, Suntech Power Holdings Co. v. Shenzhen Xintian Solar Tech. Co., No. 08-cv-1582 H NLS（S. D. Cal. Aug. 28, 2008）.

[7] *Id.* at 16.

[8] *See* Order Granting Plaintiff's Motion for Preliminary Injunction, Suntech, No. 08-01582, slip op. at 3,（S. D. Cal. Oct. 6, 2008）.

尚德的指控内容之一是 Sun Tech Solar 将参加 2008 年 10 月 13 至 16 日在圣地亚哥召开的太阳能发电会议暨博览会（可能是规模最大的国际太阳能发布会），在博览会上，Sun Tech Solar 将涉嫌展示侵权商标和广告，[9]而博览会的召开时间也决定了尚德公司的起诉时间。起诉要求法院禁止 Sun Tech Solar 使用涉嫌侵权的商标，并要求 Sun Tech Solar 进行三倍实际商业损失赔偿和附带惩罚性赔偿。[10] 在起诉提交后不久，尚德提出了初步禁令，要求法院禁止 Sun Tech Solar 的涉嫌侵权活动并关闭其在世博会的展位。[11]

在尚德提供侵权线索和证明材料后，法院批准了初步禁令，[12] 与大多数商标侵权诉讼一样，其核心集中在对消费者造成混淆问题方面。法院指出，被告出售的产品与尚德公司十分类似，并且各方使用类似的营销渠道，如互联网和贸易展览，来推销他们的商品。[13] 此外，尚德还掌握 Sun Tech Solar 的造假证据，即消费者通过电话向尚德询问 Sun Tech Solar 的产品情况，这表明消费者已经对两个公司的产品产生了混淆。[14] 因此，法院批准了尚德的初步禁令动议，命令 Sun Tec Solar 停止使用 SUNTECH 和 SUN TECH SOLAR 标志，也包括其他令人混淆的类似标记。[15] 此外，Sun Tech Solar 被命令停止运营其 solarsuntech. com 网站。[16] 强制令在 Sun Tec Solar 于圣地亚哥举行的 2008 年太阳能国际贸易展上展示其产品之前的一周正式生效。[17]

---

[9] *See* Compl. I 18-20, Suntech Power Holdings Co. v. Shenzhen Xintian SolarTech. Co., No. 08-cv-1582 H NLS（S. D. Cal. Aug. 28, 2008）.

[10] *Id.* at 7-8.

[11] Mem. of Points and Authorities in Supp. of Pl's. Mot. for Prelim. Inj. at 1, 15, Suntech Power Holdings Co. v. Shenzhen Xintian Solar Tech. Co., No. 08-cv-1582 HNLS,（S. D. Cal. Sept. 5, 2008）。

[12] *See* Order Granting Plaintiff's Motion for Preliminary Injunction, Suntech, No. 08-01582, slip op. at 1-2, 4-5,（S. D. Cal. Oct. 6, 2008）.

[13] *See id.* at 5.

[14] *See id.* at 3.

[15] *See id.* at 6-7.

[16] *Id.* at 6.

[17] *See id.* at 3, 7（10月6日，当被告被安排在 10 月 13 至 16 日在圣地亚哥举行的一次会议和贸易展上展示 SUNTECH 标志时，发布了初步禁令）。

奇怪的是，Sun Tech Solar 并没有回应这项初步禁令的动议，甚至从未出现在庭审现场。尽管有强制令，该公司还在太阳能博览会的公司徽标和宣传材料上包含并展示了 SUN TECH SOLAR 生态标识。[18] 这个生态标记违法者在获得初步禁令的法律副本后，拒绝停止其在世博会上的侵权活动，对法院及其竞争对手嗤之以鼻。最终结果是，法院认定 Sun Tech Solar 公然蔑视法院判决，并命令强行扣押涉及侵权的证据材料。该诉讼最终对 Sun Tech Solar 的违约判决是要求其永久退出相关市场，因为该公司继续侵权并且拒绝出庭。[19] 并且，被告已明确表示：

> 不打算停止侵犯原告的商标，并拒绝承认此诉讼判决。[20]

尚德还对欧洲的太阳能发电模块造假者采取了行动。2009 年 2 月，该公司宣布已赢得针对几乎同名但无关的尚德电力控股（香港）公司和其两家分销商的初步诉讼。[21] 初步诉讼禁止这家香港公司及其分销商销售"SUNTECH"品牌产品。根据尚德公司的新闻，虽然只有"个别案例"的仿制品销售，但该公司决心积极保护客户的利益和尚德品牌的完整性。[22]

在市场存在假冒商品的情况下，从消费者保护的角度来看，尚德公司最大的担忧是其知名品牌产品与假冒产品之间存在的潜在质量差距。[23] 尚德董事长兼首席执行官施正荣博士（Dr. Zhengrong Shi）强调了其产品的高品质和高性能：

---

[18] *See* Order Regarding Seizure of Infringing Materials and Civil Contempt Hearing at 2, Suntech Power Holdings Co. v. Shenzen Xintian Solar Tech. Co., No. 08-cv-1582 H （NLS）（S. D. Cal. Oct. 16, 2008）.

[19] *See* Order（1）Granting Plaintiff's Motion for Default Judgment（2）Granting Plaintiff's Motion for Permanent Injunction（3）Granting Plaintiff's Motion forAttorneys Fees, Suntech Power Holdings Co. v. Shenzen Xintian Solar Tech. Co., No. 08-cv-1582 H （NLS）（S. D. Cal. 2009 年 1 月 29 日）.

[20] *Id.* at 3.

[21] See News Release, Suntech, Suntech Granted Preliminary Injunctions Against rademark Infringers（Feb., 6, 2009）, *available at* http://phx. corporate-ir. net/phoenix. Thtral? c = 192654&p = irol-newsArticle&ID = 1253039&highlight = .

[22] *Id.*

[23] *See*, e. g, ORGANISATION FOR ECONOMIC CO-OPERATION AND DEVELOPMENT, HE ECONOMIC IMPACT OF COUNTERFEITING 4 （1998）（不公平竞争的最终受害者是消费者。他们以过高的价格购买劣质商品，有时会造成对健康和安全的危害）.

由于我们采取严格的质量控制流程，尚德太阳能产品能够提供行业领先的稳定电力输出，并经常超出尚德所宣传的标准。尚德产品已经被用于许多世界上规模最大和最高档的光伏太阳能发电项目。[24]

尚德公司对假冒太阳能电池组件怀有明显担忧，这是因为其这些产能功效比真品差，并且无法在较长时间内持续稳定的运行。总体来说，尚德等品牌所有者也希望阻止搭便车者利用这其宝贵的商标资源。德国的生态标记执法者应该采取预防措施以阻止未来可能的假冒行为。对于之前被欺骗的消费者，尚德建议消费者对其购买的产品徽标和产品名称与尚德网站上的正版徽标和名称进行仔细的比对，或者通过联系尚德公司或其授权经销商来识别仿冒品。

二、Nordic 与恶风搏斗

在另一个使绿色消费者受益的生态标记执法案例中，设计、制造和销售公用事业规模风力涡轮机的北加州伯克利公司 Nordic Windpower（Nordic）已经开始执行其商标保护策略。该公司的双叶片设计简化了涡轮机制造，Nordic 最近获得了美国能源部提供的 1600 万美元贷款担保，该贷款将用于扩建其爱达荷州装配工厂。[25] Nordic 拥有美国商标注册号3536392 的（'392注册）NORDIC WINDPOWER 标志，内容为"风力涡轮机；风力发电机第 7 类"。[26] 公司的创新能力和商业成功提升了其NORDIC WINDPOWER 生态标记的知名度和市场地位。

2009 年 8 月，Nordic 起诉 Nordic Turbines, Inc.（NTI），这是一家风

---

　　[24] News Release, Suntech, Suntech Granted Preliminary Injunctions Against rademark Infringers（Feb., 6, 2009）, *available at* http://phx. corporate‐ir. net/phoenix. Thtral? c = 192654&p = irol‐newsArticle&ID = 1253039&highlight = .

　　[25] *See* Press Release, U. S. Department of Energy, Obama Administration Offers $ 59 Million in Conditional Loan Guarantees to Beacon Power and Nordic Windpower, Inc.（July 2, 2009）, http://www.energy.gov/7600.htm.

　　[26] U. S. Registration No. 3536392（filed Feb. 22, 2008）（registered Nov. 25, 2008）.

力涡轮机制造企业，Nordic 声称 NTI 使用"Nordic"一词来营销和销售风力涡轮机，并以此为其风力涡轮机制造厂筹集风险投资资金，NTI 的行为侵犯了'392注册权。[27] 参看 Nordic 在美国加利福尼亚州北区地方法院的起诉，NTI 于 2009 年 6 月从 Vista Dorada Corp，更名为 Nordic Turbines，其目的是能够受益于 Nordic 的品牌和市场知名度。[28] 除了商标侵权外，该诉讼还指控 NTI 盗用了 Nordic 机密演示文稿中的文字和图片，其中也包括 Nordic 在北欧正在申请专利技术的详细内容。[29] Nordic 还声称 NTI 在其广告和宣传材料[30]中采用蓝色和橙色配色方案，而 Nordic 已经对这种配色方案进行了商业外观保护（商业外观是指产品或其包装的视觉外观和感觉）。起诉声称 NTI 使用了和 Nordic 相同的蓝色和橙色配色方案。[31]

Nordic 要求针对 NTI 涉嫌商标和商业外观侵权提出初步和永久性禁令，并要求法院命令 NTI 刊登纠正性广告以消除其对消费者所产生的混淆。[32] 尽管随着案件进展会出现更多的证据，但这项起诉对 Nordic Windpower 的风力涡轮机的潜在购买者产生了负面影响。与尚德的争议案一样，Nordic 案例所涉及产品类型相同，并且生态标记实际上也是相同的。因此，消费者产生混淆的可能性很高，消费者最终可能会购买实质上不同且质量低劣的产品。然而，在这一点上，判断此案其对绿色消费者所产生的实际影响还为时尚早。

正如尚德和 Nordic 的案例所表明的那样，企业之间的生态标记诉讼有可能会使消费者受益。在审理那些试图从已建立的品牌或提供仿冒品的假冒产品中受益者的案例中，绿色品牌所有者及其消费者的利益可能是一致的。类似地，消费者保护通常在以下示例案例中被优先考虑，其中主题生态标记是认证标记。之所以如此，是因为认证标志通常不是营利性公司所

---

[27] *See* Compl., *Nordic Windpower USA*, *Inc. v. Nordic Turbines*, *Inc.*, 09-cv-3672（N. D. Cal. Aug. 11, 2009）.

[28] *See id.* at 25.

[29] *See id.* at 11 53-57.

[30] *See id.* at 58-64.

[31] *See id.* at 163.

[32] *See id.* at 18-19.

拥有的品牌，而是由组织或政府拥有并积极监管，目的是教育或提高消费者意识。它们不是源标识符，而是符合某些质量或制造标准标记的产品或服务的符号。

三、COMPOSTABLE 认证标志侵权和假冒

生物降解产品研究所（BPI）是一家总部位于纽约的科研机构，致力于促进可生物降解材料的使用和回收。BPI 开展了一项认证计划，旨在对塑料产品进行认证，以便塑料产品制造商能够按照其标准生产可完全生物降解的塑料。与其他认证标志一样，待认证公司向 BPI 提交审查其产品的申请，如果产品通过认证，这些公司可以在其产品贴上 BPI 的认证标签。2003 年，BPI 获得了其 COMPOSTABLE 认证标志的正式联邦注册（如图9-2 所示）此认证标志用于合成类产品。[33]

图 9-2

根据注册证书，BPI 的标志可确保"通过认证的塑料产品将能够快速、完全和安全地降解"。[34]

2008 年 6 月，BPI 向洛杉矶联邦法院起诉加利福尼亚州的 EcoVisionAlternatives（EcoVision）公司，该公司生产可生物降解的塑料袋和食品盒，使用 BPI 认证标志进行假冒和不正当竞争。[35] 投诉指控在从未申请 BPI 标志和通过 BPI 认证的情况下，EcoVision 销售贴有 COMPOSTABLE 标志的塑料袋和食品盒，这种行为侵犯了 BPI 的认证标志，此外，EcoVision 还在

[33] U. S. Registration No. 2783960（filed Sept. 19，2002）（registered Nov. 18，2003）.

[34] Id.

[35] See Compl.，Biodegradable Prod. Inst. v. Le，No. 08-cv-3661（C. D. Cal. June 4，2008）.

其网站上声明其产品已经通过BPI认证。[36]

根据起诉，这已经不是 EcoVision 公司首次侵权。该起诉称，EcoVision 在该其以 Biosphere Alternatives（Biosphere）的名义运营时就错误地使用了 BPI 认证标志。[37] 当时，BPI 联系 Biosphere 要求他们停止使用该商标，并随后签发了责令其停止使用 BPI 标志的律师函，EcoVision 在充分了解错误行为的情况下依然继续进行侵权行为，因此 BPI 指控该公司涉嫌故意侵权。[38] 当侵权商品是高端消费品时，假冒伪劣侵权诉讼会更典型，如劳力士手表或 Gucci 手提包（或者如前文所说的太阳能发电模块）。但 BPI 进行诉讼的动机很明显，因为在故意使用假冒商标的情况下，联邦商标法规规定了实质性损害赔偿金。[39]

对于绿色消费者而言，正如在尚德公司案中的情况，BPI 诉讼也是以禁令结束。2008 年 12 月，该案件法官签发了永久性禁令。[40] 该禁令禁止 EcoVision、Biosphere 使用 BPI[41] 的 COMPOSTABLE 标识或任何类似的设计。这一结果有助于确保消费者依靠 COMPOSTABLE 认证标识选择真正可生物降解的塑料产品。

四、VOLTAIX 诉 NANOVOLTAIX：正面交手，描述性标记

然而，令人遗憾的是生态标记时代涉及绿色品牌的诉讼案并不总是对消费者有益，消费者的利益可能受到生态标记诉讼案的损害。这些诉讼有时会揭示美国知识产权制度的弱点。它们还有可能破坏清洁技术公司与其消费者之间的互动和沟通，或者扼杀新生的绿色品牌。以 Voltaix，LLC

---

[36]　*See id.* at 14-15.

[37]　*See id.* at 18.

[38]　*See id.* at 18-19.

[39]　*See* 15 U. S. C. 1117（c）（2006）［使用假冒商标的法定损害赔偿……（2）如果法院认定假冒商标的使用是故意的，正如法院认为的那样，每种类型的假冒商标处罚不超过 200 万美元出售或分发的商品或服务］。

[40]　Dismissal Order 1, Biodegradable Prod. Inst. v. Le, No. 08 - cv - 03661 - FMC - VBK（C. D. Cal. Dec. 11, 2008）.

[41]　Stipulated Permanent Inj. Order 1 - 2, Biodegradable Prod. Inst. v. Le, No. 8 - cv - 03661 - FMC-VBK（C. D. Cal. Dec. 11, 2008）.

（Voltaix）诉 NanoVoltaix，Inc. 为例，Voltaix 是一家新泽西州公司，为半导体和太阳能行业生产配件。Voltaix 拥有两项美国注册商标，包括第 2954404 号（'404 注册）VOLTAIX，INC. 标志[42] 和第 2992964（'964 注册）VOLTAIX[43]（见图 9-3）。

图 9-3

　　这两份注册均涉及第 1 类中半导体和光伏器件制造中使用的化学品范畴。

　　正如我们将看到的，Voltaix 诉讼的问题源于商标注册的有效性存疑。就 Voltaix 的商标注册而言，USPTO 会起到有效的保护。正如第七章所讨论的那样，美国商标法对商标和服务标志的联邦注册具有"描述性"标准。[44] 特别是，商标申请人无法获得联邦注册商标，因为该商标仅仅是"申请"的"描述性"标记、商品或服务。[45] 理由是，商标的注册会妨碍竞争对手向消费者宣传其商品或服务的内涵。

　　Voltaix 使用的商标 VOLTAIX 可以说只是具备描述性特点。考虑到"伏打"（per Merriam-Webster.com）的定义是"通过化学反应产生直流电"。[46] 并且 Voltaix 注册商标的商品列表范围是"用于制造半导体和光伏器件的化学品"。[47] 人们可以提出一个可信的论点，即 '404 和 '964 注册永远不应该被允许发布，因为商标 VOLTAIX 和 VOLTAIX，INC. 描述了商品

　　[42]　U. S. Registration No. 2954404（filed Jan. 8，2004）（registered May 24，2005）.

　　[43]　U. S. Registration No. 2992964（filed Jan. 9，2004）（registered Sept. 6，2005）.

　　[44]　*See* 15 U. S. C. § 1052（e）（2009）[除非申请人的商品与其他商品有无明显的区分，不得因其性质而拒绝其在主要登记簿上登记（e）由以下标记组成：（1）当在申请人的商品上使用或与申请人的商品有关时，只是描述性或欺骗性]。

　　[45]　*See id.*

　　[46]　MERRIAM-WEBSTER，MERRIAM-WEBSTER'S ONLINE DICTIONARY，http://www.merriam-webster.com/dictionary/voltaic.

　　[47]　*See* U. S. Registration No. 2954404（filed Jan. 8，2004）（registered May 24，2005）；see also U. S. Registration No. 2992964（filed Jan. 9，2004）（registered Sept. 6，2005）.

及其使用。但 USPTO 从未在审核商标时提出描述性问题，并允许他们进行了注册。

凭借两项美国商标注册，Voltaix 于 2009 年 1 月在新泽西州联邦法院起诉 NanoVoltaix 公司（NanoVoltaix），指控其亚利桑那州 Tempe 的光伏（PV）设备制造和技术公司涉嫌故意侵犯其注册商标。起诉内容包括联邦商标侵权索赔，根据 Lanham 法案虚假指定原产地，不正当竞争，认证商标的侵权和盗用，以及要求取消 NanoVoltaix 注册号 3208703 美国服务商标（′703注册）的资格。[48]

′703注册是第 35 分类下用于"纳米技术领域的管理和商业咨询服务"的标识 NanoVoltaix。[49] NanoVoltaix 还拥有 2008 年 8 月提交的美国商标申请号 7241377/542413（′413 申请），将标识 NANOVOLTAIX 用于第 9 类太阳能光伏电池、光伏和硅片制造设备，第 37 类光伏和硅片制造设备的安装，维修和维护，以及第 42 类太阳能电池和光伏系统设计。[50]

Voltaix 要求法院禁止被告使用 NANOVOLTAIX 标记，并进一步起诉′413申请。[51] 投诉还要求 NanoVoltaix 支付通过使用涉嫌侵权的商标所获得的实际利润以及 3 倍的惩罚性赔偿和律师费。[52] 起诉声称 NanoVoltaix 无视原告停止使用 NanoVoltaix 标识的要求。[53] Voltaix 进一步声称 Nano-Voltaix 的一名负责人为其前任雇主工作时，通过与 Voltaix 开展业务知晓了 VOLTAIX 商标。[54] 根据起诉，该负责人参与商标名称的选择并确定使用 NANOVOLTAIX 的决策过程。

2009 年 10 月，法院因缺乏管辖权驳回了 NanoVoltaix 的案件的起

---

[48] *See* Compl., *Voltaix, LLC v. NanoVoltaix, Inc.*, Case No. 09-cv-142（D. N. J. Jan. 12, 2009）.

[49] *See* U. S. Registration No. 3208703（filed Apr. 15, 2006）（registered Feb. 13, 2007）.

[50] *See* U. S. Application Ser. No. 77/542,413（filed Aug. 8, 2008）.

[51] *See* Compl., at 13-14, Voltaix, LLC v. NanoVoltaix, Inc., Case No. 09-cv-142（D. N. J. Jan. 12, 2009）.

[52] *Id.* at 14.

[53] *See id.* at 32.

[54] *See id.* at 30.

诉,[55] 但几个月后，Voltaix 在亚利桑那州重新提起诉讼。[56] 不幸的是，这种诉讼可能会使防止绿色消费者产生混淆的描述性规则的合理性存疑。如果 NanoVoltaix 被禁止使用其商标，则其将无法使用有效的方式向消费者传达其商品和服务的性质。从与消费者沟通的角度来看，似乎 Voltaix 和 NanoVoltaix，以及光伏产品和服务领域的许多其他公司都希望使用 Voltaix 标识，因此，应该允许自由地使用如 VOLTAIX 和 NANOVOLTAIX 商标，而这种使用不应该受到禁的威胁。

未来的其他公司可能会犹豫使用包含"Voltaix"标识的商标。虽然这可能会防止消费者在类似"Voltaix"标记的产品之间产生混淆，但它同时也会限制清洁技术领域通用标识的商业可用性。因此，USPTO 不会让 Voltaix 阻碍 NanoVoltaix 的商标申请,[57] 尽管 Voltaix 已事先注册，且该申请已于 2009 年 6 月批准发布。如果 NanoVoltaix 获得针对其竞争对手的同名商标注册，这样的结果会加剧这一问题的争议，因此，必须从绿色营销词典中的保护名录里删除这一描述性术语。

五、比较苹果和苹果：城市的生态标记受到威胁

生态标记诉讼有可能伤害绿色消费者的另一种情况是，生态标记与清洁技术和可持续发展领域之外的既有商标的冲突。例如，计算机、iPod 和 iPhone 巨头苹果公司（Apple）决定阻击 BigApple 试图获得联邦商标注册的"绿色"苹果标识的努力（如图 9-4 右图所示），用于各种商品和服务，包括促进环保友好和可持续发展领域的政策和技术。

---

[55] Voltaix, LLC v. NanoVoltaix, Inc., 2009 U. S. Dist. LEXIS 91380（D. N. J. Oct. 1, 2009）（未发表的意见）。

[56] See Compl., *Voltaix, LLC v. NanoVoltaix, Inc.*, No. 09-cv-2608（D. Ariz. Dec. 16, 2009）.

[57] See Notice of Publication Under §12（a）（June 24, 2009）（issued in connectionwith U. S. Application Ser. No. 77/542413）.

图 9-4

2007 年 5 月，纽约市营销和旅游组织 NYC & Company（NYC）向 US-PTO 提交了几份申请，单独注册其苹果设计，并结合 "greenyc" 和 "nyc.gov/planyc2030"。[58] NYC 在几个级别寻求各种商品和服务的注册，包括促进有关商业、旅游、经济发展和可持续发展的公共服务公告的环保政策的出版物，以及运动衫、T 恤、帽子、饮料玻璃器皿和盘子。[59]

2008 年 1 月，[60] 苹果公司向 USPTO 商标审判和上诉委员会提交了对于 NYC 两项商标申请的反对声明。[61] 苹果公司认为该组织的苹果在 "外观和商业印象" 方面与其商标设计过于相似，并且会引起消费者的混淆，从而侵蚀其标志性苹果的独特性。[62] 根据苹果公司的反对声明，NYC 的设计和它的标志 "由一个抽象化苹果与凸叶元素向上倾斜组成"。[63] 苹果公司宣称其商标（其中 12 个被反对声明中引用）的优先权可以追溯到 20 世纪 70 年代后后期。[64]

NYC 提出了一项答复和反诉，要求取消苹果公司的商标，即注册号为 1401237（'237注册）中涉及杯子、餐具、酒杯、啤酒杯的限制约束，理由是苹果公司没有生产这些商品，因此，'237注册的使用声明和更新申请具

---

[58] *See*, e. g., U. S. Application Serial Nos. 77/179,942（filed May 14, 2007）；77/179,968（filed May 14, 2007）；77/975,167（filed May 14, 2007）；77/179,887（filedMay 14, 2007）.

[59] E. g., U. S. Trademark Application No. 77/179,887（filed May14, 2007）.

[60] 当 USPTO 决定商标申请可以注册时，商标和相关信息将被公布，并且认为他们会因注册而受到损害的各方有规定的时间来反对注册。参见 37 C. F. R 5 2. 101（2009）。

[61] *See* Notice of Opposition, Apple Inc. v. NYC&Company, Opp. No. 91181984（Jan. 16, 2008）.

[62] *Id.*

[63] *Id.* at 112.

[64] *Id.* at 12.

有欺诈性。[65] '237注册是苹果公司起诉中引用的唯一标记，NYC 商标是线条苹果，而不是苹果公司的实心苹果，如图 9-4 所示。NYC 的策略似乎是线条苹果商标，其外观与苹果公司的商标设计相比，比苹果公司的实心苹果标志更接近真实的苹果形态。如果苹果商标案件被驳回，那么 NYC 会就苹果商标形态进行举证。NYC 会认为它的商标设计在整体外观和商业印象上和 APPLE 公司并不相似，其设计存在显著的差异，如采用线条轮廓以及两个内部留白（其他区别如苹果公司的咬痕和 NYC 茎）。

　　虽然这场苹果商标之战可能会剥夺 NYC 生态标记，但结果证明，双方可以通过创造性的方案解决争议。该协议涉及 NYC 标志的修正，NYC 从其苹果设计中删除了叶元素[66]，仅在苹果顶部留下了茎（修改后的设计如图 9-5 所示）。

图 9-5

　　苹果公司显然认为去掉"向上倾斜的凸叶元素"使得标记足够清晰，以至于它的标志性苹果不会受到 NYC 绿色品牌的威胁。

六、小结

　　虽然保护消费者是推动绿色行动的主要目标，但在清洁技术公司之间的生态标记争议中并非总是以此为目标。在这些争议中，双方的动机源于

　　[65] Answer to Consolidated Notice of Opp'n and Countercl. for Cancellation1 6 - 8, 10, Apple Inc. v. NYC&Co., Opp'n No. 91181984 (Feb. 26, 2008).
　　[66] Post-Publication Amendment of Application and Conditional Stipulation of Dismissal Without Prejudice at 2, Apple Inc. v. NYC&Co., Opp'n No. 91181984 (June 26, 2008).

他们围绕生态标记建立的有价值品牌。在某些情况下，绿色消费者可能会从商标所有者的执法行动中受益。例如，假冒太阳能发电模块的尚德案例。此外，涉及认证标志假冒争议的案例，如 BPI 诉讼，保护其可生物降解标准，通常有利于绿色消费者。

然而，生态标记诉讼也有可能伤害消费者。绿色消费者利益可能受到威胁的一个显而易见的领域是清洁技术和可持续发展领域之外的商标所有者的诉讼保护行为，苹果商标诉讼案就是一个例子。

不太明显的是，涉及争议生态标记注册的案例，如 Voltaix 案例展示了 USPTO 对与描述性相关的生态商标申请审查过程中的失误，这种失误如何为反诉提供证据，并如何威胁到了清洁技术公司与其消费者之间的沟通渠道。

随着绿色消费者购买环保类产品意愿逐渐增强，其中重要环节是他们能够基于完整和准确的产品信息来作出购买决策。为此，公共和私营组织应持续监督和揭露从事漂绿和生态标记滥用的违法者，并在必要时采取法律行动惩罚违法者。政府机构调查、认证标志执法诉讼似乎是目前保护绿色消费者利益的最为成功的机制，这些方法应该被更广泛地使用。在生态标记时代，通过调查和选择性执法相结合，我们可以在绿色品牌所有者的商业成功与有效保护消费者的需求之间取得成功的平衡。

— 第四部分 —

绿色专利政策、倡议和辩论

清洁技术专利成为一个热门话题，各种绿色专利政策和倡议已经被提出、讨论和颁布。本部分讨论了近年来提出的主要绿色专利政策和倡议以及为了促进清洁技术转让关于知识产权及其政策的国际辩论。

第十章讨论了针对绿色专利的几个重要举措，并分析了它们的优缺点及其对绿色创新和技术转让的潜在影响。这些绿色专利计划通常涉及共享或汇集清洁技术专利、组织和提供获取绿色专利数据的途径，或者绿色专利申请的快速监测计划。

第十一章讨论转向了绿色专利政策辩论，正如它在《联合国气候变化框架公约》(以下简称《气候变化框架公约》) 国际条约谈判中所进行的那样。在《气候变化框架公约》谈判背景下，政策辩论将世界分为两个阵营，这两个阵营对绿色专利在促进清洁技术创新和扩散方面的作用具有不同的理念。一方面，发达国家将专利视为促进创新和技术转让的手段，支持健全的知识产权制度和强有力的知识产权法律执行。另一方面，新兴市场国家和其他发展中国家将专利视为技术转让的障碍，并提出削弱或消除清洁技术知识产权的政策。这些国家和《气候变化框架公约》本身提交的谈判文本草案包括若干削弱或消除绿色专利权的拟议机制，如强制许可和将清洁技术排除在专利保护之外。

应当指出的是，第十一章并不旨在全面解决知识产权是否有助于或阻碍清洁技术转让这一复杂问题，而是试图提供关于辩论、问题和清洁技术现状的简要概述。简言之，第十一章表明，在气候变化条约谈判（包括背景、缔约方和政策建议）中讨论了有关知识产权的辩论之后，无论知识产权状态如何，清洁技术转让都在进行。

第十一章，重点介绍了 2009 年 12 月哥本哈根会谈前大约 1 年内宣布的 9 项重大国际清洁技术转让协议。这些交易包括大量计划安装的可再生能源设施（如太阳能发电厂）、关键基础设施（如电动汽车充电站），以及减少传统燃煤发电厂二氧化碳排放的系统。从美国、日本和欧洲向巴西、印度和中国等主要发展中国家转移主要清洁技术的趋势是一个有希望的趋势，可能代表着清洁技术在全球的主要扩散和部署的开始。

第十章

绿色专利政策和倡议：转让、监测和快速监测

公共和私营组织已经认识到清洁技术的创新和转让在减缓气候变化方面的重要性，开始实施绿色专利相关的政策措施。从国际机构和国家政府，到律师事务所和非营利组织，众多组织发起了与清洁技术专利和专利申请有关的创新项目。尽管对专利的理念和态度可能有所不同，但所有这些组织都在寻求加速绿色创新和清洁技术的扩散。

知名的绿色专利共享倡议通常有三种模式，其中一类重要模式是共同体，即共享知识产权或建立知识产权池，特别是专利，目的是转让绿色技术。该模式通常采取的形式是一个与清洁技术有关的捐赠专利库，或者是一个促进绿色专利持有人和潜在被许可人之间联系的系统。这类转让模式将专利视为阻碍清洁技术创新和扩散的障碍，并试图通过技术共享和专利权人与被许可人的配对，完全或部分地打破那些可感知到的障碍。

第二类倡议模式，旨在通过跟踪专利信息并使其在数据库中可被搜索，或监测和报告绿色专利授权的趋势，从而清晰地阐明绿色专利。第三类模式中，几个国家的知识产权局已经在世界范围内启动了绿色专利申请的快速审查计划，以减少清洁技术创新者获得专利授权所需的时间。这些快速跟踪计划的前提是专利有助于创新，提高授予绿色专利的速度将促进清洁技术的开发和运用。简言之，绿色专利政策和倡议应主要涉及转让、监测和快速监测。

一、促进绿色专利转让

自当今清洁技术蓬勃发展以来，成立了两个知名的组织以促进绿色专利技术的转让。第一个组织是生态专利共同体，即绿色专利技术共享实

验，涉及可检索的捐赠专利存储库。[1] 另一个组织是绿色交流，这是一个更为复杂的项目，它促进了专利权人和潜在许可人之间的讨论和许可协议的达成，同时允许专利权人保持对许可条款的控制并保留对他们而言比较重要的权利。[2] 尽管也存在其他绿色技术共享项目，生态专利共同体和绿色交流仍然占据主流，可能归因于其主办机构、参与者和创始成员的出色才能。

1. 无偿绿色专利：生态专利共同体

2008 年 1 月，几家公司发起了生态专利共享计划，共享保护地球环境的专利技术。[3] 该计划设想让人们能够方便地获得环境友好型发明技术，以便任何有能力实施这些技术的人都能够无偿获取。IBM、Sony、Pitney Bowes 和 Nokia 各自向共同体捐赠了至少一项专利。这些专利由世界可持续发展工商理事会（WBCSD）管理，该组织位于日内瓦，其宗旨是致力于促进商业可持续发展。[4]

共同体的基本概念是一目了然的。专利所有人选择贡献哪些专利，而共同体选择包含那些提供直接或间接环境效益的专利。[5] 要获得入选，这些专利必须与生态专利共同体分类表上的技术领域相关，而该分类表是

---

[1] Eco-Patent Commons Overview web page, http://www.wbcsd.org/templates/TemplateWBC SD5/layout.asp?ClickMenu=special&type=p&Menuld=MTU1OQ (Last visited Nov. 12, 2010).

[2] See Kaitlin Thaney, Green Xchange—A Project of Creative Commons, Nike and Best Buy, Creative Commons Blog (Feb. 10, 2009), http://creative commons.org/webloggentry/12734 (今天，创造性共同体与耐克和百思买合作，宣布了一个新项目——绿色交流，探索数字共同体如何帮助专利持有者为可持续发展进行合作……，我们的目标是通过一些保留权利的模式，通过增加研究用途和权利来刺激运营空间的创新，并将模式本身扩展到可持续性目的的标准商业专利许可中）。

[3] See Martin LaMonica, Eco-patent Commons Shares Earth-Friendly Tech, CNET NEWS, Jan. 13, 2018, http://news.cnet.com/eco Patent Commons Shares Earth Friendly Tech/2100-13844_3-6225735.html (IBM 将于周一宣布创建一个"生态专利共同体共享创新"项目，面向环境可持续发展，包括 Sony、Nokia、Pitney Bowes 参与）。

[4] Id.

[5] See The Eco-Patent Commons-A Leadership Opportunity for Global Business to Protect the Planet at 2, http://www.wbcsd.org/web/projects/ecopent/eco-patent-updatedjune2010.pdf (Last visited Nov. 12, 2010) (专利必须用于提供"环境效益"的创新。这些"环境效益"可以是专利的直接目标，例如一项加速地下水修复的技术，但也可能不像制造业或商业过程那样直接导致减少有害废物的产生或降低能源消耗）。

WBCSD 从国际专利分类表中选择的。[6] 本书撰写之日，共同体共拥有大约 100 项专利，包括美国专利 5979554 号"地下水污染物去除方法"和美国专利 7053130 号"塑料生物降解方法"等专利。这些专利可通过 WBCSD 托管的搜索网站识别，[7] 并且该技术可供任何人使用，包括成员（即提供专利的公司）和非成员。[8]

被称为"出质人"的成员签署了一项不附条件的质押承诺书，承诺不会对那些使用捐赠专利技术实现环境效益的人强化专利权。[9] 用户被称为"实施者"。[10] 但是，捐赠的专利在技术上不属于公共领域，因为共同体允许出质人保留防御性的终止选择权。[11] 更具体地说，如实施者针对出质人声称拥有自己的未质押的专利，出质人可以终止其不起诉的承诺。[12]

此时，共同体的规则变得有点复杂。终止权取决于向出质人主张其专利的实施人是否是另一个出质人。出质人只有在未出质的专利在共同体分类表上有分类并且被控产品提供环境效益的情况下，才能终止对另一个实

---

[6]　*See Eco-Patent Classification List*，http://www.wbcsd.org/web/proj-ects/ecopatent/IPC-codes-March2009.pdf（Mar. 2009）。

[7]　*See The Eco-Patent Commons-A Leadership Opportunity for Global Business to Protect the Planet at 4，available at* http://www.wbcsd.org/web/projects/ecopatent/Eco_patent_UpdatedJune2010.pdf（Last visited Nov. 12，2010）［世界可持续发展工商理事会（WBCSD）主办的一个专门的网站上列出了承诺出质给共同体的专利］。

[8]　*See id.* at 2（通过共同体，这些专利在保护性终止条件的前提下，可供所有人免费使用，以造福环境）。

[9]　*See Eco-Patent Commons*：*Joining or Submitting Additional Patents to the Commons*（"*Eco-Patent Ground Rules*"）*at 3，available at* http://www.wbcsd.org/web/projects/eco-patent/EcoPatent-GroundRules.pdf（Last visited Nov. 12，2010）（已纳入共同体的专利应遵守契约或质押理念，不得针对实施者利用已质押专利取得的环境效益主张专利权。即根据下文所述的防御措施，专利持有人不得针对实施者的侵权机器、制造商、过程或单独的物质组成，或在更大规模的产品或服务中取得对环境有益的效果主张其已质押专利权）。

[10]　*Id.*

[11]　*See id.* at 4（质押须遵守防御性终止条款）。

[12]　*See id.* at 4-5［专利权出质人可以自行选择终止，并使其对一方的不主张自始无效，如果：（b）该方不是共同体的成员，并对该专利出质人或我们的侵权机器、制造商、工艺或组成物质（包括产品、服务和其组成部分）宣称任何专利侵权主张］。

施未出质专利的出质人的未声明出质。[13] 也就是说，一个出质人可以起诉另一个出质人侵犯共同体领域之外的专利权，而不失去其在共同体领域内的权利。最后，对于向出质人主张任何专利权的非出质人，出质人可以终止其未声明出质。[14]

生态专利共同体至少有一个关键优势，这就是其专利池的跨行业性质。虽然某些行业内的交叉许可很常见，但它们很难在不同行业之间获得，而且专利池的多样性有助于跨行业使用该技术。然而，共同体也面临着若干不利因素，这些不利因素影响了它作为一种技术转让机制的有效性。

共同体的一个问题是专利固有的局限性。也就是说，一项单独的专利并不传达使用某项特定技术的权利。相反，专利提供了排除他人的权利，类似于侵犯不动产的概念。因此，即使未来的实施者在共同体中确定了一项可行的专利，在实施者自由实施该技术之前，可能还需要进一步的调查。具体来说，谨慎的预期实施者将在共同体领域之外进行专利检索，以评估其计划的环境产品或服务是否可能侵犯其他非共同体领域的专利。根据计划的产品或服务的范围，实施者可能会发现该技术被多个非共同体专利所覆盖。事实上，复杂技术往往受到多个专利保护，这些专利可能由不同的实体拥有。因此，一项共同体专利不一定能为未来的实施者提供使用其想要使用的技术的权利或必要的保护。

共同体的另一个缺陷是没有能源公司或清洁技术公司加入。尽管 IBM 正在进入智能电网和碳管理软件领域，但它并不是开发和部署清洁能源技术的主要参与者。例如，认捐者当中没有通用电气公司——一家大型清洁能源设备制造商，而且在太阳能、风能、燃料电池、先进电池、生物燃

[13] *See id.* at 4-5 [专利权出质人可自行决定，在以下情况下终止并使其对一方的未主张自始无效：（a）该方是共同体成员，该方（或与该方一致行动的人）针对专利出质人的侵权机器、制造、加工或物质组成（包括产品、服务和其组成部分），以分类清单上的主要 IPC 类别主张某项未出质的专利。这些侵权机器自身（或包括在产品或服务中）可以减少/消除自然消耗，减少/消除废物产生或污染，或以其他方式提供环境效益]。

[14] *See id.* at 4-5 [专利权出质人可自行决定终止并使其对一方的未主张自始无效，如果……（b）该方不是共同体成员，并向该专利出质人或我们的侵权机器、制造商、工艺或物质成分（包括产品、服务及其组件）提出任何专利侵权索赔]。

料、地热、废物转化为能源、水力、波浪或潮汐能等任何清洁技术领域都没有主要的参与者。

此外，一些评论员还批评生态专利共同体所包含的专利提供了旧技术。[15] 一方面，从提出专利申请到授予专利通常需要几年时间，到专利发布时，这项技术可能不再是"尖端技术"。[16] 另一方面，一家公司愿意将一项专利捐赠给共同体，表明该公司认为该专利几乎没有或根本没有令人信服的竞争优势。[17] 因此，有观点认为，其他公司不大可能从捐赠的专利中发现价值。[18] 有趣的是，伯克利大学经济学家 Bronwyn Hall 研究了捐赠给共同体的专利，得出的结论是，尽管捐赠的专利可能不是公司核心业务的一部分，但它们可能实际上比公司投资组合中的典型专利更有价值。[19]

无论如何，观察家们都建议改进共同体，以减少捐赠专利价值上的缺陷。知识产权顾问 Nancy Cronin 建议，通过扩展其现有技术来解决这一问

---

[15] See, e.g., Nancy Cronin, *Growing the Eco-Patent Commons to Truly Promote Green Innovation*, greenbiz.com（Apr.15, 2008），http://www.greenbiz.com/blog/2008/04/15/Growing-Eco-Patent-Commons-truly-Promote-Green-Innovation（如果生态专利共同体真地希望实现其目标：共享有用的环境技术，得到更大的好处，那么它本身就需要一些创新。……专利申请通常需要至少两年的时间来完成审查过程，针对特定的专利起诉问题可能需要更长的时间。专利制度的迟滞性意味着，即使一家向生态专利共同体捐赠环境有利专利的公司的最好意愿也不能弥补发明的年代差，这很可能与时间的关系变得不那么密切）。

[16] See id.（目前的倡议仅包括专利技术，由于专利申请过程漫长，专利技术至少落后几年，可能不再是尖端技术）。

[17] See id.（很明显，捐赠公司没有发现该专利对他们具有令人信服的竞争优势，或者他们一开始就不会捐赠该专利，那么为什么其他公司必须在捐赠的专利中找到价值？）。

[18] See id.（因此，这些专利可能对任何公司都几乎没有价值，尽管它们可以通过生态专利共同体免费获得）。

[19] See Bronwyn H. Hall, *Innovation in Clean/Green Technology: Can Patent Commons Help?* at 9（June 2010），*availabe at* http://elsa.berkeley.edu/~bhall/papers/hallhelmers10_ecopats_bw.pdf（质押专利比公司投资组合中的典型专利更有价值，控制优先年份和 1 位数 IPC。它们不太可能符合公司的 IPC 模式，这表明它们不是公司战略的核心）。

题，包括发明披露和提供与发明专利相同详细程度的书面描述。[20] 披露内容涉及公司希望应用但由于获得授权费用过高而不申请专利的发明。[21] 发布披露内容旨在将这些发明确立为已有技术，因此公司的竞争对手无法为同样的发明申请专利。[22] 这样，公司就可以自由实施发明技术，而不承担申请专利的费用。根据 Cronin 的说法，把能够披露的发明添加到共同体资源组合中，将可利用更多尖端技术扩大和更新发明产品。[23]

生态专利共同体的最后一个限制是，可供使用的捐赠专利仅来自 4 个司法管辖区：美国、德国、日本和由欧洲专利公约成员国组成的地域。专利法具有地域性，在日本拥有专利权并不能在印度或孟加拉国保护该专利权人。可利用的共同体专利仅在少数发达国家的管辖区内颁发，任何发展中国家或最贫穷国家并不能自由使用这些专利技术。因此，拥有现有专利名册的生态专利共同体不能成为从发达国家到新兴市场和发展中国家的技术转让渠道，在第十一章将要讨论气候变化条约谈判的政策目标。

由于捐赠技术的实施者不需要通知 WBCSD，并且该组织不征求实施者的信息，因此很难衡量生态专利共同体的成功程度。然而，生态专利共同

---

[20]　*See* Nancy Cronin, *Growing the Eco-Patent Commons to Truly Promote Green Innovation*, greenbiz. com （Apr. 15, 2008）, http://www.greenbiz.com/blog/2008/04/15/growing-eco-patent-commons-really-promote-green-innovation （使这些发明可用的一种方法是通过可能的发明披露。可用的发明公开也称为"防御性公开"或"技术公告"，是对发明的书面描述，理想情况下，该发明与已发布专利具有相同的详细程度。因此，一个精致撰写的发明披露文件为读者提供了足够的信息来理解和使用发明）。

[21]　*See id.* （公司经常有不希望申请专利的发明，因为专利申请过程非常昂贵，包括开发成本、法律准备和专利诉讼费）。

[22]　*See id.* （然而，公司也希望阻止竞争对手为这些发明申请专利。通过使用可能的发明披露来公开发明，这样公司实现了两个目标：他们节省了专利的成本，但他们也建立了一个获得专利的"已有技术条款"，使竞争对手不可能声称……发明是他们自己的）。

[23]　*See id.* （应扩大生态专利共同体，以包括这些已启用的发明披露……这些已公开的发明将是真正的新的、新鲜的和有用的——这是创造真正的绿色创新跳板的一个很好的第一步，而这正是生态专利共享的本意所在）。

体的创立者对其为进一步创新、技术转让和联合创造的机会持乐观态度。[24] IBM 环境事务副总裁 Wayne Balta，共同体的创立者之一，认为世界各地的创新者"可能会看到这些想法，并进一步推动它们，将它们作为额外解决方案的基础"。[25] Balta 还认为，共同体"可以为与你可能没有合作过的人提供合作机会。"[26] 尽管项目存在缺陷，但通过共同体获得的专利可能会促进创新，并使得某些环境有益的产品和服务尽早商业化。

2. 绿色交流

如果目标是促进合作和实现清洁技术的战略转移，那么更好的模式就是绿色交流。绿色交流是由耐克、百思买和非盈利创意共同体共同努力创建的，旨在向用户提供绿色专利技术，同时使专利权人保留认为对其竞争优势至关重要的权利。[27] 该项目是在耐克孵化的，耐克已经在其网站上发布了一些绿色发明，供公众使用。[28] 随着耐克继续开发技术、工艺和材料，以减少其产品对环境的影响，耐克发现其他公司也在从事类似的研究。[29] 耐克还发现了这项研究中的不足，并意识到需要一个不同公司之

---

[24]　*See* Bronwyn H. Hall, *Innovation in Clean/Green Technology：Can Patent Commons Help*? at 4 (June, 2010), http://elsa.berkeley.edu/~bhall/papers/hallhelmers10-ecopats-bw.pdf（引用共同体的创始人之一，IBM 环境事务副总裁 Wayne Balta 的话，将专利免费提供给他人使用……对于世界其他地区的创新者来说是一个胜利，他们可能会关注这些想法，并使用它们作为额外解决方案的基础。而且对于那些出质的人来说，也可能是一个胜利，因为它可以打开合作的机会，和那些非如此你可能不会有机会合作的人在一起合作）。

[25]　*Id.*

[26]　*Id.*

[27]　*See* Kaitlin Thaney, *GreenXchange – A Project of Creative Commons*, *Nike and Best Buy*, Creative Commons Blog（Feb. 10, 2009), http://creative commons.org/webloggentry/12734（今天，创造性共同体与耐克和百思买合作，宣布了一个新项目——绿色交流，探索数字共同体如何帮助专利持有者为可持续发展进行合作……，我们的目标是通过一些保留权利的模式，通过增加研究用途和权利来刺激运营空间的创新，并将模式本身扩展到可持续目的的标准商业专利许可中）。

[28]　*See* Joel Makower, *GreenXchange：Sustainable Innovation Meets the Creative Commons*, Two Steps Forward,（July 12, 2009), http://makower.typepad.com/joel_Makower/2009/07/greenexchange-sustainable-innovation-meets-the-creative-commons.html（该项目在耐克孵化，多年来耐克一直在开发材料和工艺，以减少自身产品对环境的影响。……其中一些创新产品发布在耐克的网站上，但无法确定谁在使用这些信息，也无法确定如何使用这些信息）。

[29]　*See id.*（与此同时，耐克发现了不同的公司完成了许多相似的研发工作，以及研究中存在的差距，耐克可持续风险投资全球总监 Kelly Lauber 说道）。

间合作的模式，以努力实现共同的目标。[30] 根据耐克全球可持续风险总监 Kelly Lauber 的说法，耐克"偶然发现"了创意共同体，并和它以及百思买合作创建了绿色交流。[31] 创意共同体，连同耐克、百思买和其他几家公司，于 2009 年初在瑞士达沃斯世界经济论坛宣布推出绿色交流。[32]

　　绿色交流是可持续技术和所谓"数字共同体"的联姻。它的基石是创意共同体的在线共享系统，该系统允许知识产权创建者共享他们的创作，同时允许他们保持对保留权利和共享权利的控制。[33] 非营利组织已经设计了许可协议，允许参与者对他们的知识产权拥有这种灵活性和控制权。虽然创意共同体最初的重点是有版权的材料，如艺术品和书面作品，但该组织最近扩展了外延，包括了科学研究。[34] 在绿色交流中，创始成员正在将创意共同体的许可制度和其他共同体项目的要素应用于清洁技术：

　　　　绿色交流借鉴了创意共同体的经验，为艺术家、音乐家、科学家和教育工作者创建了"保留一些权利"的制度，同时也借鉴了诸如 Linux 专利共同体、BIOS 项目、在线免费专利和生态专利共同体等共享项目来之不易的成功经验。[35]

---

[30] *See id.* (为了实现绿色经济，为了真正阻止我们将要面临的一些糟糕的事情，如缺水、气候变化和能源短缺，我们必须以更加开放的创新方式开始合作……，因为我们面前的问题对任何一家公司来说都太大了)。

[31] *See id.* (Lauber 说，她和她的同事偶然发现了创意共同体……耐克与百思买一起，与创意共同体合作，创建了绿色交流)。

[32] Press Release, Moxie Software, Organizations call for greater open innovation to advance sustainability: GreenXchange supported by Best Buy, Creative Commons, IDEO, Mountain Equipment Co-op, Nike, nGenera, Outdoor Industry Association, salesforce. com, 2degrees, and Yahoo! (Jan. 27, 2010), http://www.moxiesoft.com/tal_news/press_release.aspx?ID=3142.

[33] *See* Joel Makower, *GreenXchange*: *Sustainable Innovation Meets the Creative Commons*, Two Steps Forward (July 12, 2009), http://makower.typepad.com/joelmakower/2009/07/greenexchange sustainable innovation meets the creative commons.html (创意共同体是一个非营利组织，其设计的许可证制度允许知识产权创建者分享其创作，从而控制他们希望保留的权利和分享的权利)。

[34] *See id.* (创意共同体最初专注于艺术作品和书面文件，从维基百科到白宫网站。几年前，它扩大了工作范围，将科学研究纳入其中)。

[35] Kaitlin Thaney, *GreenXchange-A Project of Creative Commons*, *Nike and Best Buy*, Creative Commons Blog (Feb. 10, 2009), http://creative commons.org/weblog/entry/12734.

创新共同体的科学副总裁 John Wilbanks 表示，绿色交流接近亚马逊式的 "绿色技术许可系统"。

绿色交流为技术转移和共享提供了三种途径。成员公司使其专利和专有技术得到共享的最基本方法是签署一份 "非声明承诺书"，承诺公司不会对那些将技术用于学术研究的人行使其权利。[36] 这使得公司的专利组合可用于基础学术研究，以促进基于其专利技术的进一步的创新和发展。第二种技术转让手段是绿色交流的 "专有技术登记簿"，这是一个纳入非专利发现的网络，成员公司可以参与捐赠和分享。[37]

绿色交流的核心协作机制是许可平台。成员公司提供有益于环境的专利，包括为商业和研究目的应用的专利。[38] 成员公司制定具有商业意义的许可条款，这些条款成为向所有专利或专利组合申请人提供的标准许可。根据 Wilbanks 的说法，最根本的基础是 "制造，使用，销售" 许可证，专利权人可以插入一个或多个 "插件"，提供支付期限和限制或排除，例如，技术使用领域或地理区域。绿色交流将许可证公开，并提供给任何意向方阅读。在访问和使用技术之前，意向方必须接受这些许可条款，但双方可以在不进一步协商的情况下接受这些许可条款。[39] 绿色交流要求被许可方注明其商业用途，以便能够跟踪数据，并尝试测算技术转移所获

---

[36]　*See* Joel Makower, *GreenXchange: Sustainable Innovation Meets the Creative Commons*, Two Steps Forward（July 12, 2009），http://makower.typepad.com/joel_makower/2009/07/greenxchange-sustainable-innovation-meets-the-creative-commons.html（首先，在最基本的层面上，每一位贡献者都承诺 "非声明出质"，允许其专利组合用于基础学术研究，以促进初级阶段研究人员之间的开放合作、创新和发现）。

[37]　*See id.*（未申请专利的发现或信息可通过 "专有技术登记簿" 贡献给网络。这允许未申请专利和已有专利知识的贡献、共享和引用，以及为该领域的已有技术提供公共存储库）。

[38]　*See id.*（成员可自愿指定选定的专利，在标准许可制度下提供可持续性使用，包括商业应用）。

[39]　*See* Agnes Mazur, *GreenXchange: Creating a Meta-Map of Sustainability*, World changing（May 5, 2009），http://www.world changing.com/archives/009822.html（专利权人确定使用条款，拟定其他意向方在访问信息之前须接受的合同）。

得的环境效益。[40]

绿色交流的主要优点是保留了专利权人对其专利权的所有权和控制权。明智地使用绿色交流平台，使专利所有人能够在不损害竞争力的情况下，使其专有的绿色技术可用于转让。这种保留关键权利的机制可能会鼓励更广泛的专利权人群体提供更有价值的专利，而不是剥夺专利权人的权利或类似生态专利共同体的基本捐赠结构。在该项目启动的新闻稿中，nGenera 公司提供了支持专利所有人和潜在被许可人之间通信的虚拟"私人房间"技术，描述如下：

> 将知识产权置于"绿色交流"的好处在于，它使知识产权所有者能够选择他们觉得满意的许可方式，即从研究和归属识别，到非竞争性使用和简单的费用结构。[41]

截至本书撰写之日，据 Wilbanks 说，绿色交流许可平台正处于公开评论阶段，但他提供了一个假设性的示例，说明许可平台在实践中将如何工作。

在 Wilbanks 的示例中，耐克拥有两项专利，一项是环保型水性胶黏剂，另一项是运动鞋内的气囊，该气囊也可用于制造持久耐用的汽车轮胎。[42] 第一项技术不是耐克核心业务的一部分，但第二项技术为耐克公

---

[40] *See* Joel Makower, *GreenXchange*: *Sustainable Innovation Meets the Creative Commons*, Two Steps Forward（July 12, 2009）, http://makower.typepad.com/joelmakower/2009/07/greenxchange-sustainable-innovation-meets-the-creative-com-mons.html（那些寻求使用专利发明的人被要求登记其商业用途，如果适用，则支付标准费用。这种办法便于收集数据、跟踪数据，以及测算环境影响）。

[41] Press Release, Moxie Software, Organizations call for greater open innovation to advance sustainability: GreenXchange supported by Best Buy, Creative Commons, IDEO, Mountain Equipment Coop, Nike, nGenera, Outdoor Industry Association, salesforce. com, 2degrees, and Yahoo!（Jan. 27, 2010）, http://www.moxiesoft.com/tal_news/press_release.aspx?ID=3142.

[42] *See* Joel Makower, *GreenXchange*: *Sustainable Innovation Meets the Creative Commons*, Two Steps Forward（July 12, 2009）, http://makower.typepad.com/joel_makower/2009/07/greenxchange-sustainable-innovation-meets-the-creative-commons.html（假设你有两个范例专利：一种是水性胶黏剂，这是一项可以让你从油基黏合剂转向水基黏合剂专利，它会从根本上减少你的污染痕迹……现在，让我们换一个专利……这是运动鞋里面的气囊专利）。

司在运动鞋行业提供了重要的竞争优势。[43] 耐克可能会毫无顾虑地为绿色交流贡献黏合剂专利。然而，将运动鞋气囊专利提供给他人是非常危险的，因为如果耐克的竞争对手能够使用该技术，耐克的业务可能会受到严重损害。在绿色交流许可平台下，耐克可以根据许可证提供气囊专利，使该技术仅适用于运动鞋行业以外的公司。因此，固特异可能会了解到这项技术，并接受耐克的标准许可证，使用该气囊技术，将对环境影响较小且不会损害耐克权益的持久耐用轮胎业务商业化。[44]

生态专利共同体和绿色交流，是迄今为止绿色技术转让倡议的两个最重要的例子。这两个项目分享了一种通过社区、协作和共享促进创新和促进绿色技术传播的理念，前提是专利是促进绿色技术创新和转让需要克服的障碍。尽管这种态度与许多希望从专有技术中获得最大利润的企业和专利持有人截然相反，但绿色交流平台提供的对权利和许可条款的控制，可以在一定程度上缓解他们的担忧。关键是要在保护权利人利益和促进理念传播之间取得平衡。如果生态专利共同体和绿色交流能够做到这一点，就可以很好地推进清洁技术创新。

二、监测绿色专利

另一种促进绿色创新和推动绿色技术转让的方法是，收集、组织绿色专利数据和提供对数据的便捷访问。近年来，公共和私营机构通过集成数据库和观测绿色专利趋势来监测绿色专利。其理念是，通过清洁技术分行业部门收集绿色专利文件和数据，并使信息随时可获得，由此为清洁技术研究人员、企业和决策者在创新、开发产品和制定政策时提供更好的信息。

---

[43]　*See id.*（水性胶黏剂是一项对你的业务不重要的技术，它不会影响你为鞋子定价或排除竞争对手的能力。……气囊技术是一个核心竞争优势，你将其设计为鞋系统的一部分，即使它可能在合适的人手里有一些可持续性的用途）。

[44]　*See id.*（气囊专利可能成为新卡车轮胎的核心技术，其使用寿命将是现有卡车轮胎的两倍，这肯定是一种可持续性的用途，因为它减少了运往垃圾填埋场的橡胶量）。

1. 欧洲绿色专利数据库

考虑到这些目标，欧洲专利局（EPO）最近开发了一个全球可搜索的绿色专利数据库。[45] 在 2010 年 6 月启动的这个免费数据库最初包含了约 60 万项清洁技术专利。[46] 为了创建新的数据库，EPO 启动了一个新的绿色技术和减缓气候变化专利文件分类方案。[47] EPO 梳理了大约 6000 万份专利文件，重新确立清洁技术专利分类，并将其进一步分为 160 个技术子类，如碳捕获和太阳能光电技术。[48] 由此产生的目标搜索功能允许用户快速监测其感兴趣的特定技术领域的相关专利文件，并确定谁拥有这些技术的专利权。

大约在欧洲专利局公布其绿色专利组合的同时，英国知识产权局（UKIPO）启动了自己的绿色专利数据库计划。[49] 然而，与欧洲大陆的同类项目相比，英国知识产权局的项目显得没有那么雄心勃勃。英国知识产权局数据库只包含那些在英国知识产权局"清洁技术发明快速监测计划"中的专利申请，[50] 相关内容将在本章后续部分讨论。虽然了解到哪些实体和专利申请类型正在利用快速通道具有一定的价值，但英国知识产权局项目的狭窄范围使其远不如欧洲专利局数据库有用。

---

[45] *See* Quirin Shiermeier, *Green Patents Corralled*, NATURE NEWS, May 4, 2010, http://www.nature.com/news/2010/100504/full/465021a.html［为了更好地为科学家、企业和政策制定者提供信息，位于德国慕尼黑的欧洲专利局（EPO）开发了一个包含 60 万项清洁能源专利的大范围的、免费的全球数据库］。

[46] *Id.*

[47] *See* Michael White, *New ECLA Codes for Green Technologies*, The Patent Librarian's Notebook（June 9, 2010），http://patentlibrary.blogspot.com/2010/06/ new-ecla-codes-for-green-technologies.html（欧洲专利局为缓解气候变化的绿色技术和应用创建了一个新的分类方案）。

[48] *See* Quirin Shiermeier, *Green Patents Corralled*, NATURE NEWS, May 4, 2010, http://www.nature.com/news/2010/100504/full/465021a.html［EPO 检索了 6000 万份专利文件，并根据 160 个技术类别（如碳捕获和太阳能光伏）对清洁能源专利进行了重新分类］。

[49] Press Release, UK Intellectual Property Office, Green Patent Database Launched（June 4, 2010），http://www.ipo.gov.uk/about/press/press-release/press-release-2010/press-release-20100604.htm。

[50] *See id.*（数据库将以"绿色通道"倡议下受理的发明为特色）；*See also* Green Channel Patent Applications, http://www.ipo.gov.uk/types/patent/p-os/p-gcp.htm（以下信息与已发布的绿色通道专利申请有关）。

　　与生态专利共同体和绿色交流项目一样，这些绿色专利数据库的一个重要目的是促进清洁技术的转让和扩散。[51] 欧洲专利局和英国知识产权局不是通过捐赠库或许可平台来吸引专利持有人的参与，而只是简单地组织了现有的绿色专利信息。这也可以为寻求清洁技术许可的公司所用，如 Xunlight26 或 Ampulse，这些公司希望使用专利许可来启动其业务（见第四章）。

　　一些人也把这些数据库视为将清洁技术转让给发展中国家的一种恩惠。[52] 总部设在瑞士的非政府组织——国际贸易和可持续发展中心的知识产权项目经理 Ahmed Abdel Latif 称，欧洲专利局的数据库"至关重要"，因为"专利、许可实践和技术如何从富国转移到穷国是应对气候变化的主要问题。"[53] 然而，正如第十一章所述的国际清洁技术转移协议所表明的那样，发达国家的绿色专利已经在某些发展中国家找到了愿意合作的伙伴，在市场中通过互利的商业交易来运用清洁能源解决方案。当然，可以想象，通过绿色专利数据库来识别专利权人的功能，可以为新兴市场的更多此类交易创造更多的机会。

　　然而，这与最贫穷的国家可能没有任何关系。这是因为，无论搜索绿色专利多么容易，最不发达国家几乎都没有什么专利。没有人在最贫穷的国家寻求专利保护，因为他们没有知识产权制度，而且他们通常没有市场。最近欧盟委员会进行的一项研究得出结论，"在这些国家注册的有关气候变化的技术几乎没有任何专利。"[54] 与大多数专利权人一样，绿色专

---

[51]　*See*, *e. g.*, *Climate Change Technology Transfers Will Explode with New Green Patent Database*, Somar Energy - Saving News, May 7, 2010, http://www. energy - saving news. com/2010/05/green - climate-change-technology-transfers-patent-database/（发达国家向发展中国家的技术转让是哥本哈根会议通过的一项关键承诺。但事实证明，专利数据库的不可访问性是国际谈判的一个主要政治障碍。新的绿色专利数据库将有助于更快地追踪相关专利持有人，以便进行锁定专利许可的尝试）。

[52]　*See* Quirin Shiermeier, *Green Patents Corralled*, NATURE NEWS, May 4, 2010, *available at* http://www.nature.com/news/2010/100504/full/465021a. html（他说，找到"谁拥有相关的专利权"……的能力应该有助于克服将新能源技术引进发展中国家的主要障碍）。

[53]　*Id.*

[54]　Copenhagen Economics A/S & The IPR Company ApS, *Are IPR a Barrier to the Transfer of Climate Change Technology?* at 5 （Jan. 19, 2009）, http://trade.ec.europa.eu/doclib/docs/2009/february/tradoc_142371.pdf.

利权人也在寻求合适的专利司法管辖区，能够为销售其专利产品的有吸引力的市场提供强大的、可预测的专利保护。因此，无论是基于捐赠或汇集专利技术的共享机制，还是基于绿色专利数据库，都不会刺激清洁技术向最贫穷国家扩散。

2. 清洁能源专利增长指标

对绿色专利数据的更为雄心勃勃的收集和分析方法，是清洁能源专利增长指标（Clean Energy Patent Growth Index，简称 CEPGI）。它是一份季度报告，跟踪许多绿色专利参数，以揭示清洁技术专利活动的趋势。CEPGI由 Heslin Rothenberg 律师事务所的清洁技术组出版，跟踪美国对太阳能、风能、混合动力/电动汽车、燃料电池、水力发电、潮汐/波浪发电、地热和生物质/生物燃料等几个清洁技术子行业的专利授予情况。[55] CEPGI 的前提是专利活动为测算创新活动提供依据。正如 CEPGI 报告所述，"授予专利权是一个指标，表明创新努力已经取得成功，而且创新具有足够的感知价值，用以衡量获得专利所需的时间和费用。"[56]

CEPGI 的核心特征是按清洁技术的领域对专利进行细分，这为不同清洁能源领域的研发提供了线索。CEPGI 也提供了其他有用的数据和趋势。该报告还对排名靠前的所有绿色专利权人进行排列，按总体和分类进行了划分，[57] 该指标还可以按企业和大学的类别对专利权人进一步细分。该报告还包括清洁技术专利权人的地理分布，说明了不同国家和美国各州在绿色专利活动方面的对比。[58] CEPGI 也按子部门进行地理分析，观察者可以确定哪些国家拥有最多的风能或地热专利。最后，报告分析了各子部

---

[55] *See, e.g., Clean Energy Patent Growth Index 1st Quarter* 2010（June 3，2010），http://cepgi. typepad. com/heslin – rothenberg – farley – 2010/06/1st – quarter. html［清洁能源专利增长指标（CEPGI），由 Heslin Rothenberg Farley & Mesiti P. C. 的清洁技术组每季度发布，显示了清洁能源行业创新活动的趋势。……CEPGI（以下每季度一次）跟踪以下组件的美国专利授予情况：太阳能、风能、混合动力/电动汽车、燃料电池、水力发电、潮汐/波浪、地热、生物质/生物燃料和其他清洁可再生能源］。

[56] *Id.*

[57] *See id.*

[58] *See id.*

门中专利权人的绿色专利相对集中度，揭示了专利在前 1%、前 1%～5%、5%～20% 和其余 80% 的相对分布状态。[59]

Heslin Rothenberg 于 2002 年开始发布 CEPGI 报告，目前已有大量可用数据。CEPGI 的报告发现，美国绿色专利数量在 2009 年达到了历史新高，拥有 1125 项专利，比 2008 年增加了 200 项。[60] 除 2005 年和 2007 年外，这延续了美国绿色专利授权量的总体上升趋势。燃料电池专利一直领先所有其他类别，无论是累积量还是年度量。这可能反映了人们对燃料电池未来前景的普遍看法，[61] 尽管该技术仍在努力实现商业化。[62] 企业绿色专利所有人的前十大名单通常由本田、丰田、日产、福特和通用汽车等汽车制造商主导。[63] 其他常年活跃的绿色专利重磅公司有 General Electric、松下和三星。

Heslin Rothenberg 公司的负责人、该公司清洁技术集团的成员 Victor Cardona 说，CEPGI 被许多不同的清洁技术行业参与者使用。该公司已收到来自清洁技术公司和各种新闻媒体的询问，试图了解该行业的趋势。此外，大学、研究人员和决策组织，包括联合国附属的一些国际组织，在其研究和分析中使用了 CEPGI 数据。从事清洁技术投资和融资的公司，如风

---

[59] *See id.*

[60] *See Clean Energy Patent Growth Index 4th Quarter 2009-Year End Wrap Up*（Mar. 9, 2010），http://cepgi.typepad.com/heslin_rothenberg_farley_2010/03/index.html（2009 年美国清洁能源技术专利创历史新高，比 2008 年多出 200 项）。

[61] *See* Michael Kanellos, *Greentech Patents*: *Why So Much Interest in Fuel Cells*？GREENTECH MEDIA，Aug. 24，2009，http://www.green tech media.com/green-light/post/green-tech-patents-why-so-much-interest-in-fuel-cells/（尽管燃料电池可能在当今最受欢迎的潜在市场储能中发挥关键作用，可以想象，专利数量可能反映出科学家和投资者的评论，即存储技术的突破仍然是绿色科技领域的"谷歌"机遇）。

[62] *See* Jeff. St. John, *Clean Energy Patents Hit All-Time High in 4Q08*, GREENTECH MEDIA，Feb. 13，2009，http://www.grentechmedia.com/articles/read/clean-energy-patents-hit-all-time-high-in-4q08-5716/（燃料电池制造商在忙于申请新技术专利的同时，一直在努力为其寻找商业应用……）。

[63] *See, e. g., Clean Energy Patent Growth Index 1st Quarter* 2010（June 3，2010），http://cepgi.typepad.com/heslin-rothenberg-farley-2010/06/1st-quarter.html［本田重新成为季度清洁能源专利冠军，28 个燃料电池专利，4 个混合动力/电力专利和 3 个太阳能专利补充。通用紧随其后，燃料电池（29）专利和一个太阳能电池。三星首次名列第三，燃料电池专利（18 项）、太阳能（2 项）和风能（1 项）。丰田和福特分别获得 12 项和 11 项专利］。

险投资家，已经使用了 CEPGI。Heslin Rothenberg 收到了一家公司的查询，该公司有兴趣根据这些数据创建一个共同基金。加拿大知识产权局（CIPO）的一位代表 Cardona 最近表示，对 CEPGI 背后与开发 CIPO 绿色专利快速监测计划有关的方法感兴趣，讨论内容见下节。

三、快速监测绿色专利

从监测到快速监测，第三个鼓励发展和运用清洁技术的主要政策模式，是加快审查与绿色技术有关的专利申请。这些加快审查项目在世界各地越来越普遍，一些国家知识产权局正在或已经建立，包括美国、英国、加拿大、以色列、澳大利亚和韩国的知识产权局。尽管每个国家知识产权局的项目管理略有不同，但基本框架相同：针对环境有益技术的专利申请被依次推进，以加快处理和审查，从而大大减少获得授权专利所需的时间。因此，与其他类别的专利申请相比，绿色专利申请具有特殊的地位，其他专利申请仍排在等待知识产权局审查的队列中。

这种绿色专利政策趋势，基于一种与转让诸如生态专利共享和绿色交流等倡议截然不同的理念。与试图克服专利作为创新和技术转让的障碍相比，快速监测计划的实施是在专利保护刺激技术创新和商业化的前提下进行的。

这些项目旨在通过加速绿色专利来促进创新和加速清洁技术的应用。美国前商务部长骆家辉（Gary Locke）在对美国专利商标局快速跟踪试点项目启动的评论中总结了这一观点。"通过确保许多新产品更快地获得专利保护，我们可以鼓励最聪明的创新者在开发新技术和提供支援上投入必要的资源，更快地将这些技术推向市场"，骆家辉说。[64]

第一个实施此类计划的国家是英国知识产权局，该局于 2009 年 5 月发

---

[64] Press Release, U. S. Patent and Trademark Office, The U. S. Commerce Department's Patent and Trademark Office （USPTO） Will Pilot a Program to Accelerate the Examination of Certain Green Technology Patent Applications （Dec. 7, 2009）, http://www.uspto.gov/news/pr/2009/09_33.jsp.

起了一项倡议，专利申请的优先权适用于具有环境效益的技术。[65] 任何合理断言专利申请表中的发明具有环境效益的申请人，都可以使用加速程序。[66] 申请人可以选择他们希望加快申请过程的那些方面，包括搜索、审查、联合搜索和审查和/或发布。[67] 相比较于平均 2~3 年内通过 UKIPO 审查的普通专利申请，在这项计划下，绿色专利申请可以缩短到只用 9 个月获得授权。[68]

2009 年秋季，韩国知识产权局（KIPO）宣布，绿色专利申请符合其"超高速"审查计划。[69] 2009 年 10 月 1 日启动的 KIPO 特别审查程序适用于与环境有关的多种技术或"低碳绿色环保"的专利申请。[70] 为了获得超高速审查的资格，绿色专利申请者必须要求由三个获得 KIPO 正式批准的检索机构之一进行现有技术检索。[71] 根据 KIPO 新闻，超高速系统将已经很快的韩国审查周期从申请到专利授权的时间大为缩短，即从平均 18 个月降到令人震惊的 1 个月以下的超短周期，可谓"世界上专利审查最快的周期。"[72]

美国专利商标局于 2009 年 12 月启动了一项为期一年的加速绿色专利申请试点计划。[73] 绿色技术试点计划，允许有关改善环境质量、节约能

---

[65]　Press Release, UK Intellectual Property Office, UK "Green" Inventions to Get Fast-Tracked Through Patent System（May 12, 2009）, http://www.ipo.gov.uk/about/press/press-release/press-release-2009/press-release-20090512.htm

[66]　*Id.*

[67]　*Id.*

[68]　*See id.*（与目前平均 2 至 3 年的时间相比，根据该计划获得专利只需 9 个月）。

[69]　News Release, Korean Intellectual Property Office, Thanks to Super speed Examination, Green Technology Acquires Patent in a Month（Oct. 20, 2009）（提交给作者）。

[70]　*See id.*［为了支持在低碳绿色增长国家战略下研发的绿色技术的专利获取，韩国知识产权局（专员 Jung Sik Koh）计划从 10 月 1 日起实施超高速检测系统。超高速检测系统受绿色技术的限制。使污染物排放量最小化，还有那些为绿色增长获得资金或认证的国家］。

[71]　*See id.*（申请人可以通过向认证机构请求 prior arts 搜索，并将搜索结果提交给 KIPO，申请超速审查）。

[72]　*Id.*

[73]　Press Release, U. S. Patent and Trademark Office, The U. S. Commerce Department's Patent and Trademark Office（USPTO）Will Pilot a Program to Accelerate the Examination of Certain Green Technology Patent Applications（Dec. 7, 2009）, http://www.uspto.gov/news/pr/2009/09_33.jsp.

源、开发可再生能源或减少温室气体排放的申请，在实质性审查中被依次提出。[74] 拟参与该计划的申请人需要向美国专利商标局提交申请，请求参与，并表明其专利申请符合计划要求。[75] 一旦被试点计划接受，绿色技术申请就跳到了最前面，并立即开始审查，而不是在普通情形中苦苦等待 2~3 年才能开始审查过程。

然而，与大多数其他快速监测计划不同，美国专利商标局试点计划在几个方面受到严重限制。首先，这是一个临时试点项目。机会窗口名义上是 1 年：2009 年 12 月 8 日启动的程序，必须在 2010 年 12 月 8 日之前提交申请。[76] 美国专利商标局没有释放试点程序将成为永久性计划的迹象。而且，申请者甚至可能无法享受完整的 1 年期限，因为只有前 3000 份申请将被纳入该计划。[77] 另一个重要限制是，只有在 2009 年 12 月 8 日的计划启动日期之前提交的未开始审查的申请才符合资格。[78] 换句话说，新提交的申请不符合美国专利商标局快速审查的条件。对申请的主题分析也相当严格，要求专利申请归类为美国专利局认为合格的绿色技术的一个技术类别和子类别。[79] 此外，申请的权利要求数量也有上限，尽管这可以在提交该项目申请时通过初步修改来满足。[80]

最初启动的绿色技术试点项目的基本资格要求如下：

------

[74] *See* Pilot Program for Green Technologies Including Greenhouse Gas Reduction, 74 Fed. Reg. 64666（Dec. 8, 2009）（在绿色技术试点方案下，与环境质量、节能、发展可再生能源或减少温室气体排放有关的应用，将在无需满足当前所有要求的情况下依次提前进行审查。加速审查计划的所有当前要求……）。

[75] *See id.*（申请人可通过提交申请书，提出满足本通知在以前提交的申请中规定的所有要求的特殊申请，参与绿色技术试点计划）。

[76] *See id.*（绿色技术试点计划将从生效日期起运行 12 个月。因此，必须在 2010 年 12 月 8 日之前提交绿色技术试点计划下的特别申请书）。

[77] *See id.*（美国专利商标局将只接受前 3000 份申请，以在先前提交的新申请中作出特别规定，前提是这些申请符合本通知规定的要求）。

[78] *See id.* at 64667［（1）……申请必须在本通知发布日期之前提交……，（6）特别申请必须在专利申请信息（PAIR）系统中出现第一次 USPTO 行动的日期之前至少一天提交］。

[79] *See id.*［（2）申请必须在审查时归入本通知第六节所列的美国分类之一］。

[80] *See id.*［（3）申请必须包含 3 个或更少的独立权利要求和 20 个或更少的总权利要求。应用程序不能包含任何多个从属声明。对于包含 3 个以上独立索赔或 20 个总索赔或多个从属索赔的申请，申请人必须按照 37 C.F.R 1.121 的规定提交初步修正案，以在提交特别申请时取消超额索赔和/或多个从属索赔］。

该申请是在 2009 年 12 月 8 日之前提交的一份尚未公开的非临时公用事业申请，且尚未启动第一次美国专利商标局行动；[81]

本发明属于被批准为"绿色技术"类别的具体技术类别之一；[82]

该申请有 3 项或 3 项以下的独立权利要求，总共 20 项或 20 项以下权利要求，没有多项从属权利要求（申请人可以根据本要求提出初步修改意见）；[83]

该申请的权利要求是针对环境质量的单一发明，节约能源、开发可再生能源或减少温室气体排放；[84]

申请人必须要求提前公布申请。[85]

最初的报告表明，专利申请者对该计划的回应"令人失望"，远远没有用完 3000 个可用的名额，[86] 随后美国专利商标局取消了其中一个较为繁琐的要求。[87] 结果表明，提交的大多数绿色技术申请被拒绝，最常见的拒绝理由是专利申请不属于合格的技术类和子类。至少在某种程度上，

---

[81]　*Supra* note 78.

[82]　*Supra* note 79.

[83]　*Supra* note 80.

[84]　*See id.* [（4）权利要求必须针对实质上提高环境质量或实质上有助于：①可再生能源的发现或开发；②更有效地利用和节约能源；或③减少温室气体排放的单一发明]。

[85]　*See id.* [（7）提出特别申请的请求必须附有符合 37 C. E. R. 1. 219 的提前出版请求和 37 C. E. R. 1. 18（d）中规定的出版费用]。

[86]　*See US - UK Prioritization of Green Tech Patents Underwhelming*, Patents. com（Jan. 27, 2010），http：//www. patents. com/patentscocommunity/blogs/pschein/my - blog/105/US - UK - prioritization-of-green-tech-patents-Underhelming ［我们正在阅读博客报告，USPTO 绿色技术试点计划有一个欠及时的反应。据报道 3000 个职位中只有 1/3（根据试点项目指导方针）是可用的]。

[87]　*See* B. C. Upham, *Exclusive*：*Green Patent Program Widened under New Rule Change*, Triple Pundit（May 21, 2010），http：//www. triplepundit. com/2010/05/exclusive - green - patent - program - wided-under-new-rule-change/（美国专利商标局今天上午公布了其绿色专利计划的一项重要变更，该变更应扩大符合计划要求的专利申请数量。该修订是在行业投诉之后进行的，它删除了一项要求，即应用程序属于某些技术类别，如太阳能电池或电动汽车，以符合该计划的资格）。

这是因为合格类别和子类别的范围代表的实际上是绿色技术的一个子集。[88] 为解决此问题并扩大绿色技术试点计划的合格要求，美国专利商标局取消了将专利申请归类于特定的技术类和子类并预先批准为绿色技术类的规定，而是直接纳入快速通道计划。[89] 该计划的改进使更多的绿色专利申请得以快速审查。还使申请者的申请过程更简单、成本更低，同时避免了为将申请推送到符合条件的类别和子类别之一而创造性地修改权利要求。

2010 年 11 月，为期 1 年的绿色技术试点计划结束，美国专利商标局宣布将该计划延长 1 年。[90] 自此计划运行到 2011 年 12 月 31 日，或直到 3000 个绿色专利申请被纳入该计划，先到者先得[91] 在受欢迎的资格变更中，美国专利商标局还扩展了该计划，将 2009 年 12 月 8 日或之后提交的绿色专利申请纳入其中。[92] 这些变更的生效日期为 2010 年 11 月 10 日。[93] 因此，任何尚未开始实质性审查的美国绿色专利申请，包括新提交的申请，都可以申请进入美国专利商标局快速监测程序。这项绿色技术试点计划，特别是其最近扩大到包括新提交的专利申请，可能对绿色技术创新和清洁技术商业化产生重大影响。

其他已启动或计划启动绿色专利快速监测计划的知识产权机构，包括澳大利亚、加拿大和以色列的知识产权局。澳大利亚知识产权局（IP Australia）于

---

[88] *See* Elimination of Classification Requirement in the Green Technology Pilot Program, 75 Fed. Reg. 28554（May 21, 2010）（美国专利商标局已确定分类要求……导致拒绝申请绿色技术）。

[89] *See id.*（美国专利局特此取消本通知发布之日或之后决定的任何申请的分类要求。这将允许更多的申请符合该计划的条件，从而允许更多与绿色技术相关的发明被提前淘汰以供审查和提前审查）。

[90] *See* Expansion and Extension of the Green Technology Pilot Program, 75Fed. Reg. 69049, 69050（Nov. 10, 2010）（该计划还将扩展到 2011 年 12 月 31 日）。

[91] *See id.*（绿色技术试点计划将运行到 2011 年 12 月 31 日，除非美国专利商标局将只接受前 3000 个可批准的申请，在未经审查的申请中根据绿色技术试点计划提出特别申请，而不管申请的提交日期）。

[92] *See id.*（美国专利商标局特此将试点项目的资格扩大至包括 2009 年 12 月 8 日或之后提交的申请）。

[93] *Id.*

2009 年 9 月宣布了其快速监测计划。[94] 澳大利亚知识产权局的环保技术加速程序，允许绿色专利申请跃升到最前面，将审查过程从 1 年多缩短到 4 到 8 周之间。以色列快速跟踪计划于 2009 年 12 月启动。[95] 如果申请人在其专利申请中包含一封说明该发明环保特性的信函，以色列专利局将在 3 个月内对这些申请进行审查，从而确定其优先顺序。[96] 最近，加拿大知识产权局（CIPO）宣布正在为绿色专利申请制定一个加速审查计划。[97] 为了被纳入快速通道计划，申请人将提交一份声明，说明其申请涉及可"减轻环境影响"或节约资源的技术。[98] 对于加速申请，加拿大知识产权局应在收到申请人申请进入计划的 2 个月内开始处理。[99]

　　快速跟踪计划扩大了绿色专利从业人员的工具包。随着快速专利项目在世界上几个不同区域落地，专利律师可以向客户建议提交专利申请的多种选择。这些选项为从业人员提供了更大的灵活性来校准全球专利申请策略，以最符合绿色技术客户的业务需求。例如，一家在美国和欧洲都很活跃的清洁技术公司，以前首先在美国申请专利，现在可以选择首先在英国申请，因为在英国通过英国知识产权局快速通道计划，只需 9 个月就可以获得专利。可以想象，以亚洲为重要市场的清洁技术公司可能会采取类似的方法，首先在韩国申请高速专利审查。

　　作为气候变化政策，加快处理绿色专利申请可以加速清洁技术的商业

---

　　[94]　Media Release, Richard Marles MP, Fast Tracking Patents for Green Technology Solutions (Sept. 15, 2009), *availabe at* http://test.grindstone.com.au/richardmarles/index.php?option=com_rokdownloads&view=file&Itemid=9&id=94:09-09-08-mr-635-fast-tracking-patents-for-green-technology-solutions

　　[95]　Aviad Glickman, *State to Prioritize "Green" Inventions*, YNET NEWS, Dec. 24, 2009, http://www.ynetnews.com/articles/0, 7340, L-3819855, 00. html.

　　[96]　*See id.* （专利局通过了一项鼓励绿色发明的新政策，并将在 3 个月内通过审查对环境友好的上诉优先考虑。如果专利申请收到一封信，说明产品通过防止全球变暖、减少空气或水污染或促进有机农业来保护环境的能力，则专利申请将被标记为"绿色"）。

　　[97]　Press Release, Canadian Intellectual Property Office, Commissioner of Patents Proposes to Advance the Examination of Patent Applications Related to Green Technology, http://www.cipo.ic.gc.ca/eic/site/ciponternet internetopic.nsf/eng/wr02462.html （last visited Nov. 13, 2010）［加拿大知识产权局（CIPO）正在制定新的倡议，这将加快对绿色技术相关专利申请的审查］。

　　[98]　*Id.*

　　[99]　*Id.*

化,并通过鼓励对清洁技术公司的投资来缩短其上市时间。英国9个月和韩国只有1个月的快速审查结果,从申请到专利授予的快速转变可以为清洁技术专利权人提供一个非常快速的专利性迹象。这张由国家知识产权局批准的官方印章为一项发明增添了可信性,并为专利技术增添了创新的光彩。更重要的是,一项已公布专利为所声称的发明排他性提供了合理的保证,这对于一家试图筹集资金的清洁技术初创企业来说至关重要。

任何为技术初创公司提供咨询的专利律师都知道,获得资金是这些新企业面临的一个关键挑战。对于处于早期阶段的公司,尤其是那些尚未达到销售目标的公司,很难找到资金来源。[100] 在清洁技术行业,商业规模的扩大是资本密集型的,这使得获得资本既至关重要,也特别具有挑战性。[101]

由于区域能源需求的性质和范围以及满足这些需求所需的设备和基础设施,实施商业化的成本可能非常高。[102] 因此,清洁技术初创企业非常依赖资本投资来生存,实现商业规模化,并将其产品推向市场。

当投资者考虑为清洁技术初创企业提供资本时,他们想知道他们的投资会获得良好的回报(ROI)。当投资者试图衡量ROI时,当然会审查整个业务状况,包括多项单个指标,一个有用的分析领域是初创企业在潜在的竞争对手前建立壁垒的能力。专利往往通过授予发明的专有权来提供这种能力。但是,一个刚刚开始建立专利组合的清洁技术初创企业,可能要等

---

[100] *See AVC Smart Startup Guide*, The Smart Startup, http://www.antiforrent - capital.com/avc guide.html(last visited Nov. 13, 2010)[什么是 Venture CapitalCatch-22? 嗯,初创企业需要风险资本来启动,但风险投资家和天使投资人只投资那些已经有吸引力的公司(即销售)]。

[101] *See Taking Cleantech to Scale-Cleantech Forum XXVI San Francisco*: *A Report*(Mar. 2010)at 6, *available at* http://cleantech.com/research/upload/San-Francisco-Forum-XXVI-report.pdf(清洁技术公司的独特的、有时资本密集的性质,需要比过去更广泛的投资组合)。

[102] *See*, *e. g.*, Joel Makower, *Financing Our Cleantech Future*, Greenbiz. com, Jan. 28, 2010, http://www.greenbiz.com/blog/2010/01/18/financing-our-cleantech-future[即使部署一个商业规模的工厂也需要比大多数人想象的更多的资金。以 BrightSource 能源公司为例,该公司建造和运营大型太阳能热电厂,其中巨大的反射镜阵列将阳光射向中央塔,煮沸的水产生蒸汽来驱动发电机。BrightSource(恰巧是由 Vantage Point 和摩根士丹利、英国石油公司、雪佛龙、谷歌等公司共同出资)与这些工厂签订了合同,以20亿至30亿美元的价格建造其中几座工厂。然后还有风力发电场。建造一座工厂将使从1.5亿美元花费到10亿美元或更多。因此,生物燃料炼油厂也是如此。真正的钱,如他们所说]。

上几年，才能使某项专利申请成熟以至成为一项已授予的专利。在职业生涯中，许多专利律师曾与一位投资者进行交谈，试图确定是否为一家技术初创公司提供资金。投资方希望专利代理人提供一份书面意见，即待决专利申请中的发明是在专利权保护的范围内。专利代理人不可避免地回答说，他或她不能提供这样的意见，因为在任何国家知识产权局都不可能准确地预测专利申请的审查结果。

随着快速监测计划的出现，专利律师现在有了一个替代方案提供给清洁技术初创公司及其潜在投资者。这些举措不要求专利律师预测未来，但它们确是大大减少了确定发明专利性所需的等待时间。仅拥有待决专利申请的清洁技术初创企业，可以通过尽快将其申请转化为授权专利来提高其在吸引投资者方面的地位。利用新的快速监测计划，这可以在几个月内实现，而不是在一些国家知识产权局以年为周期的等待。得益于快速的绿色专利处理，清洁技术初创企业可以迅速向潜在投资者证明他们对其技术拥有专有权。这一显示可以提供一定程度的投资回报率保证，并鼓励对清洁技术初创企业的早期资本投资。注入现金越快，清洁技术公司就能越快地将其产品推向市场。希望在不久的将来，我们将开始看到快速监测计划对清洁技术的商业化有积极的影响。

四、小结

各种绿色专利政策和倡议已经从当前的清洁技术繁荣态势中展现出来。三种模式——转让、监测和快速监测，正在不同的专利形态中进行运作。已实施转让举措的组织，如生态专利共享和绿色交换，将专利视为阻碍清洁技术扩散的障碍。因此，这些计划规定共享清洁技术或促进绿色专利权人和潜在许可证持有人之间的许可安排。监测计划，尤其是由 Heslin Rothenberg 律师事务所运营的欧洲专利局的绿色专利数据库和清洁能源专利增长指标，提供有组织的、可搜索的绿色专利数据和分析，以期放宽对这些信息的访问，有助于清洁技术的创新和转让。

最后，美国、英国和韩国等国家专利局提供的快速监测计划，在专利保护促进技术创新和商业化的前提下，减少专利申请的不确定性，加快绿色专利的授权。由于清洁技术产业的资本密集性，资金对于清洁技术的扩大和商业化至关重要。快速监测计划提供的专利性和排他性的快速指标，特别是对于发明专利，可以帮助清洁技术初创企业获得资本投资，并可能缩短一些清洁技术公司的上市时间。

尽管不同的理念可能会推动各种类型的绿色专利倡议，但它们都来自对清洁技术创新和扩散在阻止全球变暖斗争中至关重要的认识。正如下一章所述，这种理解也导致了一场全球辩论，讨论哪种类型的绿色专利政策将促进清洁技术的国际化发展、转让和商业化。

第十一章

关于绿色专利政策和清洁技术转移的国际讨论

随着绿色专利政策走向全球，围绕它们的争议一直不断。第十章讨论的不同政策和举措揭示了专利在缓解气候变化方面的适当作用和实际效果的态度分歧。特别是，关于知识产权是孕育创新和促进清洁技术的实施，还是阻碍其发展和部署的辩论，正在国际舞台上展开。最近，在为起草下一个全球气候变化条约以取代 2012 年到期的《京都议定书》进行谈判的背景下，这场辩论变得更加激烈。2009 年 12 月，来自 180 多个国家的外交官在丹麦哥本哈根召开会议，就新一轮条约的条款进行谈判。经过一年的高级别辩论之后，这场辩论的主题是："知识产权在国际清洁技术转让和部署中的作用"。根据联合国秘书处和许多发展中国家的资料，这种清洁技术转让存在重大障碍，其中最主要的是知识产权障碍。因此，联合国秘书处和许多发展中国家缔约方都提出了一系列政策建议，以削弱甚至消除清洁技术中的知识产权。

然而，现实情况是，发达国家的清洁技术公司与其在发展中国家的商业伙伴之间，尽管或因为存在重要的知识产权，最近仍然建立有许多伙伴关系、合资企业和许可协议。这些协议包括大量的可再生能源设施、重要的基础设施项目和减排技术的部署。例如，美国太阳能光热新兴公司 Esolar 计划在印度和中国建造大型太阳能发电厂，Ecotality 在中国的合资企业将提供一个电动汽车充电站网络的关键基础设施，以支持电动汽车的发展，并且通用电气计划将其气化技术部署到碳减排系统中，以减少传统燃煤电厂的二氧化碳排放。正如本章所讨论的，在 2009 年 12 月哥本哈根会议之前的大约 1 年时间内，宣布了 9 个此类清洁技术转让的重要实例。知识产权不是任何此类交易的障碍，而且能够通过在发展中国家提供排他性有助于促进技术转让。因此，清洁技术的转让与知识产权无关，只是在某些案例中，由知识产权而引起。

一、哥本哈根和国际知识产权辩论：历史、参与者和提案

2009 年 12 月的 11 天里，国际气候变化谈判代表在哥本哈根举行会议，敲定新一轮全球气候变化条约的条款，以取代 2012 年底到期的《京都议定书》。[1] 未来条约文本的要素之一是促进气候变化减缓技术转让的"技术机制"，由发达国家缔约方（如美国、欧盟和日本）向发展中国家缔约方（包括巴西、印度、中国和世界上许多最贫穷国家）提供减缓技术。[2] 技术机制包括一项或多项削弱或消除清洁技术知识产权的政策建议，包括采取强制许可和更为极端的措施，如强制将清洁技术排除在发展中国家的专利之外，甚至撤销现有的清洁技术专利。[3] 如本文更详细地讨论以玻利维亚、巴西、中国、印度和菲律宾为首的发展中国家缔约方在他们的拟议谈判文本中也提供了类似的政策建议。[4]

然而，尽管气候变化谈判人员正在讨论这些建议，并讨论将专利作为清洁技术转让的障碍，加州太阳能光热创业公司 Esolar 及其中国合作伙伴蓬莱电气（Penglai）也即将敲定在中国建造至少 2 千兆瓦太阳能热电厂的协议条款。[5] 这是 2010 年 1 月宣布的最大的太阳能热交易，它是 Esolar

---

[1] *See* United Nations Framework Convention on Climate Change, *Report of the Ad Hoc Working Group on Long - Term Cooperative Action Under the Convention* (May 19, 2009), http://unfcc.int/resource/docs/2009/awglca6/eng/08.pdf.

[2] *See id.* at 7.

[3] *See id.* at 48–49 [应制定具体措施，消除发达国家与发展中国家之间的技术开发和转让障碍，保护知识产权，包括：（a）对特定专利技术的强制许可；（b）汇集和共享公共资助的技术。（c）最不发达国家应根据能力建设和发展需要，免除气候相关技术的专利保护，以适应和缓解气候变化]。

[4] *See, e.g.,* Sangeeta Shashikant, *Developing Countries Call for No Patents on Climate-friendly Technologies*, TWN BONN NEWS UPDATE No. 15, June 11, 2009, http://www.twnside.org.sg/title2/climate/bonn.news.3.htm.

[5] The eSolar-Penglai Electric deal was announced in early January of 2010. *See* Press Release, eSolar, eSolar Partners with Penglai on Landmark Solar Thermal Agreement For China (Jan. 8, 2010), http://www.esolar.com/news/press/2010_01_08.

和中国电力设备制造商之间的主许可协议。[6]

蓬莱将成为 Esolar 模块化、可扩展太阳能光热技术在中国的独家许可证持有人，该技术包括与太阳能发电塔"建筑和支持软件"相关的多项专利和未决专利申请。[7] 蓬莱将在未来 10 年内开发发电厂，中国华电工程公司将负责建筑工程。[8] 与生物质发电设施共同建设的发电厂预计每年将减少 1500 万吨二氧化碳排放量。[9] Esolar—蓬莱太阳能热电交易，只是清洁技术公司与发达国家和发展中国家的投资者、开发商和公用事业机构之间最密切的众多合作伙伴、合资企业和许可协议交易之一。[10]

那么，为什么知识产权甚至会出现在条约讨论的议程上？乍一看，讨论全球气候变化条约时，知识产权将成为一个问题似乎有些奇怪。专利和其他形式的知识产权，充其量似乎与制定缓解气候变化的政策和获得各国减少温室气体排放承诺的问题相去甚远。政策规定的更合适的背景，似乎是气候科学和全球温度上升可允许的最高值，以及涉及温室气体排放目标、碳税与总量管制和贸易计划的有待解决的更突出问题。为了理解知识产权为什么会是一个问题，了解一些《联合国气候变化框架公约》[11]（UNFCCC）和讨论的历史至少是有帮助的。

《联合国气候变化框架公约》最初于 1992 年 6 月在里约热内卢举行的联合国环境与发展会议上制定，并于 1994 年 3 月 21 日生效。[12] 该公约将

---

[6]　See id.

[7]　See id.

[8]　See id.

[9]　See id.

[10]　在此详细讨论的其他类似的交易，包括：eSolar 与 ACME 集团在印度的许可转让，通用电气公司和神华集团在中国部署的一个煤炭气化技术合资企业，Amyris Biotechnologies 和巴西的众多合作伙伴关于生物燃料的采集和生产交易。

[11]　《联合国气候变化框架公约》是一项国际环境条约的名称，也是负责支持该条约实施的联合国秘书处的名称。

[12]　See United Nations Framework Convention on Climate Change：The Rio Conventions，Nov. 30, 2008，http：//unfcc.int/essential_background/feeling_the_heat/items/2916.php；*see also* United Nations Framework Convention on Climate Change：Status of Ratification of the Convention http：//unfcc.int/essential_background/con-vention/status_of_approval/items/2631.php（last visited May 13，2010）.

签署国分为三类：所谓的附件一国、附件二国和发展中国家。[13] 附件一国包括：大约有 40 个工业化国家或发达国家加上欧洲经济共同体（EEC）。[14] 附件二国家是附件一国家的一个子集，由 23 个国家和 EEC 组成。[15] 其余的签署国，一个通常被称为"77 国集团和中国"的多重结构集团，构成了《京都议定书》下的发展中国家。[16] 《京都议定书》于 1997 年缔结，并于 2012 年生效，要求附件一国家降低温室气体排放水平。[17]《京都议定书》还要求附件二国家向发展中国家提供技术和资金，以协助他们减轻气候变化。[18] 发展中国家，另一方面，没有减少温室气体排放的义务，除非他们从附件二国家获得足够的资金和技术。[19]

因此，《联合国气候变化框架公约》在发达国家和发展中国家之间建立了一个分水岭，使得每一方都有着截然不同的义务、激励和动机。这种责任划分的理由是合乎逻辑的。如果人类是通过向大气中排放温室气体来引起气候变化的，那么在很大程度上应该归咎于发达国家。到目前为止，工业化国家一直是世界上最大的温室气体排放国，[20] 因此应该承担减轻其影响的首要责任。问题是，解决全球变暖的有效办法几乎肯定也需要发展中国家作出承诺，特别是那些碳排放量等于甚至超过一些富裕国家的新兴市场经济体，如巴西、俄罗斯、印度和中国。[21] 尽管美国在过去一直是世界上温室气体排放量最大的国家，作为全球温室气体排放大国，中国

---

[13] *See* United Nations Framework Convention on Climate Change Treaty art. 4. 2（f）-（g），May 9, 1992, S. Treaty Doc No. 102-38, 1771 U. N. T. S. 107, http://unfcc. int/resource/doc s/convkp/conveg.pdf.

[14] *See id.* at Annex 1.

[15] *See id.* at Annex 2.

[16] *See* About the Group of 77 at the United Nations, http://www. g77. org/doc/（last visited Jan. 22, 2010）.

[17] *See* UNFCCC Treaty, *supra* note 13, art. 4. 2（a）.

[18] *See id.* at art. 4. 3-4. 5.

[19] *See id.*

[20] *See id.* at Preamble.

[21] *See* Richard N. Cooper, *The Case for Charges on Greenhouse Gas Emissions* 4（Harvard Project on International Climate Agreements, Discussion Paper 2008-October 10, 2008）.

在过去几年里已经超过美国。[22] 因此，尽管《气候变化框架公约》条约在减轻气候变化的义务划分方面从历史和道德的角度来看是可以辩解的，但它在必须合作减排以遏制全球变暖的参与者之间造成了严重的责任和激励不平衡。根据《联合国气候变化框架公约》条约，这种不平衡将通过货币和技术转让来解决。[23]

原《联合国气候变化框架公约》和现行《京都议定书》均未明确提及知识产权。但是，条约文本包含以下关于技术转让和获取的参考：

> 缔约方"应采取一切切实可行的步骤，酌情促进、辅助和资助向其他缔约方，特别是发展中国家缔约方转让或获得无害环境的技术和专有技术……"[24]

这段话，在《联合国气候变化框架公约》第4条第5段，确立了条约签约方的部分义务，确保发展中国家有获取清洁技术的权益。该需求隐含的前提是，发展中国家无法自主开发或获取这些清洁技术的时候，有关技术拥有者必须提供他们的技术。

作为实施这一规定的一部分内容，UNFCCC 鼓励发展中国家缔约方对其技术需求进行评估，特别是确定清洁技术转让的障碍。[25] 这些技术需求评估旨在"确定技术转让的障碍和增加技术转让的措施"。这些障碍是通过部门分析得出的。"[26] 2004 年，UNFCCC 制定了一本手册，以帮助发

---

[22] *See* Roger Harrabin, China "Now Top Carbon Polluter," BBC NEWS, Apr. 14, 2008, http://news.bbc.co.uk/2/hi/7347638.stm.

[23] *See* UNFCCC Treaty, *supra* note 13, art. 11. 1-2.

[24] *See id.* at art. 4. 5. （增加了重点）。

[25] *See* UNFCCC, Technology Needs Assessments, http://unfccc.int/ttclear/jsp/tna.jsp（last visited Nov. 13, 2010）[加强第 4.5 条实施的有意义行动框架将技术需求评估（TNAs）定义为"一组国家驱动的活动，确定并确定缓解和适应技术的优先次序"。发达国家缔约方以外的缔约方，以及附件二中未包括的其他发达国家缔约方，特别是发展中国家缔约方]。

[26] *Id.*

展中国家缔约方进行其技术需求评估。[27]

关于技术转让的更多细节和承诺，来自 2007 年在巴厘岛举行的联合国气候变化会议。巴厘"路线图"启动了一个全面的进程，以使《联合国气候变化框架公约》的各项条约得以实施，包括《巴厘行动计划》，其中详细说明了技术转让方面的某些行动。[28] 根据《巴厘行动计划》，缔约方应考虑"加速部署、传播和转让可负担得起的环境友好技术的方式"。[29] 这种转移的一个表达要素是，"消除阻碍……扩大向发展中国家缔约方的技术发展和转让，以促进获得负担得起的环境友好技术……"[30]

因此，关于如何最好地缓解气候变化的争论一直被设定为技术转让的困难和障碍。这一主题在 2009 年 12 月哥本哈根会议的筹备过程中继续存在，因为《联合国气候变化框架公约》延续了将清洁技术转让给发展中国家存在重大障碍的观点。[31] 更具体地说，联合国气候变化框架公约和发展中国家缔约方都认为，需要解决的一个重大障碍是专利权。[32]

随着 2009 年哥本哈根会议筹备工作的升温，不断有人提出削弱甚至取消清洁技术专利权的建议。2009 年 5 月，联合国气候变化框架公约发表了其拟议的谈判文本，该文件将作为下一轮条约讨论的基础文件，以在 2012

---

[27] UNDP & UNFCCC, Handbook for Conducting Technology Needs Assessments for Climate Change（2009），http://unfcc.int/ttclear/pdf/tnahoodbook_9-15-2009.pdf；*See also* UNFCCC, Technology Needs Assessment Reports, http://unfcc. int/ttclear/jsp/tnalreports. jsp（last visited Nov 13, 2010）（为了促进不同国家对技术需求的评估，2004 年，开发署与 CTI 合作，编制了一本关于对气候变化进行技术需求评估的手册）。

[28] *See* UNFCCC, *Bali Action Plan*, 1, 1（d），1（d）（i-ii），Decision -/CP. 13（December 2007），http://unfcc.int/files/meetings/cop_/application/pdf/cp_bali_action.pdf.

[29] *See id.* at（1）（d）（ii）.

[30] *See id.* at（1）（d）（i）.

[31] *See*，*e. g.*，UNFCCC, *Report of the Ad Hoc Working Group on Long-Term Cooperative Action Under the Convention* at 48, 188, *available at* http://unfcc. int/resource/docs/2009/awglca6/eng/08. pdf（May 19, 2009）（应采取的具体措施，以消除由保护知识产权（IPR）引起的，发达国家开发和向发展中国家缔约方转让技术的障碍）。

[32] *See id.*；*see also* Sangeeta Shashikant, *Developing Countries Call for No Patents on Climate-friendly Technologies*, TWN BONN NEWS UPDATE NO. 15, June 11, 2009, http://www.twnside.org. sg/title2/climate/bonn.news.3.htm［不申请专利的建议是发展中国家提出的其他几项雄心勃勃的提案之一，旨在解决转让和使用环境友好的气候减缓和适应技术（EST）的知识产权障碍］。

年之后取代《京都议定书》。[33]《联合国气候变化框架公约》的文本包括
削弱或规避专利权利的提议，如清洁技术强制许可、优惠定价。这类技术
免除了某些国家的专利保护，并汇集或分享公共资助的清洁技术。[34]

　　发展中国家缔约方在其拟议的谈判文本中也采取了同样的行动。他们
提出的文本中包含了更为极端的措施，这些措施旨在承诺或彻底剥夺专利
权。其中包括强制减少清洁技术的专利条款，撤销现有的清洁技术专利，
并将清洁技术排除在专利之外。[35] "77 国集团和中国"建议未来的《联
合国气候变化框架公约》条约回合应"为了适应或缓解气候变化，强制排
除对附件二所列国家（可以是美国）持有的气候友好型技术授予专利"，
并确保（发展中国家）"在非排他性免版税条款基础上获得知识产权"。[36]
玻利维亚提议撤销"在发展中国家关于基本/紧急环境友好技术的所有现
有专利"。[37] 菲律宾提议的文本包括对发展中国家的免版税条款的"知识
产权使用保证"。[38] 这些只是代表知识产权辩论一方的反专利提案的几个
例子。

　　这些提议不会被忽视。为了应对反专利活动，发达国家的公司对清洁
技术进行了大量投资，组织起来宣传他们的观点。辩论的另一方开始通过
攻关运作和企业与行业领袖联盟（特别在美国）努力游说。2009 年 5 月，
美国商会加入了一个由发达国家公司和行业领袖组成的创新、发展和就业
联盟（IDEA）[39]。联盟成立时，成员包括通用电气、微软、Corning、Du-
Pont、Praxair、Daimler、Siemens、3M、Bendix Commercial Vehicle Systems

---

　　[33]　*See* UNFCCC, *Report of the Ad Hoc Working Group on Long-Term Cooperative Action Under the Convention* at 46, http://unfcc.int/resource/docs/2009/awglca6/eng/08.pdf（May 19, 2009）。

　　[34]　*See supra* note 3.

　　[35]　*See, e. g.,* Sangeeta Shashikant, Developing Countries Call for No Patents on Climate-friendly Technologies, TWN BONN NEWS UPDATE NO. 15, June 11, 2009, http://www.twnside.org.sg/title2/climate/bonn.news.3.htm

　　[36]　*Id.*

　　[37]　*Id.*

　　[38]　*Id.*

　　[39]　*See* U. S. Chamber of Commerce News, *U. S. Chamber Joins IDEA Coalition to Protect IP Jobs,* http://www.u s chamber.com/press/releases/2009/may/090520-idea.htm（May 20, 2009）[美国商会今天加入了创新、发展和就业联盟（IDEA）的行业领导者]。

和 Sunrise Solar,[40] 最初称为 IDEA 联盟，后来该集团更名为创新、就业和发展联盟（CIED）[41]。联盟的使命是教育决策者和公众熟知知识产权在促进清洁技术领域创新方面的基本作用。[42] 联盟的立场是需要强有力的知识产权保护，以鼓励对清洁技术研发的投资，创造绿色就业机会，并找到应对世界能源和环境挑战的解决方案。[43]

CIED 立即在华盛顿开展工作，游说国会和奥巴马政府在《联合国气候变化框架公约》条约谈判中宣布其致力于维护强有力的知识产权保护。[44] 该联盟迅速地取得了立法成功。2009 年 6 月，美国众议院一致投票通过了《外交关系授权法修正案》，该修正案确立了美国反对任何削弱知识产权的全球气候变化条约的政策。[45] 该修正案由来自华盛顿州的民主党众议员 Rick Larsen 和来自伊利诺伊州的共和党人 Mark Kirk 提出，以 432 比 0 通过了决议。该修正案还明确表示，美国的政策倾向于将清洁技术的强大知识产权作为任何气候变化条约的一部分：

> 美国的政策是，就《联合国气候变化框架公约》而言，美国总统、国务卿和常驻联合国代表应防止现有国际公约的任何削

---

[40]　*See* Inside U. S. Trade，*Companies Launch Coalition to Defend IPR in Climate Change Talks*，http://www.theglobalipcenter.com/news/companies - launch - coalition - defend - ipr - climate - change - talks［The Innovation，Development & Employment Alliance（IDEA），于 5 月 20 日发起，包括 General Electric，Microsoft，Corning，DuPont，Praxair，Daimler，Siemens，3M，Bendix Commercial Vehicle Systems and Sunrise Solar］。

[41]　GE 首席知识产权顾问 Carl Horton 给 Eric L. Lane 的电子邮件（July 14，2007，93：29 PM）（提交给作者）。

[42]　U. S. Chamber of Commerce News，*U. S. Chamber Joins IDEA Coalition to Protect IP Jobs*，http://www.uschamber.com/press/releases/2009/may/090520-idea.htm（May 20，2009）［联盟将与国会、政府和国际利益相关者合作，以保护鼓励研发投资的知识产权（IP）权利。创造就业机会，刺激经济增长，并将导致减少温室气体排放和满足世界卫生保健需求的技术解决方案］；另见 CIED 的任务页面，http://www.the cied.org/portal/cied/mission/default

[43]　*Id.*

[44]　*See Congress Backs Strong Green Patents in Climate Change Talks*，Green Patent Blog（June 14，2009），http://greenpatentblog.com/2009/06/14/congress - backs - strong - green - patents - in - climate-change-talks/（联盟的第一个商业命令是敦促国会和奥巴马政府在作为美国参与和《联合国气候变化框架公约》有关的国际谈判中保持对清洁技术创新者的强力知识产权保护）。

[45]　*See id.*

弱，并确保对现有国际公约的严格遵守和执行。自本法颁布之日起，保护与能源或环境技术有关的知识产权的法律要求……[46]

Larsen-Kirk 修正案在很大程度上是 CIED 活动的结果。在《联合国气候变化框架公约》谈判中，联盟向国会议员 Larsen 和 Kirk 简要介绍了绿色技术面临的知识产权保护风险。[47]

在哥本哈根会议之前，美国国会和欧洲议会都发表了其他官方声明，支持强有力的知识产权。在欧洲，欧盟环境部长的一份声明认识到"知识产权的保护和执法对促进技术创新和鼓励私营部门投资的必要性"。[48] 在美国，《限制与贸易法案》的众议院版本，被称为 Waxman-Markey 法案，包含了关于知识产权对于投资清洁技术研发和部署的重要性的声明，[49] 并认识到削弱知识产权可能会损害美国公司和就业机会。[50] 该法案还将美国对发展中国家的清洁技术投资与这些国家实施知识产权法的合规性联系起来。[51]

显然，哥本哈根会议有很多技术转让政策的提案。然而，会议却未就该问题得出实质性结论。反气候的《哥本哈根协议》只是承诺为技术开发和转让建立一个"技术机制"，但没有详细说明它应该是什么或它可能如

---

[46]　H. R. 2410, 111th Cong. § 329 (2009).

[47]　*Congress Backs Strong Green Patents in Climate Change Talks*, Green Patent Blog (June 14, 2009), http://greenpatentblog.com/2009/06/14/congress-backs-stronggreen-patents-in-climate-change-talks/

[48]　*See*, *e.g.*, *Does Saving the Planet Have to Cost a Fortune?*, Spiegel Online (Nov. 5, 2009), http://www.nrc.nl/international/features/article2405907.ece/Does_saving_the_planet_have_to_cost_a_fortune.

[49]　American Clean Energy and Security Act of 2009, H. R. 2454, 111th Cong. (2009) (知识产权是清洁技术投资、研发和全球部署的关键驱动力)。

[50]　*Id.* (知识产权保护的任何削弱都会给美国公司和创造高质量的美国就业岗位带来巨大的竞争风险)。

[51]　*Id.* (美国为协助发展中国家出口清洁技术提供的资金应促进对保护知识产权现有国际法律要求的严格遵守和执行)。

何运作。[52] 其他关键问题也遭遇了同样的命运，许多与会者和观察员认为哥本哈根回合谈判失败了。[53] 毫无疑问，随着《联合国气候变化框架公约》谈判在未来几年的继续，关于知识产权的辩论也将继续。

哪一方对知识产权在国际转移和清洁技术部署中的作用有更好的论据？无人确切知道。最近的一项研究得出模棱两可的结论："知识产权可能是技术转让的激励因素和障碍"，并指出"尚未对清洁技术中知识产权的影响进行全面研究"。[54] 如果可能，此类研究将需要实证类的专利数据、全球贸易统计数据、经济分析以及对清洁技术公司代表的大量采访，以确定知识产权在其国际商业交易中的作用。一个更可行的方法是考察国际清洁技术转让的现状，并从这些实例中推断知识产权的作用和角色。

二、清洁技术现实调查：9 项不受知识产权阻碍的国际绿色技术转让交易

1. 向新兴市场国家转移清洁技术

调查表明，无论各界有何种言论，清洁技术的转让和实施正在一次又一次地进行。现实情况是，在国际贸易背景下，无论是大公司还是小公司，都在与发展中国家的合作伙伴一起部署清洁技术，特别是在那些最积极主张削弱或消除知识产权以促进技术转让的一些国家。[55] 在哥

---

[52] *See* Conference of the Parties to the Framework Convention on Climate Change, Copenhagen, Den., Dec. 7-9, 2001, *Part Two*: *Action taken by the Conference of the Parties at its fifteenth session*, Copenhagen Accord, 7 （为了加强对技术开发和转让的行动，我们决定建立一个加速技术开发的技术机制，支持以国家为导向、以国家情况和优先事项为基础的适应和缓解气候行动）。

[53] *See*, *e. g.*, Rachael Rawlins & Robert Paterson, *Sustainable Buildings and Communities*: *Climate Change and the Case for Federal Standards*, 19 CORNELL J. L. &PUB. POL'Y 335, 340 (2010) （争议阻碍了达成具有强大减排目标和减排机制的具有法律约束力的气候变化条约的运动）。

[54] 国际贸易和可持续发展、气候变化、技术转让和知识产权中心，第四期（ICTSD 背景文件、贸易和气候变化研讨会）（2008 年 6 月 18 日至 20 日）。

[55] *Id.* at 4.

本哈根会议召开前一年，随着外交辩论的进行和踌躇，发展中国家在运用发达国家清洁技术方面达成了许多重要的伙伴关系和协议。知识产权保护并没有成为这些协议和交易的障碍。而且，某些情况根本不涉及任何可能阻碍交易的知识产权。在另一些国家，知识产权可能实际上有助于实现转让：至少在一些交易中，发展中国家的合作伙伴在其国内市场享有某种形式的排他性，以换取资本、劳动力或其组合。

交易案例 1 和 2：Esolar 和蓬莱电力公司（中国的太阳能光热发电）；Esolar 和 ACME 集团（印度的太阳能光热发电）

Esolar 是加利福尼亚州帕萨迪纳市的一家太阳能光热技术新兴公司，该公司利用平面镜或定日镜将阳光集中到悬挂在塔架上的中央水箱上。[56] 这种结构被称为"发电塔"结构。[57] Esolar 成立于 2007 年，在实施商业交易和部署其技术方面取得了非常快速的成功。[58] Esolar 可以提供"交钥匙"公用事业规模的发电厂，且造价低廉，因为其"批量生产的组件……为快速建造、统一模块化和无限可扩展性而设计"。[59] Esolar 发电厂的"构件"是其定日镜，设计在预制的"定日镜杆"中部署，便于安装。[60]

这一商业优势使其与中国蓬莱电力公司达成协议，截至本文件签署之

---

［56］ *See* Esolar web site，http://www.esolar.com/（last visited Apr. 17，2010）.

［57］ *See* Esolar，Utility-Scale Solar Power Brochure 2（2008），http://www.esolar.com/esolar_broccule.pdf.

［58］ *See*，*e. g.*，Todd Woody，*Pasadena's eSolar Lands 2，000-megawatt Deal in China*，L. A. TIMES，Jan. 9，2010，http://articles. latimes. com/2010/jan/09/busi-ness/la-fi-solar9-2010jan09（讨论 Esolar 与中国签订的建造太阳能热电厂的协议）；Katherine Ling，Senate Dems Build Case to Include Clean Energy，Solar in Jobs Bill，N. Y. TIMES，Jan. 15，2010，http://www. nytimes. com/gwire/2010/01/25/25greenwire-senate-dems-build-case-to-include-clean-energy-95186.html?SCP=22&sq=esolar&st=cse［Esolar 在南加州已经有一个 5 兆瓦的项目，本月与中国公用事业公司协商了一项 50 亿美元的协议，将其"聚光太阳能发电厂"（CSP）技术引进中国］.

［59］ *See* Esolar，Our Solution，http://www. esolar. com/our_solution/（last visited Apr. 17，2010）.

［60］ *See id.*（小型和大规模制造的定日镜是太阳能解决方案的组成部分。Esolar 设计的定日镜部署在预制定日镜杆上，可以很容易地安装，只需很少的熟练劳动力）.

日，蓬莱项目将成为中国最大的太阳能光热发电项目。[61] 根据协议，到 2021 年，蓬莱将利用 Esolar 的技术在中国开发至少 2 千兆瓦的太阳能光热发电厂。[62] 中国华电工程公司将负责施工进程，中国陕西榆林华阳新能源公司将拥有并运营第一座发电厂，这是一座 92 兆瓦的发电厂，计划于 2010 年开工建设。[63]

同样，在 2009 年 3 月，Esolar 宣布与印度开发商 ACME 集团（ACME）达成协议，建造多达 1000 兆瓦（1 千兆瓦）的太阳能热电厂。[64] ACME 将使用 Esolar 的技术在印度建造、拥有和运营发电厂，并将与其他公司合作，使用该技术建造更多发电厂。[65] 作为交易的一部分，ACME 将对 Esolar 进行 3000 万美元的股权投资。[66]

与任何运营良好的技术业务一样，Esolar 通过在美国和国际上提交专利申请来保护其创新。该公司至少拥有 6 件与其太阳能光热技术相关的国际专利申请。[67] 国际申请号 PCT/US2009/034743 和 PCT/US2009/038684 用于太阳能接收器，国际申请号 PCT/US2008/081036 用于定日镜的校准和跟踪控制系统。国际申请号 PCT/US2008/085049 针对 Esolar 的定日镜阵列布局，保护公司的"模块化领域"的聚光镜。该区域由数千个间隔排列的定日镜系统地组成，这些定日镜用于优化 Esolar 发电厂的布局并最大限度地提高效率。

---

［61］ *See* Press Release, eSolar, eSolar Partners with Penglai on Landmark Solar Thermal Agreement for China（Jan. 8, 2010），http://www.esolar.com/news/press/2010_01_08.

［62］ *See id.*

［63］ *See id.*

［64］ *See* Press Release, eSolar, eSolar Signs Exclusive License with ACME to Construct 1 Gigawatt of Solar Power Plants in India（Mar. 3, 2009），http://www.esolar.com/news/press/2009_03_03.

［65］ *See id.*

［66］ *See id.*

［67］ *eSolar and Penglai Electric Co. Enter Master Licensing Agreement for Solar Thermal Power in China*, Green Patent Blog（Feb. 15, 2010），http://greenpatentblog.com/2010/02/05/esolar-and-penglai-electric-co-enter-master-licensing-agreement-for-solar-thermal-power-in-china.

Esolar 的一些国际专利申请在中国和印度仍有资格获得保护。[68] 但是，Esolar 的知识产权并未阻止公司与蓬莱和 ACME 在这些新兴市场的交易。[69] 事实上，它们可能有所帮助。根据 Esolar 的新闻，这两个交易都是按照主许可协议进行的。[70] 换句话说，蓬莱和 ACME 分别被授予 Esolar 在其国内市场上的太阳能光热技术的一些专有权。在其关于 ACME 交易的新闻稿中，Esolar 宣布了"独家许可协议"，即：

> 将 ACME 命名为 Esolar 模块化、可扩展技术的主要许可证持有者，并授予该公司在印度代表 Esolar 开发公用事业规模太阳能光热项目，以及与其他希望使用 Esolar 技术在印度建造太阳能光热发电厂的公司合作的独家权利。[71]

蓬莱交易公告也将该安排称为"主许可协议"[72]。

因此，Esolar 在中国和印度刚刚获得的知识产权似乎有助于公司在这些国家找到愿意合作的伙伴。事实上，很难想象蓬莱和 ACME 在其本国市场中未获得主许可合同许可的情况下进行如此大规模的投资。如果没有 Esolar 的国际专利申请组合所保护的技术专有权和随后可强制执行的权利，蓬莱和 ACME 将无法保护其国内市场的竞争对手复制 Esolar 的创新太阳能热电厂架构。此外，如果 Esolar 没有通过独家许可作出具有约束力的承诺，它可能已经与中国、印度的其他开发商签订了协议，蓬莱和 ACME 可能会在 Esolar 的支持下面对使用相同技术的竞争对手。这

---

[68] 对世界知识产权局专利数据库的搜索表明，Esolar 的一些国际专利申请在中国和印度仍有资格获得保护。http://www.wipo.int/pctdb/en/（last visited May 28, 2010）。在"申请人姓名"字段中输入"esolar"，提交查询，并返回 7 条记录；在这 7 条记录中，一些国际申请具有优先日期，以便它们仍然可以进入国家阶段，尤其是印度和中国。例如，国际申请号 PCT/US2009/08684（国际优先权日期为 2008 年 3 月 28 日，使其国家阶段最后期限为 2010 年 9 月 28 日）。

[69] Press Release, eSolar, *supra* note 64.

[70] Press Release, eSolar, *supra* note 61, 64.

[71] *Id.*

[72] *See* Press Release, eSolar, *supra* note 61 [Esolar，一家可靠且具有成本效益的聚光太阳能（CSP）发电技术的全球供应商，和中国私营电力设备制造商蓬莱电气，今天宣布了一项主许可协议，接下来的 10 年中在中国建造至少 2 千兆瓦的太阳能光热电厂]。

些风险原本很容易低估这些交易。因此，Esolar 在印度和中国寻找合作伙伴以实施其可再生能源技术方面的成功，可能实际上是由知识产权推动的，至少部分是由知识产权推动的。

交易案例3：通用电气公司和神华集团公司（中国的煤气化和碳捕获）

根据最近的一份新闻稿，通用电气公司已经"在中国活跃了近 100 年"[73]。随着通用电气成为清洁技术革命的主导力量，这一活动一直在继续。公司能源部是全球领先的发电和能源输送技术供应商，包括与传统能源、可再生资源和替代燃料相关的技术。[74] 特别是，通用电气的气化技术已在中国广泛应用，在中国拥有 40 多个许可设施。[75]

2009 年 11 月，通用电气宣布已与中国煤炭和能源公司神华集团公司（神华）签署了一份谅解备忘录，以利用通用电气的煤气化技术部署商业规模的发电厂。[76] 两家公司将组建一家合资企业，将通用电气在气化技术方面的专业知识结合起来，特别是其集成气化联合循环（IGCC）解决方案，与神华在建设和运营燃煤发电厂和煤气化设施方面的专业知识相结合。[77] 随着燃煤发电厂碳排放目前占全球温室气体排放总量的 25% 左右[78]，7 项碳捕获技术的开发和部署对于抑制全球变暖将至关重要。

截至本书撰写之日，通用电气拥有几项针对其碳捕获和气化技术的国际专利申请，这些技术在中国仍有资格得到保护。其中包括国际专利申请

---

[73] *See* Press Release, GE, GE Announces Intent to Enter Joint Venture withShenhua, a Leading Chinese Coal Company (Nov. 17, 2009), http://www.ge.com/news/chinanews/ge_joint_venture_shenhua.pdf.

[74] *See id.*

[75] *See id.*

[76] *See id.* (通用电气和神华集团公司今天宣布，他们已达成建立一个工业煤气化合资企业的框架，将通用电气在气化和清洁发电技术方面的专业知识与神华在建设和运营煤气化和燃煤发电设施方面的专业知识相结合，以在中国推进"清洁煤"技术解决方案)。

[77] *See id.* [谅解备忘录……将形成一家合资公司，通用电气和神华将在其中执行一项战略构想，以提高商业规模气化和整合气化联合循环（IGCC）解决方案的成本和性能]。

[78] Intergovernmental Panel on Climate Change, Fourth Assessment Report, Climate Change 2007: Synthesis Report, Summary for Policymakers, Working GroupIII 5 4.3 tbl. 4.2 (2007); http://www.ipcc.ch/publications_and_data/ar4/wg3/en/ch4-ens4-3.html.

号 PCT/US2009/041509，名称为"高压下合成气中二氧化碳的去除"，国际专利申请号 PCT/US2009/049191，名称为"一体式气化炉和合成气冷却器的方法和系统"，以及国际专利申请号 PCT/US2008/070616，名称为"二氧化碳捕获系统和方法"。如果获得了一些指导意见的话，通用电气至少会将这些国际申请中的一部分延伸到中国寻求专利：早期通用电气在 IGCC 技术上的专利，"煤气化集成工厂和带有放气和蒸汽喷射的联合循环系统"受到中国专利的保护，中国专利公开号为 CN1003930。

　　然而，这些专利权并没有阻止神华与通用电气合作在中国部署煤气化技术。据专注于国际贸易的通用电气知识产权律师 Thaddeus Burns 称，知识产权对通用电气在中国和其他新兴市场的合作伙伴很重要。[79] 在合资企业（如与神华的交易）或其他技术转让协议的背景下，"客户要么把资源公开拿出来帮助开发该项技术，要么为了解决某个问题而向通用支付费用，IP 权限有助于确保他们享受该业务交易的全部好处。"[80]。根据 Burns 的说法，IP 系统通过保护通用电气不受其竞争对手的影响来"合理化其技术的扩散"[81]。"最终，我们试图利用知识产权保护技术提防的不是我们在发达国家或发展中国家的客户，而是竞争对手，如西门子和飞利浦这样的公司。"[82] 随着公司每年在清洁技术的"生态想象"项目上投资约 15 亿美元，以及公司目前在新兴市场上 2/3 的增长，我们将继续看到通用电气在全球范围内努力获取绿色专利和部署绿色技术。[83]

---

[79] Posting of Kaitlin Mara to Intellectual Property Watch, *Are Patent Exceptions Necessary for Climate Change Technology? Defining WIPO's Role*, http://www.ip-watch.org/weblog/2009/03/26/are-patent-exceptions-necessary-for-clirnate-change-technology-defining-wipo% E2% 80% 99s-role/ (Mar. 26, 2009, 11: 12 CET)

[80] *See* COP15 Side Event: The Effective Use of ICTs and the IP System for Mitigating Climate Change, Dec. 10, 2009, http://www1.cop15.meta-fusion.com/kongrese/cop15/templ/play.php? id_konggressmain=1&theme=unfccc&id_konggresssession=24091.

[81] *See id.*

[82] *See id.*

[83] *See* GE Fact Sheet (Sept. 2009), http://www.ge.com/de/docs/192982_1253217151_Fact%20Sheet_GE%20in%20Deutschland_September%202009_engl.pdf (last visited Apr. 17, 2010).

交易案例4：Landis+Gyr（巴西智能电表）

Landis+Gyr 是一家瑞士公司，专门从事能源管理和智能电网技术。2009 年 7 月，该公司宣布将向巴西提供 20 万台 SGP+M 智能电表，这是该国首次使用的先进计量解决方案。[84] 尽管新闻稿没有披露 Landis+Gyr 在智能电表推广中的巴西合作伙伴，但该公司已与至少两家巴西公用事业机构建立了关系。[85] SGP+M 系统提供客户和公用设施之间的双向数据流，客户可以从更多的信息和更多的服务选项中获益，从而提高效率和可靠性，公用设施可以享受更低的运营成本和减少能耗损失。[86] Landis+Gyr 将在巴西库里提巴开设一家拥有 450 名员工的工厂生产智能电表。[87]

Landis+Gyr 拥有与能源管理技术相关的多个国际专利申请，其中一些专利截至本书撰写之日已在巴西获得保护。其中包括国际申请号 PCT/CH2008/000229，名称为"电力管理"。Landis+Gyr 还拥有至少一项针对电表的巴西专利。专利号 BR9709262，名称为"计量系统"的巴西专利，针对的是由多个仪表组成的计量系统。这些仪表生成与电、气和水使用有关的消耗数据。计量系统包括用于存储服务信息、接收消耗数据和在消耗超过预定消耗参数时激活切断供应的控制装置。[88]

Landis+Gyr 目前和未来在巴西的专利权似乎并不妨碍其在巴西的智能电表交易。相反，该公司必须克服的主要障碍是获得国家计量、标准化和

---

[84] *See* Press Release，Landis+Gyr，Brazil Chooses Landis+Gyr as Country's FirstApproved Smart Meter Systems Provider（July 16，2009），http://www.landisgyr.com/en/pub/media/press_releases.cfm?news_ID=3459.

[85] *See id.* （仅今年 4 月，Landis+Gyr 就从具有前瞻性的巴西公用事业公司 Light S. A. 和 Grupo Endesa 旗下的 Ampla 获颁两项著名的客户服务卓越奖）。

[86] *Id.*

[87] *See id.* （Landis+Gyr 设施拥有 450 名员工，位于 Curitiba Pridesitself，具有高度的创新性，是 Landis+Gyr 网络中最现代化的工厂之一）；*see also*，*Smart Grid Update*：*Feds Seek Meter Security in Grants*，*Brazil Picks Landis+Gyr*，GREENTECH MEDIA，July 29，2009，http://www.greentechme-dia.com/articles/read/smart-grid-update-security-concerns-for-federal-grants-landis-gyr-in-brazil-/ （瑞士智能电表制造商将在自己的巴西工厂建造电表）。

[88] 巴西专利号 PI9709262-2 A2 （1997 年 5 月 23 日申请）。

工业质量研究所（*INMETRO*）的监管批准。[89] 根据 Landis＋Gyr 新闻稿，智能仪表的推出将在 INMETRO 认证后进行。[90]

交易案例 5 和 6：Amyris 和 Sao Martinho 集团（巴西的生物燃料公司）；Amyris 和 Bunge 有限公司、Cosan 及 Acucar Guarani（巴西的生物燃料公司）

Amyris Biotechnologies（简称 Amyris）是加利福尼亚州埃默里维尔的一家生物燃料初创企业，目前正在巴西进行大量投资。[91] 通过其全资子公司 Amyris Brasil Pesquisa e Desenvolvimento LTda（Amyris Brasil），该公司正在巴西收购乙醇工厂，并与巴西工厂主合作，使其能够使用 Amyris 技术生产生物燃料和化工产品。[92] 2009 年 12 月，Amyris 与巴西合作伙伴宣布了几项收购和生产协议。[93]

首先，Amyris 将收购巴西一家大型糖和乙醇生产商 Sao Martinho Group（SMG）拥有和运营的乙醇工厂 40% 的股份。[94] 双方将改造位于 Goias Quirinopolis 的一家工厂，在 2011～2012 收获季节生产 Amyris 可再生产品。[95] 该协议还允许 SMG 在 Quironopolis 的第二家工厂商业化一到两年后

---

[89]　*See generally supra* note 84.

[90]　*See id.*［在该系统获得 INMETRO（国家计量、标准化和工业质量研究所）认证后，Landis＋Gyr 计划在今年年底前安装 20 万个新的端点］。

[91]　*See* Amyris, Amyris Brasil, http://www.amyris.com/index.php? option＝com＿content&task＝view&id＝69&Itemid＝257（last visited Apr. 17, 2010）.

[92]　*See id.*（Amyris Brasil 打算在巴西收购乙醇工厂并为了确保 2011 年的首次生产将其改造）。

[93]　*See* Press Release, Amyris, Amyris Signs Letters of Intent Agreements withBunge, Cosan and Guarani（Dec. 8, 2009）, http://www.amyrisbiotech.com/en/newsroom/81-amyris-signs-letters-of-intent-agreements.

[94]　*See* Press Release, Amyris, Amyris and Sao Martinho Group Enter Into Agreement（Dec. 3, 2009）, http://www.amyrisbiotech.com/pt/newsroom/82-amyris-and-sao-martinho-group（Amyris Biotechnologies, Inc. 宣布打算收购 Boa Vista 工厂 40% 的股份。Boa Vista 工厂是巴西最大、效率最高的糖和乙醇生产商之一，由 Sao Martinho 集团拥有和运营）。

[95]　*See id.*（双方将共同努力，改造该工厂生产 Amyris 可再生产品，第一批产品的目标定在 2011～2012 年收获季节）。

采用 Amyris 技术。[96] 这项交易与 Amyris 的合成生物学技术（将糖转化为能源）相匹配，而 SMG 则具有巴西乙醇生产商的行业运营经验。

此外，Amyris Brasil 还与巴西其他 3 家制糖和乙醇生产商签订了生产可再生化学品和燃料的意向书协议。[97] 与 Bunge 有限公司（Bunge）、Cosan 和 Acucar Guarani（Guarani）签订的协议是"资本轻量"协议的附加示例，其中 Amyris 提供其技术和工厂设计，而巴西工厂主投入资本将其工厂转化生产 Amyris 可再生产品。[98] 根据该公司的新闻，与 Bunge、Cosan 和 Guarani 签订的协议将涵盖 Amyris 在 2013～2014 年的计划产量。[99] 根据与 Guarani 签订的协议，Amyris 将调查使用糖蜜而非甘蔗生产生物柴油的可行性。[100] Amyris 的 CEO，John Melo 说，这些协议进一步实现了成为一家"包括对全球碳足迹产生重大影响所需的技术、工业规模制造和产品分销能力"的公司的目标。[101]

Amyris 至少拥有 24 项与其合成生物和化学生产技术相关的国际专利申请。[102] 其中，截至本书撰写之日，至少有 7 项符合巴西的保护条件。[103] 同样，没有证据表明知识产权妨碍了巴西的清洁技术部署计划。事实上，Amyris 及其巴西合作伙伴很有可能从专利保护可能提供给他们的排他性中

---

[96]　*See id.*（此外，该协议还将允许同样由 Sao Martinho 集团控制的 Iracema 工厂在 Boa Vista 商业化后一到两年采用这项技术）。

[97]　*See supra* note 93 ［Amyris Brasil，Amyris Biotechnologies，Inc. 的全资子公司，今天宣布已与巴西的 3 家制糖和乙醇生产商 Bunge Limited（NYSE：BG）、Cosan（SA：CSAN3）和 Açúcar Guarani（SA：ACGU3）签订了意向书协议，旨在合作生产高价值的可再生化学物质和燃料］。

[98]　*See id.*（Amyris 打算通过"资本轻量"协议建立生产，其中 Amyris 提供技术和工厂设计，工厂所有者出资将其工厂改造，生产 Amyris 的可再生产品）。

[99]　*See id.*（与 Bunge、Cosan 和 Guarani 签订的意向协议应涵盖 Amyris 2013～2014 年的计划产量）。

[100]　*See id.*（根据与 Guarani 的协议，双方将研究利用 Amyris 技术从糖蜜而非传统甘蔗汁中生产甘蔗衍生柴油的最佳经济模型的可行性）。

[101]　*See id.*

[102]　*See* World Intellectual Property Office patent database，http://www.wipo.int/pctdb/en/（last visited May 28，2010），在"申请人姓名"字段中输入"Amyris"，提交查询，并返回 24 条记录。

[103]　对世界知识产权局专利数据库的搜索表明，Amyris 的几项国际专利申请仍有资格在巴西得到保护。参见以上的 24 项记录。其中 7 项国际申请具有优先权，因此它们仍可能进入国家阶段，尤其是巴西。参见，例如，国际申请号 PCT/US2009/039769（国际优先权日期为 2008 年 4 月 8 日，使其国家阶段最后期限为 2010 年 10 月 8 日）。

看到好处。

交易案例 7：Ecotality 和深圳 Goch 投资有限公司（中国电动汽车充电站）

Ecotality 是亚利桑那州 Scottsdale 市一家通过其子公司 Electric Transportation Engineering Corporation（ETEC）、Innergy Power Corporation 和 Fuel Cell Store 开发电力运输和存储技术的公司。[104] 根据该公司的网站，Ecotality 的电动汽车（EV）项目将是历史上最大的电动汽车（EV）和充电基础设施部署项目。[105] ETEC 最近收到了美国能源部为 EV 项目提供的 9980 万美元拨款。[106]

2009 年 7 月，Ecotality 宣布计划与深圳市 Goch 投资有限公司（SGI）建立合资企业，在中国生产和销售电动汽车充电系统。[107] 双方签署的意向书规定，SGI 将向 Ecotality 的一家制造合资企业投资 1000 万美元，并向该公司的一家经销和分销合资公司投资 500 万美元。[108] 作为 1500 万美元资本投资的交换，SGI 将享有 Ecotality 在中国充电站的独家销售和分销权。[109]

尽管专有权似乎激励了 SGI 对具有生态效益的合资企业的资本投资，但专利似乎没有起到一点作用。受让人进行的专利检索显示，Ecotality 及

---

[104]　*See* ECOtality, Corporate Overview, http://www.ecotality.com/company.php（last visited Apr. 17, 2010）.

[105]　*See* The EV Project, Overview, http://www.the ev project.com/overview.php（last visited Apr. 17, 2010）.

[106]　*See id.*

[107]　*See* Press Release, ECOtality, ECOtality Establishes Joint Venture to Manufacture and Distribute Electric Vehicle Charging Systems in China（July 6, 2009）, http://www.ecotality.com/press-releases/070609_ETLY_SGI.pdf.

[108]　*See id.*

[109]　*See id.*（作为对中国 Ecotality 充电站独家销售和分销权的交换，深圳 Goch 公司同意向一家制造合资企业投资 1000 万美元，向一家与 Ecotality 的销售和分销合资企业投资 500 万美元）.

其子公司在中国既没有任何国际专利申请，也没有任何获批专利。[110] 一个可能的解释是，Ecotality 电动汽车充电技术的某些关键方面受到商业秘密保护。另一个原因是，这只是一个交易的例子，在这个交易中，知识产权并没有成为障碍，因为没有涉及这样的权利。

交易案例 8：日产汽车公司和东风汽车公司（中国电动汽车）

2008 年 11 月，日本汽车制造商日产汽车公司（Nissan Motor Company，简称 Nissan）宣布计划在 2012 年前开始在中国销售电动汽车。[111]

早在这一消息公布之前，日产就已经活跃在中国市场，通过与中国第二大汽车制造商东风汽车公司的合资企业，提供节能轿车和紧凑型轿车。[112] 日产中国区总裁将中国称为"电动汽车最重要的市场之一"。[113] 观察结果既反映了国家的规模，也反映了其政策。中国政府正寻求通过削减节油汽车的税收和支持当地汽车制造商对替代能源汽车的研究来促进清洁汽车的销售。[114]

日产拥有数千项专利和专利申请，其中包括在中国的近 1800 项，这不足为奇。在全球专利数据库搜索日本汽车制造商拥有的电动汽车专利和申请，会得到 2000 多个搜索结果。日产拥有多项中国专利和与电动和混合动力汽车技术相关的未决申请。其中包括 CN101297426（燃料电池电动汽车）、CN101362428（电动机控制装置）、CN03800020（燃料电池系统）和

---

[110] Http://www.wipo.int/pctdb/en/（last visited May 28, 2010）（在"申请人姓名"字段中输入"Ecotality"，"Electric Transportation Engineering Corporation"，"Innergy Power Corporation"和"Fuel Cell Store"，提交每个查询，并为每个查询返回零纪录）。

[111] See Tian Ying, *Nissan Plans to Start Selling Electric Cars in China by* 2012, BLOOMBERG NEWS, Nov. 18, 2008, http://www.bloomberg.com/apps/news? pid = newsarchive&sid = acDu FmW4s_OI#（日本第三大汽车制造商日产汽车公司计划在 2012 年前在中国开始提供电动汽车，因为该国寻求提高节能汽车的销量，以减少污染和石油的使用）。

[112] Dongfeng, Nissan Sign Joint Venture Agreement, Xinhua News Agency, Sept. 19, 2002, http://news.xinhuanet.com/english/2002-09/19/content_567826.htm.

[113] See Ying, *supra* note 111.

[114] See *supra* note 111（中国已经降低了对节油汽车的税收，以促进低污染汽车的发展，并计划支持当地汽车制造商对替代能源汽车的研究）。

CN1660622（混合动力电动汽车驱动控制）。显然，日产认为中国的知识产权有助于其在中国的业务。事实上，如果没有日产在中国的重要专利组合所保证的排他性，很难想象日产或东风汽车公司会在汽车销售方面进行如此大规模的投资，包括部署节能汽车和电动汽车。

交易案例 9：First Solar 和中国政府（中国光伏产业）

First Solar 公司使用碲化镉作为半导体材料制造薄膜光伏（PV）组件。[115] 该公司总部位于亚利桑那州坦佩市，以连续的流程生产高吞吐量的自动化生产线，从一块玻璃到一个完整的太阳能组件需要不到 2.5 小时的时间。[116] 因其先进的材料和生产工艺，First Solar 的光伏组件是在装机中第一个达到 1 千兆瓦的薄膜光伏组件，[117] 该公司拥有至少 30 项与其光伏技术和制造方法相关的国际专利申请，其中至少 11 项申请仍有资格在中国得到保护。[118]

2009 年 9 月，在中国政府高级官员代表团访问位于坦佩的总部后，[119] First Solar 宣布已与中国政府签署了一份谅解备忘录，在内蒙古鄂尔多斯市建造一座 2 千兆瓦的太阳能发电厂。[120] 该发电厂将在 10 年内分阶段建成。第一阶段建设一个 30 兆瓦的示范项目，计划于 2010 年 6 月开始。[121] First

---

[115] *See* First Solar Technology web page，http://www.firstsolar.com/en/technology.php（last visited Nov. 15，2010）.

[116] *See id.*（First Solar 在高吞吐量、从半导体沉积到最终组装的自动化线路上制造模块，并在一个连续过程中进行测试。整个流程，从一块玻璃到一个完整的太阳能模块，需要不到 2.5 小时）。

[117] *See id.*（First Solar 的光伏组件是第一个在安装过程中达到 1 千瓦组件的薄膜光伏组件）。

[118] Http://www.wipo.int/pctdb/en/（last visited May 28，2010），在"申请人名称"字段中输入"第一太阳能"，提交查询，并返回 40 条记录；在这些记录中，有 11 个国际申请在 2008 年 3 月 1 日之前具有优先权，因此他们仍然可以进入国家阶段，尤其是中国，截至本书撰写之时。

[119] *See* News Release，First Solar，First Solar Hosts Chinese National Leadership Delegation Seeking Sustainable Energy Solutions（Sept. 7，2009），http://investor.first-solar.com/phoenix.zhtml?c=201491&p=irol-newsArticle&ID=1328247&highlight=.

[120] *See* News Release，First Solar，First Solar to Team With Ordos City on Major Solar Power Plant in China Desert（Sept. 8，2009），http://investor.firstsolar.com/phoenix.zhtml?c=201491&p=irol-newsArticle&ID=1328913&highlight=（First Solar 公司今天宣布与中国政府签署谅解备忘录，在中国内蒙古鄂尔多斯市建造一座 2 千兆瓦的太阳能发电厂）。

[121] *See id.*

Solar 公司的首席执行官 Michael Ahearn 说，鄂尔多斯市项目"代表着朝着全球大规模部署太阳能以帮助缓解气候变化问题迈出了令人鼓舞的一步"。[122]

这是发达国家可再生能源公司在新兴市场国家部署主要清洁技术的另一个例子，但不止如此。First Solar 还将派遣一个团队到中国，与中国的建筑公司分享在建造太阳能发电厂方面的知识和专业知识。[123] 根据 Ahearn 的说法："我们将带人过来，以便将我们与电厂设计和工程相关的知识传授给中国。在这方面，这是一种知识产权转让。"[124] 因此，First Solar 不仅将部署其主要的发电厂技术来利用可再生能源，而且还将转让其专业知识和专有技术，以在中国创造更长期的业绩。

2. 低收入发展中国家的知识产权

与上文讨论的新兴市场国家相比，很少有涉及世界最贫穷国家的清洁技术转让的报道。然而，没有证据表明知识产权应为此负责。最近的一项研究[125]收集了 1998~2008 年期间低收入发展中国家代表性样本中 7 种减排能源技术的专利保护和所有权数据，发现这些国家的专利很少。研究结论是：

> 专利权不可能成为向绝大多数发展中国家转让减缓气候变化技术的障碍：在这些国家，这些技术几乎没有注册任何专利。放宽这些国家相关技术的产权制度不会改善向这些国家的技术转让。[126]

---

[122]　*Id.*

[123]　*See* Ucilia Wang, *First Solar's Gift to China: How to Build a Solar Farm*, GREENTECH MEDIA, Sept. 10, 2009, http://www.greentechmedia.com/articles/read/first‐solars‐gift‐to‐china‐how‐to‐build‐a‐solar‐farm/（该公司首席执行官 Michael Ahearn 在接受采访时表示，他将派遣一个团队到中国与一个或两个中国建筑公司合作。这些公司将有效地教会中国公司如何用太阳能做大产业）。

[124]　*See id.*

[125]　Copenhagen Economics A/S & The IPR Company ApS, *Are IPR a Barrier to the Transfer of Climate Change Technology?* （2009）, http://trade.ec.europa.eu/doclib/docs/2009/february/tradoc_142371.pdf.

[126]　*Id.* at 5.

与新兴市场国家不同，发达国家的清洁技术公司有时会寻求专利保护，低收入发展中国家在保护清洁技术发明方面没有看到来自外国公司的任何利益。这可能是因为这样做没有经济考量。这当中的许多国家，市场的经济意义太小，无法使清洁技术产品或服务的本地生产和销售在经济上可行。[127] 而且，这些国家往往缺乏建立本地生产和部署清洁技术所需的物理基础设施和熟练劳动力。[128] 此外，他们可能没有购买力或财政资源来购买减排产品或服务。针对低收入发展中国家的清洁技术转让和部署解决方案，研究建议，"应当寻求旨在克服这些不足的政策。"[129]

事实上，有些人认识到，需要一项全面的技术政策，以促进清洁技术向发展中国家的转让。世界知识产权组织总干事 Francis Gurry 在哥本哈根一次讨论技术转让问题的活动上说，问题不应是技术转让，而应是技术政策。[130] 技术转让应只是一项综合政策的一个组成部分，用以增强发展中国家实施清洁技术的能力，以减缓和抗击全球变暖。

三、小结

尽管关于知识产权在国际清洁技术转让中的作用的争论还在继续，清洁技术的全球部署正在以前所未有的规模进行。发达国家技术公司与其新兴市场（如巴西、印度和中国）商业伙伴之间一年内的清洁技术转让活动显示了其重大的部署行动。在某些情况下，如 Ecotality 与深圳 Goch 在中国合资生产和销售电动汽车充电站，这种清洁技术转让是在不考虑知识产权的情况下进行的。在另一些国家，知识产权似乎在促进技术扩散方面发挥了作用。重要的案例是 Esolar 在印度和中国的太阳能光热交易。

然而，联合国气候变化框架公约谈判人员和发展中国家缔约方仍然认为，知识产权是技术转让的障碍，并且提出政策动议，削弱或甚至消除知

---

[127] *Id.* at 6.

[128] *Id.*

[129] *Id.* at 6.

[130] *See* COP15 Side Event: International Cooperation on Technology Transfer: Time for Action, Dec. 16, 2009, *Webcast available at* http://www3.cop15.meta-fusion.com/kongresse/cop15/templ/play.php?id_kongressmain=1&theme=unfccc&id_kongresssession=2657.

识产权。这种在知识产权上的激进的政策变化，相对于国际清洁能源技术转让的现实，显得不必要。

更重要的是，从发达国家公司向巴西、印度和中国等主要发展中国家合作伙伴转让主要清洁技术的趋势，可能是全球绿色技术扩散的开始。通过伙伴关系、合资企业和许可协议，美国、欧洲和日本开发的清洁技术，正在世界各地以可再生能源发电设施、基础设施项目和减排体系的形式得到有效部署。

在中国和印度使用 Esolar 的模块化定日镜技术建造的太阳能热电厂，和计划在中国使用 First Solar 薄膜光伏发电的太阳能发电厂，将在这些国家取得公用事业规模的可再生能源利用效果。Ecotality 的电动汽车充电站在中国提供急需的基础设施，并可能支持日产计划在不久的将来在中国销售电动汽车。由于 Landis+Gyr 智能仪表的推出，巴西人应该能够更好地监控和节约能源，并使用 Amyris 技术生产的乙醇为他们的车辆提供燃料。通用气化系统的部署，将使中国燃煤发电厂的二氧化碳排放量显著减少。这些成功案例表明，绿色专利政策应鼓励更多的企业间清洁技术转让活动，并认识到绿色专利不是应对气候变化的问题，而是解决方案的一部分。

关键词中英文对照

distinctiveness　显著性

eco-marks of　生态标记

American Clean Energy and Security Act of 2009　2009 年美国清洁能源与安全法

licensing agreement　许可协议

patent litigation　专利诉讼

Canadian Intellectual Property Office　CIPO,加拿大知识产权局

nonobviousness standard　非显而易见性标准

novelty inquiry　新颖性调查

database of green patents　绿色专利数据库

Eco-Patent Commons　生态专利共同体

cross-industry nature of patent pool　专利池的跨行业性质

defensive termination provisions　防御性终止条款

enabled invention disclosures　启用发明披露

Eco-Patent Ground Rules　生态专利基本规则

patent portfolio for　某专利组合

Green branding　绿色品牌

Green innovation　绿色创新

drafting and prosecuting applications, strategies for　专利撰写和申请策略

known manufacturing processes with new technology　已知制造方法的新技术

law of obviousness　显而易见性法律规定

licensing business model　许可商业模式

new uses of known processes　已知方法的新用途

obviousness rejections　显而易见性驳回

原书致谢

首先，感谢我的家人在本书写作时给予我的耐心和支持。特别感谢我的妻子 Lia，她对所有章节的草稿都给予了宝贵的意见反馈。感谢我的母亲教会我选择有成就感职业的重要性，也感谢我的父亲引导我走上法律之路。

我非常感谢所有同意为写作本书而接受采访的人，也感谢为撰写已编入本书的博客文章而接受采访的人。这些人包括 Clipper Windpower 的 Phil Totaro，通用电气（GE）的 Carl Horton，可再生能源咨询服务机构（Renewable Energy Consulting Services）的 Edgar DeMeo，Creative Commons 的 John Wilbanks，Heslin Rothenberg 的 Victor Cardona 和 Origin Oil 的 Riggs Eckelberry。在本书写作过程中，我依靠了很多信息资源，比如 Greentech Media，Matter Network，Ecogeek 和 Joel Makower 的 Two Steps Forward blog。Matt Rappaport 的睿智见解和 Ethan de Seife 在语法和标点方面给予的宝贵指点也使我受益良多。

本书有部分内容改编自《生态标记时代的消费者保护：反漂绿活动和生态标记执法的初步调查与评估》，该文发表在《约翰·马歇尔知识产权法评论》；《清洁技术现实调查：9 项不受知识产权阻碍的国际绿色技术转让交易》，该文发表在《圣克拉拉计算机与高科技法律期刊》；《让 LED 灯亮着以及让电机运转：eBay 之后法庭上的清洁技术》，该文最初发表在《杜克大学法律和技术评论》。感谢这些法律期刊的编辑和工作人员发表了我的文章，以及他们为出版我的文章所做的工作。

我还要特别感谢牛津大学出版社的 Matt Gallaway 主动联系我，邀请并说服我花时间去写一本关于清洁技术知识产权方面的书。感谢牛津大学出版社的编辑和工作人员为这本书的出版所做的辛勤工作。

最后，作为一名作者兼律师，以下是我的免责声明：本书内容不是或不应视为法律建议。本书所表达的观点只代表本人现在所持有的观点，不应将其归于作者的雇主或客户。